武汉纺织大学教育教学项目建设经费资助出版

无机与分析化学实践与练习

主　编　吕少仿　吴剑虹　倪丽杰
副主编　刘瑞华　高凌峰　熊　俊
编　委　王　强　李　明　彭俊军
　　　　李卫东　余　奇　金晓红
主　审　李　伟　王成国

华中科技大学出版社
中国·武汉

内 容 提 要

本书共五章，主要包括两部分内容，其中无机与分析化学实践部分根据诸多工科院校实验学时少的特点，对传统的无机化学实验和分析化学实验进行了补充和重组，既保持了无机化学实验和分析化学实验的独立性，又可根据各院校的实际情况将相应的无机化学实验和分析化学实验进行优化，组合成无机及分析化学实验，从而满足无机及分析化学实验的教学要求。本书以武汉纺织大学"基础化学教学团队"建设成果为基础，以众多"双一流"高校相应的研究生考试试题为补充，从中精选部分习题按章进行分类，汇编成无机与分析化学练习部分，该部分内容与"十二五"普通高等教育本科国家级规划教材《无机化学(第五版)》(大连理工大学无机化学教研室编)和"十二五"普通高等教育本科国家级规划教材《无机及分析化学(第二版)》(浙江大学编)配套。力求题目典型、覆盖面广、重复率低。本书将工科院校化学和近化学类专业理论课教辅内容和课堂实验整合在一起，既加强了理论课学习又有利于实验课教学。

本书既可作为工科院校化学和近化学类专业的学生学习普通化学、无机化学、分析化学、无机及分析化学等课程的辅助教材，又可供其他高等学校相关专业师生参考使用，还可作为考研复习参考书。

图书在版编目(CIP)数据

无机与分析化学实践与练习/吕少仿，吴剑虹，倪丽杰主编. —武汉：华中科技大学出版社，2018.9(2025.1 重印)
ISBN 978-7-5680-4436-3

Ⅰ.①无… Ⅱ.①吕… ②吴… ③倪… Ⅲ.①无机化学-高等学校-教学参考资料 ②分析化学-高等学校-教学参考资料 Ⅳ.①O61 ②O65

中国版本图书馆 CIP 数据核字(2018)第 208508 号

无机与分析化学实践与练习 吕少仿 吴剑虹 倪丽杰 主编
Wuji yu Fenxi Huaxue Shijian yu Lianxi

策划编辑：王汉江
责任编辑：汪 粲
封面设计：刘 婷
责任监印：周治超
出版发行：华中科技大学出版社(中国·武汉) 电话：(027)81321913
武汉市东湖新技术开发区华工科技园 邮编：430223
录 排：武汉市洪山区佳年华文印部
印 刷：武汉科源印刷设计有限公司
开 本：787mm×1092mm 1/16
印 张：16.5
字 数：430 千字
版 次：2025 年 1 月第 1 版第 5 次印刷
定 价：39.80 元

前　　言

2016 年中国成为《华盛顿协议》的正式会员，2017 年教育部号召开展新工科研究与实践，从“复旦共识”到“天大行动”，再到“北京指南”，新工科建设“三部曲”起承转合、渐入佳境。为配合新工科建设，无机化学、无机及分析化学理论和实验必须在教学内容和课程体系等方面做出相应变革，探索更加多样化和个性化的人才培养模式，培养具有创新创业能力和跨界整合能力的工程科技人才。显然，传统的无机化学、无机及分析化学实践类教材，无论是形式还是内容均难以满足新工科建设对化学或近化学类专业人才培养的需求。为适应新形势下的教学要求，满足学生的学习需求，使学生能更有效地掌握相关课程内容，提高学习效果，特组织编写了《无机与分析化学实践与练习》一书。

本书共有 5 章。第 1 章是化学实验基础知识，主要介绍化学实验、化学实验室、化学实验器材和化学试剂等方面的知识。第 2 章是无机化学实验，介绍了无机化学实验课程和该课程的学习方法，结合新工科建设，将实验进行整合、重组和更新，学生可以将实验现象、结论或数据直接记载在相应表格上，既方便学生使用和保管，又便于教师检查。第 3 章是分析化学实验，每一个实验项目都设计有数据记录与结果处理的相应表格，本教材所有的实验项目均经过多次验证，结构严谨、层次清晰、语言准确、数据可靠。第 4 章是无机化学习题。第 5 章是无机及分析化学习题。做习题是学习无机化学、无机及分析化学的重要环节，通过做习题可以巩固和加深理解所学知识，提高学生分析问题和解决问题的能力。为方便自学，本书提供了部分习题的参考答案。

本书受到了武汉纺织大学教育教学项目建设经费的资助，同时也得到了华中科技大学出版社的大力支持和帮助，在此一并表示衷心的感谢。

由于编写时间仓促，加之编者水平有限，书中错误和不妥之处在所难免，恳请各位同行专家和广大读者提出宝贵意见和建议，以使本书不断完善。

编者

2018 年 6 月

前言

目　录

第 1 章　化学实验基础知识

1.1　化学实验室规则与要求

(1) 学生必须在规定时间内参加实验，不得迟到、早退，更不得旷到，迟到或早退扣平时成绩 5 分/次，旷到扣平时成绩 10 分/次。如有特殊原因不能按时参加实验者，必须在课前履行请假手续。因请假而未做的实验必须听从安排，在期末考试前补做。

(2) 准备专用的实验预习报告本，在认真预习的基础上完成实验预习报告，没有完成实验预习报告的学生一律不得参加实验。

(3) 学生进入实验室，首先将实验预习报告交任课教师，然后清点和整理实验用品，如有破损或缺少，应立即报告实验室工作人员或任课教师，按规定手续进行补领。实验过程中如有仪器和器材损坏，应主动报告教师，登记后进行更换，严禁擅自拿其他地方的仪器或器材。

(4) 实验过程中要保持安静，不得大声喧哗，实验应在规定的位置上进行，未经任课教师允许，不得随意变动。

(5) 实验时要认真观察，如实记录。使用仪器时，应严格遵循操作规程，试剂应按规定量取用，无规定量的应本着节约的原则，尽量少用。

(6) 爱护公物，节约试剂、水、电和煤气，凡与本次实验无关的仪器、器材和试剂，一律不得动用。

(7) 保持实验室和实验桌面的清洁，实验结束后，应将试剂放回原处，仪器(器材)洗刷干净，摆放整齐(按从左到右、从高到低、从大到小，同一系列摆放在一起，所有尖嘴面向自己)，用洗净的湿抹布擦净实验台。火柴、纸屑和废品等要放入废物桶(箱)内，不得丢入水槽中或地面上，以免堵塞水池或弄脏地面。规定回收的废液要倒入废液缸(瓶)内，以便统一处理。严禁将实验仪器(器材)和试剂(产品)擅自带出实验室。

(8) 完成规定的实验内容，整理好实验桌面，经任课教师验收并签字后才可离开实验室，否则，视为早退。

(9) 实验结束后，值日生应清扫地面和整理实验室，检查水、电和煤气，关闭水龙头、门窗和电源，经任课教师同意后方可离开实验室(顺便把垃圾送入垃圾箱)，否则，视为早退。

(10) 实验结束后，应独立、如实、按要求完成实验报告，且在规定的时间内上交实验报告，凡迟交实验报告者，扣平时成绩 5 分/次，凡旷交实验报告者，扣平时成绩 10 分/次。

1.2　化学实验室安全知识

一、化学实验室安全规则

实验室安全包括人身安全，以及实验室、仪器和设备的安全。化学实验室中很多试剂易燃、易爆、具有腐蚀性或毒性，存在不安全因素。除此之外，玻璃仪器和电器设备等的违规操作，也会造成人身伤害和仪器设备的损坏。因此，进行化学实验时，必须重视安全问题，牢固树立安全第一的思想，高度重视安全操作，绝不可麻痹大意，要预防事故发生。在化学实验过程中，要严格遵守下列实验室安全规则。

（1）书包、雨伞、与实验无关的物品一律不得带入实验室。

（2）进行实验时，应穿着实验服，不得穿短裤、背心、高跟鞋进入实验室，实验室严禁吸烟、饮食、大声喧哗和打闹。

（3）切勿用实验容器代替水杯和餐具使用。勿让化学试剂入口，也不要随便倒入水槽，应回收处理。

（4）实验操作时尽可能使用防护眼镜、面罩和手套等防护用品。

（5）使用浓酸、浓碱和其他有强烈腐蚀性的试剂时要特别小心，避免溅落到皮肤、衣服、实验桌或书本上。挥发性的有毒或有强烈腐蚀性的液体和气体的使用，应在通风橱或密封良好的条件下进行。嗅闻气体时，切不可将鼻孔直接对着瓶口。

（6）对性质不明的试剂和药品，严禁随意混合，以免发生意外。

（7）剧毒品和危险品要有专人管理，使用时要特别小心，必须记录用量。切不可乱扔、乱倒，要进行回收或特殊处理。

（8）所有实验用品未经允许，不得私自携带出实验室，用剩的有毒药品应交还给教师。

（9）使用易燃、易爆物质的实验，必须远离明火，如需加热，只能采用水浴加热方式，点燃的火柴用后应立即熄灭，不得乱扔。

（10）未经教师允许，严禁在实验室做与实验内容无关的事情。

二、化学实验意外事故救护方法

实验室万一发生意外事故，千万不要慌张，应冷静沉着，有针对性地采取措施。

1. 起火的处理

起火后，要立即一边扑火，一边防止火势蔓延（如采取切断电源、移走钢瓶和易燃药品等措施），必要时应该报火警（119）。灭火要针对起因选用合适的方法。一般的小火可用湿布、石棉布或沙子等覆盖燃烧物，火势大时可使用泡沫灭火器。但电器设备着火，只能使用 CO_2 灭火器、干粉灭火器、1211 灭火器或 CCl_4 灭火器灭火，不能使用泡沫灭火器灭火，也不要用水泼救，以免触电。活泼金属着火，可用干燥的细沙覆盖灭火。有机溶剂着火，切勿用水灭火，而应用 CO_2 灭火器、干粉灭火器和沙子等灭火。衣服着火，切勿惊慌乱跑，应赶快脱下衣服或用石棉布覆盖着火处，或立即就地卧倒打滚，或迅速以大量水扑灭。常见灭火器种类及其适用范围，如表 1-1 所示。

表 1-1　常见灭火器种类及其适用范围

灭火器种类	适用范围
泡沫灭火器	用于一般火灾和油类着火，不能用于电器设备着火
CCl_4 灭火器	用于电器设备及汽油、丙酮等着火
1211 灭火器	用于油类、有机溶剂、精密仪器、高压电气设备着火
CO_2 灭火器	用于电器设备及忌水的物质着火
干粉灭火器	用于油类、电器设备、可燃气体及遇水能燃烧的物质着火

2. 创伤的处理

创伤后，伤处不能用手抚摸，也不能用水洗涤。若是玻璃创伤，应先取出伤口中的玻璃碎片。轻者可涂以紫药水(或红汞、碘酒)，必要时撒些消炎粉或敷些消炎膏，再用绷带扎住；重者先用酒精清洗消毒，再用纱布按住伤口，压迫止血，急送医院治疗。

3. 烫伤的处理

烫伤后，不要用冷水洗涤烫伤处。伤处皮肤未破时，可涂擦饱和 $NaHCO_3$ 溶液或用 $NaHCO_3$ 粉调成糊状敷于伤处，也可涂擦獾油或烫伤膏；如伤处皮肤已破，可涂些紫药水或 1 % $KMnO_4$ 溶液，再到校医院处理。

4. 酸腐蚀灼伤的处理

酸腐蚀灼伤后，先用大量水冲洗，再用饱和 $NaHCO_3$ 溶液(或稀 $NH_3 \cdot H_2O$、肥皂水)冲洗，最后用水冲洗。如果酸溅入眼内，用大量水冲洗后，立即送医院诊治。

5. 碱腐蚀灼伤的处理

碱腐蚀灼伤后，先用大量水冲洗，再用 2% HAc 溶液或饱和 H_3BO_3 溶液冲洗，最后用水冲洗，如果碱溅入眼内，用 H_3BO_3 溶液冲洗后，立即送医院诊治。

氢氟酸能腐烂指甲和骨头，若不慎溅在皮肤上会造成既痛苦又难以治愈的烧伤。皮肤若被烧伤，应用大量水冲洗，再用冰冷的 $MgSO_4$ 或 70%酒精冲洗 0.5 小时。还可用大量水冲洗后，再用肥皂水或 2%～5% $NaHSO_4$ 溶液冲洗。用 5% $NaHCO_3$ 溶液湿敷局部，再用松软膏或紫草油及 $MgSO_4$ 糊剂涂擦。

6. 液溴腐蚀灼伤的处理

液溴腐蚀灼伤一般不易愈合，必须严加防范。凡用液溴时应预先配制好适量 20% $Na_2S_2O_3$ 溶液备用。一旦被液溴灼伤，应立即用乙醇或 20% $Na_2S_2O_3$ 溶液冲洗伤口，再用水冲洗干净，并敷以甘油。若起水泡，则不宜把水泡挑破。

7. 磷烧伤的处理

被磷烧伤后，用 1% $AgNO_3$ 溶液、5% $CuSO_4$ 溶液或 10% $KMnO_4$ 溶液冲洗伤口，并用浸过 5% $CuSO_4$ 溶液的绷带包扎，或送医院治疗。

8. 吸入刺激性或有毒气体的处理

吸入溴蒸气、氯气和氯化氢气体时，可吸入少量酒精和乙醚的混合蒸气解毒；吸入 H_2S 或 CO 而感到不适时，应立即到室外呼吸新鲜空气。但应注意：氯气和溴蒸气中毒时，不可进行人工呼吸；吸入 H_2S 或 CO 气体而感到不适时，不可使用兴奋剂。

9. 毒物进入口内的处理

若毒物进入口内，则将适量(5～10 mL)稀 $CuSO_4$ 溶液加入到 1 杯温开水中，内服后，用手指伸入咽喉部，促使呕吐，吐出毒物，然后送医院。

10. 中毒的处理

在实验过程中，若感到咽喉灼痛、嘴唇脱色、胃部痉挛或有恶心呕吐、心悸、头晕等症状时，可能是中毒所致，急救后，立即送医院抢救。固体或液体毒物中毒，嘴里若还有毒物，应立即吐掉，并用大量水漱口。碱中毒，先饮大量水，再喝牛奶。汞及氯化物中毒，立即就医。

11. 触电的处理

触电后，首先应切断电源，然后在必要时进行人工呼吸与急救。

另外，意外事故伤势危重者，应立即送医院。

为了应对意外事故，实验室急救药箱应常备如下物品。

红药水、碘酒（3%）、獾油、烫伤膏、碳酸氢钠溶液（饱和）、硼酸溶液（饱和）、醋酸溶液（2%）、氨水（5%）、硫酸铜溶液（5%）、高锰酸钾（晶体，需要时配成溶液）、氯化铁溶液（止血剂）、甘油、消炎粉、消毒纱布和消毒棉（均应放在玻璃瓶内）、剪刀、氧化锌橡皮膏、棉花棒等。

三、化学实验室“三废”处理

化学实验中难免会产生各种有毒的废气、废液和废渣（简称“三废”），虽然每次量不多，但若不加以处理或处置不当而随意排放，日积月累不仅对周围的环境造成污染，损害人体健康，而且“三废”中的有用成分也得不到有效回收，造成资源的极大浪费。因此，倡导绿色化学与可持续发展理念是实现化学实验绿色化的重要保证。

1. 有毒废气的排放

化学实验室应安装符合要求的通风系统，尽量有针对性地安装气体吸收装置，然后再进行处理。

2. 固体废弃物的处理

实验过程中产生的各种固体废弃物和空试剂瓶应分类收集，有毒有害的废弃物不得混入生活垃圾中，可交由有资质的专业环保公司处理，也可按如下方式处理。

（1）钠屑、钾屑、碱金属氧化物、碱土金属氧化物和氨化物等，在搅拌下慢慢滴加乙醇或异丙醇至不再放出 H_2 为止，再慢慢加水变澄清后倒入下水道。

（2）硼氢化钠（钾）用甲醇溶解后，用水充分稀释，然后加酸处置，此时有剧毒的硼烷产生，所以此操作应在通风橱内进行，最后将其废液稀释后倒入下水道。

（3）酰氯、酸酐、三氯化磷、五氯化磷、氯化亚砜等在搅拌下加入到大量水中冲走，五氯化二磷加水用碱中和后冲走。

（4）沾有铁、钴、镍和铜催化剂的废纸、废塑料，变干后易燃，不能随便丢入废纸篓内，应趁未干时深埋于地下。

（5）重金属及其难溶盐能回收的尽量回收，不能回收的集中起来深埋于远离水源的地下。

3. 废液的处理

（1）废酸液、废碱液的处理方法：将废酸（碱）液与废碱（酸）液中和至 pH＝6～8，用大量水稀释后排放。

（2）氰化物废液的处理方法如下。

① 氯碱法：将废液调节至碱性后，通入 Cl_2 或加入 NaClO，充分搅拌，放置过夜，使 CN^- 分解为 CO_3^{2-} 和 $N_2(g)$ 后，再将溶液 pH 值调到 6～8 后排放，反应方程式为

$$2CN^- + 5ClO^- + 2OH^- \xlongequal{} 2CO_3^{2-} + N_2(g) + 5Cl^- + H_2O$$

② 铁蓝法：向含有氰化物的废液中加入 $FeSO_4$ 使之变成氰化亚铁沉淀而除去。

（3）含砷废液的处理方法：在废液中充入空气的同时加入 $FeSO_4$，然后用 NaOH 调节溶液的 pH 值至 9 左右，此时砷化合物就与 $Fe(OH)_3$、难溶性的 Na_3AsO_3 或 Na_3ASO_4 产生共沉淀，过滤后除去。另外，也可用硫化物沉淀法，即在废液中加入 H_2S 或 Na_2S，使其生成难溶的硫化砷沉淀而除去。

（4）含汞废液的处理方法。

① 化学沉淀法：该方法通常用于处理少量含汞废液。在含汞废液中通入 H_2S 或加入 Na_2S，使其生成 HgS 沉淀而除去。

② 离子交换法：该方法处理效率高，但成本较高，不适合处理少量含汞废液。利用阳离子交换树脂把 Hg^{2+}、$Hg_2{}^{2+}$ 交换于树脂上，然后再回收利用。

(5) 含镉废液的处理方法：加入消石灰等碱性试剂，使所含的金属离子转变成氢氧化物沉淀而除去。

(6) 含铬废液的处理方法：在含 Cr(Ⅵ)的化合物中加入 $FeSO_4$ 或 Na_2SO_3，使 Cr(Ⅵ)还原为 Cr(Ⅲ)，再用 NaOH 和 Na_2CO_3 等碱性试剂调节废液的 pH 值至 6～8，使 Cr(Ⅲ)形成 $Cr(OH)_3$ 沉淀而除去。

(7) 含铅及其重金属废液的处理方法：在废液中加入 Na_2S 或 NaOH 溶液，使铅盐及其重金属离子转变为难溶的硫化物或氢氧化物而除去。

有机废液和无机废液也可分别装入指定的废液桶内，集中交由有资质的专业环保公司处理。

1.3　化学实验常用器具介绍

正确地选择和使用仪器(器具)，认真开展化学实验，是培养学生实践能力的基本要求。化学实验常用器具主要以玻璃器具为主，按其用途可分为容器类器具、量器类器具和其他类器具。各种常用器具简介，如表 1-2 所示。

表 1-2　化学实验常用器具简介

器　具	规　格	主要用途	使用注意事项
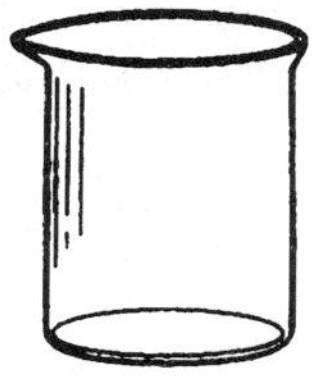 烧杯	分一般型和高型，有刻度和无刻度等类型；按容积(mL)分为 50、100、150、200、250、500 等规格	常温和加热条件下，用于反应物的量较多时的反应容器，反应物易混合均匀	反应液体不得超过烧杯容量的 2/3；加热前要把烧杯外壁擦干；加热时烧杯底部要垫石棉网
 平底烧瓶 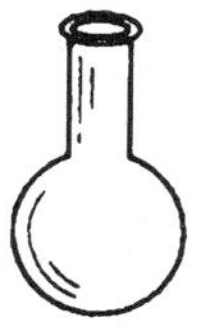 圆底烧瓶	分圆底、平底、长颈、短颈、粗口和细口等几种类型；按容积(mL)分为 50、100、250、500、1000 等规格	圆底烧瓶：常温或加热条件下，用于反应物较多且需长时间加热时的反应容器 平底烧瓶：配制溶液或代替圆底烧瓶	盛放液体的量不能超过烧瓶容量的 2/3，也不能太少；固定在铁架台上；不能直接加热，加热时要垫上石棉网；加热前烧瓶外壁要擦干
 锥形瓶	分细口、广口、微型、有塞和无塞等几种类型；按容积(mL)分为 50、100、150、200、250 等规格	用作反应容器，振荡方便，适用于滴定操作	盛液不能太多；不能直接加热，加热时下面应垫石棉网或置于水浴上加热

续表

器　具	规　格	主要用途	使用注意事项
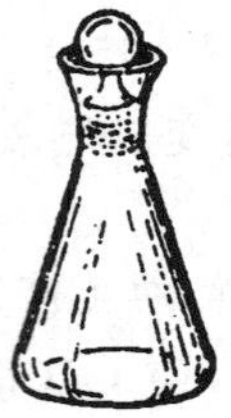 碘量瓶	按容积(mL)分为100、250、500等规格	主要用于碘量法实验	注意瓶塞及瓶口边缘的磨砂部分勿擦伤，以免产生漏隙；滴定时打开瓶塞，用洗瓶将瓶口及瓶塞上的碘液冲入瓶中
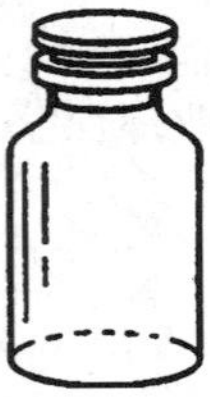 广口瓶	分无色和棕色，磨口和非磨口等类型；磨口有塞，若无塞的口上是磨砂的，则为集气瓶；按容积(mL)分为30、60、125、250、500等规格	广口瓶用于储存固体药品；集气瓶用于收集气体	宜存放固体物质；不能直接加热；不能盛放碱液；瓶塞不能弄脏、弄乱；做气体燃烧实验时，瓶底应放少许沙子或水；收集气体后，要用毛玻璃片盖住瓶口
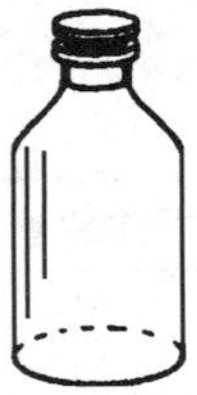 细口瓶	分无色、棕色和蓝色；磨口和非磨口等类型；按容积(mL)分为100、125、500、1000等规格	用于储存溶液或液体药品	瓶塞不能弄脏、弄乱；盛放碱液应用橡皮塞或软木塞；磨口塞的细口瓶不用时，应洗干净并在磨口处垫上纸条；有色瓶用于盛见光易分解或不太稳定的溶液或液体
 滴瓶	分有色和无色两种类型；滴管上带有橡皮胶头；按容积(mL)分为15、30、60、125等规格	盛放少量液体试剂或溶液，便于取用	棕色瓶用于存放见光易分解或不太稳定的物质；用吸管吸液时不可吸得太满，也不能倒置；滴管专用，不可乱放，不得弄脏、弄乱；滴加试剂时，滴管要垂直
 洗气瓶	有多种形状；按容积(mL)分为125、250、500等规格	净化气体用	进气管通入液体中，洗涤液为洗气瓶容积的1/3，不得超过1/2

续表

器　　具	规　　格	主 要 用 途	使用注意事项
 胶头滴管	由尖嘴玻璃和橡皮乳头构成	用于吸取或滴加少量(数滴或 1～2 mL)试剂,或吸取沉淀上层清液以分离沉淀	先排空气,再吸取液体;取液后不要平放或倒放;滴加试剂时应垂直悬空在试管上方,不要伸入试管内;用过的胶头滴管要立即清洗干净,胶头向上放置;滴瓶中配套使用的胶头滴管不要清洗,专管专用
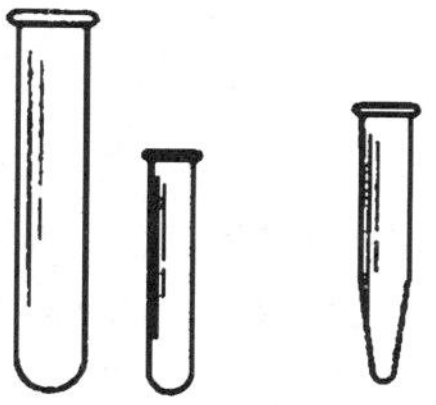 试管　离心试管	分为普通试管和离心试管等类型。普通试管有翻口和平口、有刻度和无刻度、有支管和无支管、有塞和无塞等情况;离心试管分为有刻度的离心试管和无刻度的离心试管 无刻度的试管按管口外径(mm)×管长(mm)分为8×70、10×75、10×100、12×100、15×150、30×200 等规格 有刻度的试管和离心试管按容积(mL)分为 5、10、15、20、25 等规格	常温和加热条件下,普通试管用作少量试剂的反应容器(便于操作和观察),或用于收集少量气体;离心试管可用作沉淀分离时的盛装容器	反应液体不超过试管容积的 1/2,加热时不超过 1/3;加热前试管外壁要擦干,先预热,然后集中在试剂部位加热;加热液体时要用试管夹,试管口向上倾斜约 45°,管口不能朝有人的方向,且要不断晃动,火焰上端不能超过管内液面;加热固体时,管口应略向下倾斜;离心试管不可直接加热
 分液漏斗	分为球形、梨形、筒形和锥形等类型;按容积(mL)分为 50、100、250、500 等规格	用于互不相溶的液-液分离和气体发生器装置中加液	不能加热;旋塞处涂一薄层凡士林,防止漏液;分液时,下层液体从漏斗管流出,上层液体从上口倒出;装气体发生器时,漏斗管应插入液面内,或改装成恒压漏斗
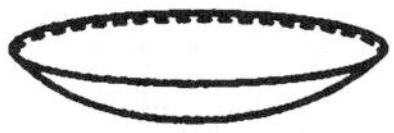 表面皿	按口径(mm)可分为 45、65、75、90 等规格	盖在烧杯上,防止液体溅出或用于其他用途	不能用火直接加热,以防破裂

续表

器　具	规　格	主要用途	使用注意事项
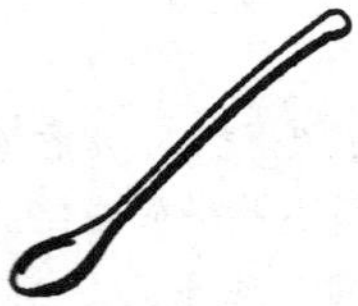 药匙	由牛角、瓷或塑料制成；大多数是塑料的	用于取用固体药品	取用一种药品后，必须洗净，并用滤纸擦干，才能取用另一种药品
 移液管  吸量管	分刻度管型和单刻度大肚型两种类型；无刻度的称为移液管，有刻度的称为吸量管 按刻度最大标度（mL）分为 1、2、5、10、25、50 等规格	用于准确移取一定体积的液体	用洗耳球将液体吸入，使液面超过刻度，再用食指按住管口，轻轻转动，当液面降至与刻度相切时，按紧管口，移液管垂直靠在接收容器上，接收容器倾斜 45°，放开食指，将液体注入接收容器中 移取液体前要先用少量待移取液淋洗 3 次；未标明"吹"字的容器，不得将残留在尖嘴内的液体吹出
 水浴锅	铜制品或铝制品	用于间接加热，也可用于控温实验	应选择好圈环，使加热器皿没入水浴锅中 2/3，保持加热物品受热均匀；用完后将水浴锅内剩水倒出并将水浴锅擦干，以防锈蚀
 长颈漏斗  漏斗	分长颈和短颈两种类型；按斗颈(mm)分为 30、40、60、100、120 等规格；铜制热漏斗专用于热过滤	用于过滤或倾注液体；长颈漏斗常装配气体发生器加液用	不能直接加热；过滤时漏斗颈尖端必须紧靠盛接滤液的容器壁
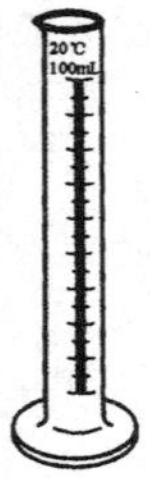 量筒  量杯	按容积（mL）分为 5、10、20、25、50、100、200 等规格	用于量取一定体积的液体	读数时，视线应与液面水平，读取与弯月面底相切的刻度 不能加热；不能用作实验容器；不能量热液体

续表

器　　具	规　　格	主要用途	使用注意事项
 酸式滴定管  碱式滴定管	分为酸式滴定管和碱式滴定管两种类型；按刻度最大标度(mL)分为 25、50、100 等规格	滴定时准确测量溶液的体积	洗涤前应先检查是否漏液，旋塞转动是否灵活；用前洗净，装液前要用待装溶液淋洗 3 次；初读数前要赶尽气泡；滴定时，用左手开启旋塞或挤压橡皮管内玻璃珠；酸式滴定管和碱式滴定管不能对调使用
 容量瓶	按刻度最大标度(mL)分为 5、10、25、50、100、150、200、250、500 等规格	配制准确浓度的溶液时使用	不能加热；不能在容量瓶中溶解固体；瓶塞与容量瓶是配套的，不能互换
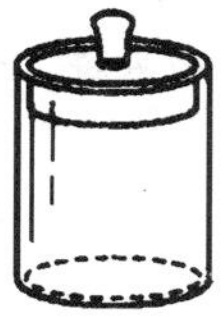 称量瓶	分为高型和矮型两种类型；按容积(mL)，高型可分为 10、20、25、40 等规格；矮型可分为 5、10、15、30 等规格	准确称取一定量固体药品时使用	不能加热；盖子是磨口、配套的，不得弄脏或丢失；不用时应洗净，在磨口处垫上纸条
 干燥管	以大小表示	盛放干燥剂，用于干燥气体	干燥剂置球形部分，不宜过多，大小适中，填充松紧适度，不与气体反应；两端要填充少许棉花，干燥剂变潮后要立即更换；用后要清洗
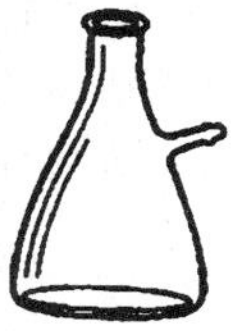 抽滤瓶  布氏漏斗	抽滤瓶按容积(mL)分为 50、100、250、500 等规格 布氏漏斗以直径(mm)表示	两者配套用于晶体或沉淀的减压过滤	布氏漏斗削口方向应对着抽滤瓶的支管；先开泵，后过滤；过滤完毕后，先拔掉与抽滤瓶相连的胶管，再关泵

续表

器　具	规　格	主要用途	使用注意事项
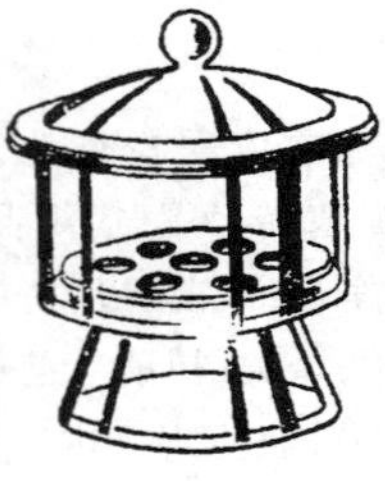 干燥器	分为普通干燥器和真空干燥器两种类型；以直径大小表示	内放干燥剂；定量分析时，将灼烧过的坩埚置于其中进行冷却；用于存放物品，以免物品吸收水气	灼烧过的物体放入干燥器前温度不能过高；干燥器中的干燥剂要按时更换；防止盖子滑动打碎
 蒸发皿	分为平底和圆底两种类型；按容积（mL）分为75、200、400等规格；有瓷、玻璃、石英、铂等不同质地	用于蒸发、浓缩溶液；随液体性质不同可选用不同质地的蒸发皿	能耐高温，但不宜骤冷；蒸发溶液时，一般放在石棉网上加热，也可直接用火加热
 坩埚	按容积（mL）分为10、15、25、50等规格；有瓷、石英、铁、镍或铂等不同质地	灼烧固体时用；随固体性质不同可选用不同质地的坩埚	可放在泥三角上直接用火灼烧至高温；灼烧完毕后用坩埚钳取下，放置于石棉网上；坩埚钳应预热，以防止坩埚骤冷破裂
 坩埚钳	有大小、长短不同种类	加热坩埚时，用于夹取坩埚和坩埚盖，也可用于夹取热的蒸发皿	不要和化学药品接触，以免腐蚀；使用时须用干净的坩埚钳；用后尖端向上平放；若温度很高，应放在石棉网上
 研钵	以口径大小表示；有铁、瓷、玻璃、玛瑙等不同质地	用于研磨固体物质；按固体物质的性质和硬度选用不同质地的研钵	不能用作反应容器；只能研磨，不能敲击（铁研钵除外）；放入量不宜超过研钵容积的1/3

续表

器　　具	规　　格	主 要 用 途	使用注意事项
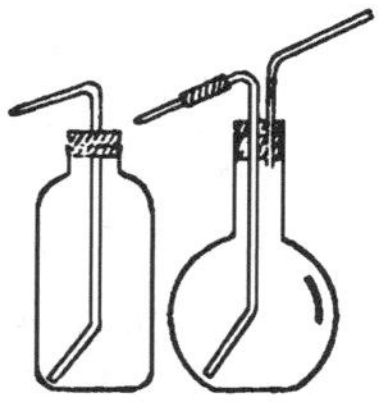 洗瓶	有塑料洗瓶和玻璃洗瓶两种类型；按容积（mL）分为 250、500 等规格	洗涤沉淀和容器，配制溶液用	塑料洗瓶不能加热
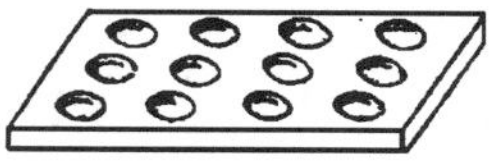 点滴板	有白色和黑色两种类型；有 6 凹穴、9 凹穴和 12 凹穴等规格	一般用于不需要分离的沉淀反应，尤其是显色反应	白色沉淀用黑色点滴板，有色沉淀用白色点滴板
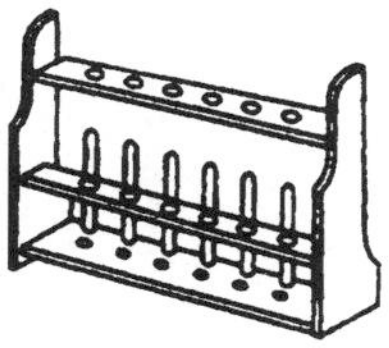 试管架	有不同形状和大小的试管架；有木料、塑料或金属等不同质地	放试管用	加热后的试管应用试管夹夹住悬放于试管架中
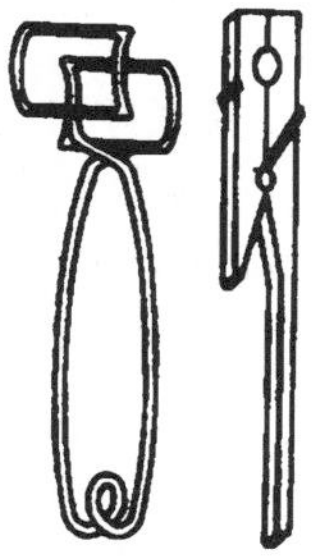 试管夹	有木料、竹质和金属等不同质地，形状也不相同	夹持试管用	夹在离试管口 1/3 处；不要按在短柄处；一律从试管底部取下或套上
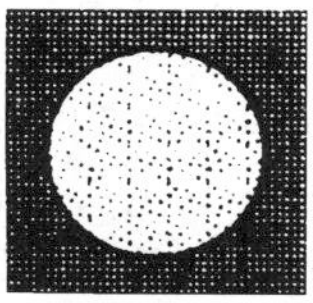 石棉网	用铁丝编成，中间涂有石棉；有大小之分	能使受热物体均匀受热	用前应先检查石棉是否脱落；不能与水接触，也不可卷折

续表

器　　具	规　　格	主要用途	使用注意事项
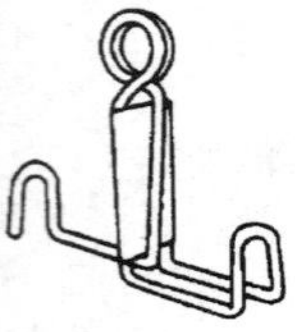 螺旋夹  自由夹	自由夹也称为弹簧夹、止水夹或皮管夹；螺旋夹也称为节流夹	自由夹在蒸馏水储瓶、制气或其他实验装置中沟通或关闭流体的通路；螺旋夹还可以控制流体的流量	胶管应在自由夹中间部位；在蒸馏水储瓶装置中，夹子夹持胶管的部位要时常变动，以防止胶管黏结；实验完毕后，应及时拆卸装置，夹子擦干净后放入柜中
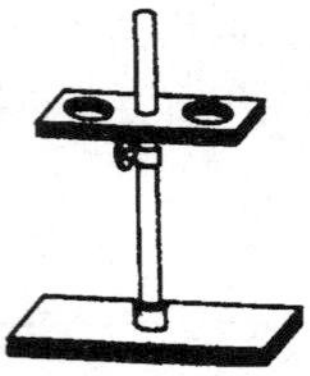 漏斗架	可固定于木架或铁架上	过滤时承接漏斗用	固定漏斗架时，不可倒放
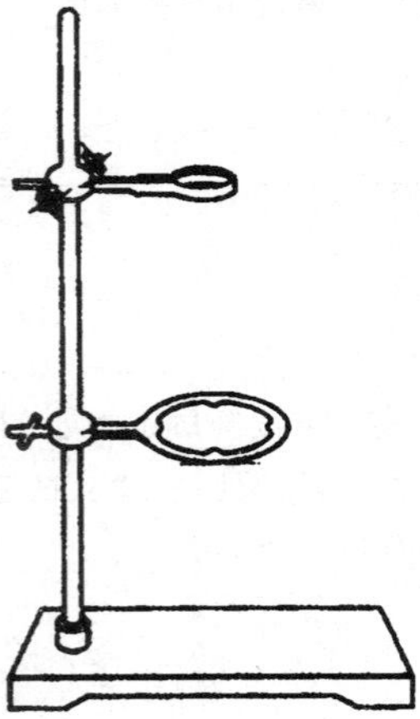 铁架台	有圆形和方形两种类型	用于固定或放置反应容器；铁环还可以代替漏斗架使用	应先将铁夹等固定在合适的高度并旋转螺丝，使之牢固后再进行实验
 三脚架	有大小、高低规格之分	放置较重、较大的加热容器	放置加热容器（除水浴锅）时应先放上石棉网；加热高度要合适，用氧化焰加热

续表

器　　具	规　　格	主要用途	使用注意事项
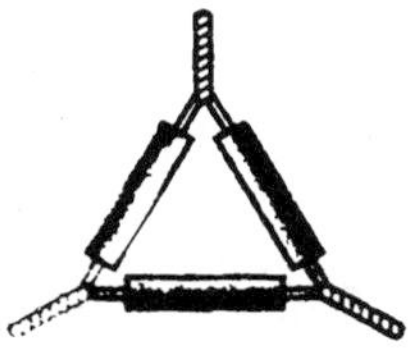 泥三角	用铁丝扭成，套有瓷管；有大小之分	用于坩埚和小蒸发皿加热	使用前应检查铁丝是否断裂；选择泥三角时，要使搁在上面的坩埚所露出的上部不超过本身高度的1/3；坩埚放置要正确，坩埚底应横着斜放在三个瓷管中的一个瓷管上；灼烧的泥三角不要滴上冷水，以免破裂
 毛刷	有大小或用途之分；有试管刷、离心试管刷和滴定管刷等	洗刷玻璃仪器	洗涤试管时，要把前部的毛捏住放入试管，以免铁丝顶端将试管戳破

1. 容器类器具

容器类器具是常温或加热条件下物质的反应容器或物质的贮存容器，主要包括试管、烧杯、烧瓶、锥形瓶、广口瓶、细口瓶、滴瓶、称量瓶、洗气瓶和分液漏斗等。每种类型的器具有许多不同的规格，使用时要根据具体的用途和用量，选择器具。

2. 量器类器具

量器类器具是用于度量溶液体积的器具，主要有量筒、量杯、移液管、吸量管、滴定管和容量瓶等。它们不能作为实验容器，即不能用于溶解、稀释等操作，也不能量取热溶液、加热溶液和长期存放溶液。

1.4　化学试剂的规格

化学试剂的规格是以其所含杂质的多少来划分的，一般分为四级，其规格和适用范围，如表1-3所示。

表1-3　化学试剂的规格和适用范围

等级	名称	符号	标签颜色	适用范围
一级品	优级纯试剂(保证试剂)	GR	绿色	精密的分析工作
二级品	分析纯试剂(分析试剂)	AR	红色	重要的分析工作
三级品	化学纯试剂	CP	蓝色	一般的分析工作
四级品	实验试剂	LR	棕色或黄色	实验辅助试剂

此外，还有工业纯试剂、光谱纯试剂、基准试剂、高纯试剂等化学试剂。

工业纯试剂(符号TP)：用于一般的化学实验。

光谱纯试剂(符号SP)：杂质含量用光谱分析法已测不出，或者杂质的含量低于某一限度，该试剂主要用作光谱分析中的标准物质。

基准试剂（符号 PT）：该试剂的纯度相当于或高于优级纯试剂，常用作容量分析的基准物质或直接配制标准溶液。

高纯试剂（符号 ET）：又称为超纯试剂，常用于生物化学、药物研究和物理化学的痕量分析。

在分析工作中，选择试剂的纯度除了要与所用方法相适应外，其他条件如实验用水、操作器皿也要与之相适应，以免影响测定值的准确度。

各种级别的试剂及工业品因纯度不同，价格相差很大，所以选用时要遵循节约和适用原则，不要盲目追求高纯度试剂，以免浪费。

1.5　各种化学实验报告示例

做好化学实验，不仅要有正确的学习态度，而且要有正确的学习方法。化学实验一般分为如下三个基本环节。

1. 预习

为避免实验中"照方抓药"的不良现象，使实验能够获得良好的效果，实验前必须预习。要认真阅读实验教材、理论课教材和有关文献中的相关内容，明确实验目的，了解实验内容、步骤、操作过程和注意事项。通过预习，弄清楚本次实验要做什么、怎样去做、为什么这样做、是否有更合适的方法；通过预习，对实验安全性问题了然于心，并做好充分的准备；通过预习，基本了解本实验所用仪器的工作原理、用途和正确的操作方法；通过预习，做好实验时间上的合理安排。

2. 实验操作与数据记录

依据实验教材的安排和任课教师的要求进行操作，实验中要严格遵守实验规则，认真操作，细心观察，如实记录。如果发现实验现象反常时，应首先尊重实验事实，如实记录实验结果。实验过程中应勤于思考，仔细分析，力争自己解决问题，遇到实在难以解决的疑难问题，可请教师指点。实验的原始记录要工整地记录在专用的记录本上，且要用黑笔书写，如万一记录出错，应打叉或括起来而不能直接涂改，树立"记录是给别人看"的理念，严禁随意记录。

3. 实验报告

实验结束后，应严格根据实验记录，从理论上对实验现象进行合理的解释，写出有关反应方程式，或对实验数据进行处理和计算，并得出相应的结论。书写实验报告应字迹端正、简明扼要、整齐清洁、格式规范。化学实验预习报告、实验报告示例，以及实验报告（电子版）要求如下。

（1）无机（或分析）化学实验预习报告示例。

××××××

（实验名称，居中）

一、实验目的

××××××

（用自己的语言总结，尽量不要跟教材上一模一样）

二、实验原理

××××××

（用简洁的语言表示，主要反映出公式和反应方程式，性质实验可不写实验原理，反应方程式写在实验内容部分。名词解释可不写）

三、实验用品

1. 仪器与器材

××××××

（仪器有则写，试管、烧杯和量筒等用“常规无机（或分析）化学实验器材”代替，其他不常用的器材应依次列出）

2. 实验试剂

××××××

（主要写易燃、易爆、腐蚀性试剂和一些比较少见的试剂，经常用的试剂可不写）

四、实验内容

××××××

（用自己的语言表示，尽量采用表格、框图和符号等简洁的表现形式。无机化学实验：主要反映实验步骤、实验现象和理论解释。分析化学实验：主要反映实验步骤）

（2）无机化学实验报告示例。

××××××

（实验名称，居中）

一、实验目的

××××××

二、实验原理

××××××

三、实验用品

××××××

四、实验内容

××××××

（以上同实验预习报告示例）

五、思考题

××××××

六、实验体会

××××××

（要有感而发，写一些自己认为有价值的东西，如没有认为可写的东西

（3）分析化学实验报告示例。

××××××

（实验名称，居中）

一、实验目的

××××××

二、实验原理

××××××

三、实验用品（或主要试剂）

××××××

四、实验内容

××××××

五、实验数据记录与结果处理（尽量列表处理）

××××××

六、思考题

××××××

七、附注（或注意事项）

××××××

（4）化学实验报告（电子版）要求。

① 一级标题用"三号、黑体"，二级标题用"小三号、黑体"，三级标题 文用"小 4 号、宋体"。数字和字母字体一律用 Times New Roman 字体，行

② 不要空行，空行可通过"开始—段落—间距—段前（段后）"设置完

③ 除最后一次实验报告需同时上交"WORD"或"PDF"文档和打印 只需上交打印稿（A4 纸正反打印）。

④ 如网上下载的图不能移动，可用鼠标右键点击"图片—设置图 调型—确定"，即可移动和缩放。

⑤ 化学实验报告（电子版）必须独立完成，严禁复制，一旦发现，严肃

第2章　无机化学实验

2.1　致学生的话

欢迎走进无机化学实验课堂。众所周知，化学是一门以实验为基础的自然科学。实验可以激发同学们对化学的学习兴趣；实验可以使同学们获得更直观的知识，从而更好地理解和巩固那些难以理解的化学知识或现象；实验可以提高同学们观察、分析和解决实际问题的能力。同学们可能在中学阶段缺乏系统且扎实的基本实验技能的学习和训练，因此，在开始阶段，会显得学习进度缓慢。但只要认真操作、积极思考、勤学好问，一切都会好起来的！

在实验中要坚持绿色化学的理念。绿色化学是维护生态环境的化学，从长远的发展观点看，放弃有污染的传统化学实验，探索化学实验的绿色化，是化学实验发展的必然趋势。无机化学实验作为化学和近化学类专业的第一门大学化学实验课，教学中教师将依据绿色化学在使用化学药品时所遵循的5R原则，即拒用危险品、减量使用、循环使用、重新使用和再生，有意识地将绿色化学理念融入其中，实现无机化学实验绿色化，使同学们一开始就在潜移默化中受到绿色化学的熏陶，以培养同学们科学的环境观和资源观，提高同学们的环保紧迫感和责任感，树立绿色化学的理念。

特别提醒同学们的是做化学实验一定要注意安全，一定要对药品的理化性能先有一个清晰的了解。对于不熟悉的药品应及时查阅相关文献或者咨询教师，对于标签模糊辨认不清的药品一律不得使用，对于易挥发的药品一定要在通风橱中取用。

当看到以上这些介绍的时候，同学们是否对这门重要的专业基础课既充满期待又有点担心呢？为了在有限的学时内，让同学们真正学到无机化学实验的相关知识，以下几点建议希望能引起同学们的重视。

(1) 课前加强预习，进实验室先交无机化学实验预习报告本，没有预习的学生不得参与实验。

(2) 按时上课，不要旷到、迟到或早退，严格履行请假手续，请假的学生应主动联系教师安排补做实验。上课时不要讲话、玩手机或做其他与实验无关的事情。

(3) 在无机化学实验数据记录本上认真记录实验现象和实验数据，实验结束，经教师检查合格后方可离开实验室。

(4) 按时上交无机化学实验报告给学习委员，不要迟交，更不能旷交，学习委员在规定的时间内将无机化学实验报告交教师批改。

总之，如果你严格遵守有关规定，坚持课堂学习，高质量完成实验项目，祝贺你，你将以优异的成绩结业。

2.2　无机化学实验课程简介

一、无机化学实验的教学目的

无机化学是化学学科中最早建立的一个分支学科，也是近百年来飞速发展的一门学科，它是化学和近化学类专业的学生所学的一门化学专业基础课。如要很好地领会和掌握无机化学的基本理论和基础知识，必须认真进行实验。显然，无机化学实验是无机化学教学中不可或缺的重要环节，占有极其重要的地位。通过无机化学实验的学习，应达到如下几个目的。

(1) 通过实验，使学生获得大量物质变化的认知，进一步熟悉常见元素及其化合物的重要化学性质和反应，掌握重要化合物的一般分离、制备和某些常数的测定方法，帮助或加深对基本理论和基础知识的理解和掌握。

(2) 通过实验，学生自己动手，完成各项操作，可以培养学生正确地掌握无机化学实验的基本操作方法和技巧，为今后学习其他各科实验打下良好基础。

(3) 通过实验，培养学生独立工作和独立思考的能力。如独立准备和进行实验的能力；细致地观察和记录实验现象的能力；正确记录、处理实验数据和书写实验报告的能力；一定的组织实验和研究实验的能力等。

(4) 通过实验，逐步树立"实践第一"的理念，逐步养成实事求是的科学态度，准确、细致、整洁等良好的科学习惯，以及科学的思维方法。

(5) 通过实验，逐步使学生掌握科学研究的方法。

二、无机化学实验的主要教学内容

无机化学实验主要包括：无机化学实验基础知识、无机化学原理部分实验、无机化学性质部分实验和无机化学制备部分实验。其中，无机化学原理部分实验为教学重点，无机化学制备部分实验为教学难点。

2.3　无机化学实验项目

实验1　缓冲溶液的配制与pH值的测定

一、实验目的

(1) 理解缓冲溶液的定义及其特点。

(2) 理解缓冲溶液的缓冲原理。

(3) 掌握溶液的粗略配制方法和缓冲溶液的配制方法。

(4) 学习pH计的使用方法。

二、实验原理

在共轭酸碱对组成的混合溶液中加入少量强酸或强碱，溶液的 pH 值基本上无变化，这种具有保持溶液 pH 值相对稳定性能的溶液称为缓冲溶液。缓冲溶液的特点是在适度范围内既能抗酸又能抗碱，抵抗适度稀释或浓缩。常见的缓冲体系有 HAc-NaAc、NH_3-NH_4Cl、$Na_2B_4O_7\cdot10H_2O$-Na_2CO_3、KH_2PO_4-Na_2HPO_4 等。

对于弱酸 HB 及其共轭碱 B^- 组成的缓冲溶液：

$$\mathrm{pH}=pK_a^{\ominus}-\lg\frac{c_a}{c_b}\tag{2-1}$$

对于弱碱 B 及其共轭酸 BH^+ 组成的缓冲溶液：

$$\mathrm{pOH}=pK_b^{\ominus}-\lg\frac{c_b}{c_a}\tag{2-2}$$

一般配制缓冲溶液时，常使 $c_b=c_a$，此时缓冲容量最大，缓冲能力最强。

三、实验用品

1. 仪器与器材

pH 计；电子天平(0.01 g)；量筒(5 mL、25 mL)；烧杯(50 mL、250 mL)；标签纸；玻璃棒；洗瓶；滤纸。

2. 实验试剂

主要实验试剂，如表 2-1 所示。

表 2-1　主要实验试剂表

试　剂	规　格	试　剂	规　格
氨水	28%	HAc	99%
NH_4Cl	固体	NaAc	固体
KCl	$3\ mol\cdot L^{-1}$	标准 pH 缓冲溶液	pH=4.01
标准 pH 缓冲溶液	pH=6.86		

四、实验内容

1. 溶液的粗略配制

(1) $0.1\ mol\cdot L^{-1}$ NH_4Cl 溶液的配制。

用精度为 0.01 g 的电子天平称取 0.27 g 固体 NH_4Cl，倒入 50 mL 带有刻度的洁净烧杯中，加入少量去离子水搅拌使其完全溶解后，用去离子水稀释至 50 mL 刻度，贴上标签，备用。

(2) $0.1\ mol\cdot L^{-1}$ 氨水溶液的配制。

用 5 mL 量筒量取 0.7 mL 氨水(28%)，倒入 50 mL 带有刻度的洁净烧杯中，加入少量去离子水搅拌使其完全溶解后，用去离子水稀释至 50 mL 刻度，贴上标签，备用(需在通风橱中操作)。

(3) $1.0\ mol\cdot L^{-1}$ NaAc 溶液的配制。

用精度为 0.01 g 的电子天平称取 4.10 g 固体 NaAc，倒入 50 mL 带有刻度的洁净烧杯中，加入少量去离子水搅拌使其完全溶解后，用去离子水稀释至 50 mL 刻度，贴上标签，备用。

(4) 1.0 mol·L^{-1} HAc 溶液的配制。

用 5 mL 量筒量取 2.9 mL HAc(99%)，倒入 50 mL 带有刻度的洁净烧杯中，加入少量去离子水搅拌使其完全溶解后，用去离子水稀释至 50 mL 刻度，贴上标签，备用(需在通风橱中操作)。

2. 缓冲溶液的配制与 pH 值的测定

(1) 缓冲溶液的配制。

按照表 2-2 中溶液的组成配制好缓冲溶液，并将相应 50 mL 烧杯分别进行编号，备用。

表 2-2 缓冲溶液的配制

编号	配制溶液(分别量取 25 mL，配制好的溶液为 50 mL)
1	0.1 mol·L^{-1}氨水+0.1 mol·L^{-1} NH_4Cl
2	1.0 mol·L^{-1} HAc+1.0 mol·L^{-1} NaAc

(2) 测试用缓冲溶液的分组编号。

将配制好的 2 组缓冲溶液各均分成 2 份，另分别量取 25 mL 去离子水倒入另 2 只洁净的 50 mL 烧杯中。依次编号为 1-1、1-2；2-1、2-2；3-1、3-2，备用。

(3) pH 值的测定。

将校准好的电极用去离子水清洗 1 次，然后用滤纸吸干电极表面水分，调整电极支架，使电极刚好插入待测溶液中，待仪器显示“S”时，记录 pH 值，之后用去离子水冲洗电极表面 2～3 次，用滤纸吸干电极表面水分，依此方法分别测定表 2-3 中各检测体系的 pH 值，并将测定结果填入表 2-3 中。测试结束后，用洗瓶冲洗电极表面 2～3 次，用滤纸吸干电极表面水分，然后将电极浸泡在 3 mol·L^{-1} KCl 保护溶液中(每次测试需重复以上步骤)。

3. 实验数据记录

表 2-3 实验数据记录表

检测体系	pH 值	检测体系	pH 值	检测体系	pH 值
1-1		(1-1)+2 滴 0.1 mol·L^{-1} HCl		(1-2)+2 滴 0.1 mol·L^{-1} NaOH	
2-1		(2-1)+2 滴 0.1 mol·L^{-1} HCl		(2-2)+2 滴 0.1 mol·L^{-1} NaOH	
3-1		(3-1)+2 滴 0.1 mol·L^{-1} HCl		(3-2)+2 滴 0.1 mol·L^{-1} NaOH	

注：滴加 0.1 mol·L^{-1} HCl 溶液或 0.1 mol·L^{-1} NaOH 溶液，一定要搅拌均匀。

五、思考题

(1) 缓冲溶液的 pH 值由哪些因素决定？其中起决定的因素是什么？

(2) 控制共轭碱的浓度为 1 mol·L^{-1}，如何配制 100 mL pH=4.8 的缓冲溶液？(写出具体方案)。

六、附注

Sartorius 普及型 pH 计(PB-10)简明操作指南如下。

1. 准备

(1) 将复合 pH 电极插入 pH 计电极插口内，取下电极下面盛有 3 mol·L^{-1} KCl 溶液的套筒，用蒸馏水或去离子水清洗复合 pH 电极，滤纸吸干水分后备用。

(2) 将复合 pH 电极上的两根线缆分别插到 pH 计的“Input”和“ATC”插孔上。

(3) 接通电源。

(4) 按“Mode”键选择模式。

2. 校准(二次校准)

(1) 按“Setup”键，仪器显示“Clear ”，按“Enter”键确认。

(2) 按“Setup”键，直至显示屏下方显示“1.68，4.01，6.86，9.18，12.46”，按“Enter”键确认。

(3) 将复合 pH 电极用蒸馏水或去离子水清洗，滤纸吸干水分后浸入 pH＝6.86 的缓冲溶液中，当数值稳定并出现“S”时，按“Standardize”键，仪器将自动校准，如果校准时间较长，可按“Enter”键手动校准。“6.86”将作为第 1 校准数值被存储。

(4) 用蒸馏水或去离子水清洗复合 pH 电极，滤纸吸干水分后浸入 pH＝4.01 的缓冲溶液中，当数值稳定并出现“S”时，按“Standardize”键，仪器将自动校准，如果校准时间较长，可按“Enter”键手动校准。“4.01”作为第 2 校准数值被存储，此时显示屏上出现一个表示所测量电极斜率值的百分比，当此百分比在 90％～105％时，可结束校准实验，进行 pH 值的测量。否则，仪器将显示“Err”，此时，应清洗复合 pH 电极，并按上述步骤重新校准直至校准合格。

3. 测量

用蒸馏水或去离子水清洗复合 pH 电极，滤纸吸干水分后将复合 pH 电极浸入待测溶液中，轻轻摇动待测溶液，充分浸润复合 pH 电极。数值稳定并出现“S”时，即可读数。

4. 说明

(1) pH 值测定完成后，用蒸馏水或去离子水清洗复合 pH 电极，然后浸入 3 mol · L^{-1} KCl 溶液中。注意：一定要保护好复合 pH 电极。

(2) 仪器校准合格后，请勿再按“Standardize”键，否则，仪器进入一点校准状态，需重新校准。

(3) 测定 pH 值时，所用烧杯和复合 pH 电极一定要清洗干净。

实验 2　电离平衡与沉淀反应

一、实验目的

(1) 掌握检测溶液酸碱性的基本方法。

(2) 理解电离平衡、水解平衡和同离子效应的基本原理。

(3) 理解盐效应、溶度积原理、分步沉淀和沉淀的转化。

(4) 试验沉淀的生成、转移、溶解和转化。

(5) 掌握离心机的使用方法和离心分离基本操作。

二、实验原理

(1) 加入含有相同离子的易溶强电解质，而使难溶电解质溶解度减小的效应，称为同离子效应。

(2) 加入强电解质而使难溶电解质溶解度增大的效应，称为盐效应。

(3) 组成盐的离子与溶液中水电离出的 H^+ 或 OH^- 结合生成弱电解质的反应，称为盐类水解。盐类水解是酸碱中和反应的逆反应，水解后溶液的酸碱性取决于盐的类型。

(4) 溶度积原理：在一定温度下，难溶电解质在溶液中达到下列平衡：

$$A_nB_m(s) = nA^{m+}(aq) + mB^{n-}(aq)$$

溶度积(平衡常数)为

$$K_{sp}^{\ominus} = c^n(A^{m+})c^m(B^{n-}) \tag{2-3}$$

在此溶液中，离子积为

$$Q_i = c^n(A^{m+})c^m(B^{n-}) \tag{2-4}$$

对某一给定溶液有

当 $Q_i > K_{sp}^{\ominus}$ 时，溶液为过饱和溶液，平衡向生成沉淀的方向移动，生成沉淀，直到达成新的平衡为止，所以 $Q_i > K_{sp}^{\ominus}$ 是沉淀生成的条件。

当 $Q_i = K_{sp}^{\ominus}$ 时，溶液为饱和溶液，处于平衡状态，不生成沉淀，若有沉淀生成，其量不增也不减。

当 $Q_i < K_{sp}^{\ominus}$ 时，溶液为不饱和溶液，若溶液中有难溶电解质固体存在，则会继续溶解，直至溶液饱和为止，所以 $Q_i < K_{sp}^{\ominus}$ 是沉淀溶解的条件。

(5) 溶液中有几种离子同时存在，当加入某种沉淀剂时，沉淀按照一定的先后次序进行，这种先后沉淀的现象，称为分步沉淀。

(6) 由一种沉淀转化为另一种沉淀的过程称为沉淀的转化。

三、实验用品

1. 仪器与器材

离心机；烧杯(50 mL)；量筒(10 mL)；胶头滴管；点滴板；井穴板(5 mL)；玻璃棒；pH 试纸；试管；离心试管。

2. 实验试剂

主要实验试剂，如表 2-4 所示。

表 2-4　主要实验试剂表　　单位：$mol \cdot L^{-1}$

试　剂	规　格	试　剂	规　格	试　剂	规　格
HNO_3	6	KCl	0.1;1	$MgCl_2$	0.1
HAc	0.1	K_2CrO_4	0.1;0.5	$BaCl_2$	0.1
HCl	0.1;6	KI	0.1	$CuSO_4$	0.1
氨水	0.1;6	NaOH	1	$AgNO_3$	0.1
甲基橙	指示剂	Na_2CO_3	0.1	$Pb(NO_3)_2$	0.1
NH_4Ac	1	Na_2SO_4	饱和	NaCl	CP
NH_4Cl	0.1;饱和	Na_2S	0.1	$Bi(NO_3)_3$	CP
$(NH_4)_2C_2O_4$	饱和				

四、实验内容

1. 溶液的酸碱性

用 pH 试纸分别测定去离子水、0.1 $mol \cdot L^{-1}$ KCl 溶液、0.1 $mol \cdot L^{-1}$ HCl 溶液和 0.1 $mol \cdot L^{-1}$ 氨水的 pH 值并记入下表。

检测体系	0.1 mol·L^{-1} KCl	0.1 mol·L^{-1} HCl	0.1 mol·L^{-1}氨水	去离子水
pH 值				

2. 盐类的水解

(1) 用 pH 试纸分别测定 0.1 mol·L^{-1} NH_4Cl 溶液、0.1 mol·L^{-1} Na_2CO_3 溶液和饱和 Na_2SO_4 溶液的 pH 值并记入下表，写出有关反应方程式。

检 测 体 系	pH 值	反应方程式
0.1 mol·L^{-1} NH_4Cl 溶液		
0.1 mol·L^{-1} Na_2CO_3 溶液		
饱和 Na_2SO_4 溶液		

(2) 在干燥试管中加入少许固体 $Bi(NO_3)_3$，然后滴加 10 滴去离子水，观察并记录(现象【1】)，边振荡边滴加 6 mol·L^{-1} HNO_3溶液，观察并记录(现象【2】)，写出反应方程式。

实验现象【1】	
理论解释	
实验现象【2】	
理论解释	

3. 同离子效应和盐效应

在 5 mL 井穴板的 3 个井穴内各加入 1 mL 0.1 mol·L^{-1} HAc 溶液和 1 滴甲基橙指示剂，然后在其中一井穴(井穴 1)中加 2 滴 1 mol·L^{-1} NH_4Ac 溶液，在另一井穴(井穴 2)中加少许固体 NaCl，剩下的一个井穴为井穴 3，比较 3 个井穴中甲基橙指示剂颜色的变化，试解释颜色变化的原因并记入下表。

井穴 1 颜色变化	
理论解释	
井穴 2 颜色变化	
理论解释	
井穴 3 颜色变化	
理论解释	

4. 沉淀的生成和溶解

(1) 向两支离心试管中各滴加 1 mL 0.1 mol·L^{-1} $MgCl_2$ 溶液和 1 mL 1 mol·L^{-1} NaOH 溶液，观察并记录(现象【1】)。离心分离后，向其中一支离心试管中滴加饱和 NH_4Cl 溶液，观察并记录(现象【2】)，向另一支离心试管中滴加 6 mol·L^{-1} HCl 溶液，观察并记录(现象【3】)，写出反应方程式。

实验现象【1】	
理论解释	
实验现象【2】	
理论解释	
实验现象【3】	
理论解释	

(2) 在两支离心试管中各滴加 1 mL 0.1 mol · L^{-1} $BaCl_2$ 溶液和 1 mL 饱和$(NH_4)_2C_2O_4$溶液，观察并记录(现象【1】)。离心分离后，向其中一支离心试管中滴加饱和 NH_4Cl 溶液，观察并记录(现象【2】)，向另一支离心试管中滴加 6 mol · L^{-1} HCl 溶液，观察并记录(现象【3】)，写出反应方程式。

实验现象【1】	
理论解释	
实验现象【2】	
理论解释	
实验现象【3】	
理论解释	

(3) 向两支离心试管中各滴加 1 mL 0.1 mol · L^{-1} $CuSO_4$ 溶液和 1 mL 0.1 mol · L^{-1} Na_2S 溶液，观察并记录(现象【1】)。离心并洗涤沉淀，向其中一支离心试管中滴加 6 mol · L^{-1} HCl 溶液，观察并记录(现象【2】)，向另一支离心试管中滴加 6 mol · L^{-1} 氨水，观察并记录(现象【3】)，写出反应方程式。

实验现象【1】	
理论解释	
实验现象【2】	
理论解释	
实验现象【3】	
理论解释	

(4) 向两支离心试管中各滴加 1 mL 0.1 mol · L^{-1} $AgNO_3$ 溶液和 1 mL 0.1 mol · L^{-1} KCl 溶液，观察并记录(现象【1】)。离心并洗涤沉淀，向其中一支离心试管中滴加 6mol · L^{-1} HCl 溶液，观察并记录(现象【2】)，向另一支离心试管中滴加 6 mol · L^{-1} 氨水，观察并记录(现象【3】)，写出反应方程式。

实验现象【1】	
理论解释	
实验现象【2】	
理论解释	
实验现象【3】	
理论解释	

5. 分步沉淀

向离心试管中滴加 1 mL 0.1 mol · L^{-1} Na_2S 溶液和 1 mL 0.1 mol · L^{-1} K_2CrO_4 溶液，加去离子水 3 mL，然后滴加少量 0.1 mol · L^{-1} $Pb(NO_3)_2$ 溶液，观察生成沉淀的颜色并记录(现象【1】)。离心分离，向离心分离后的上层清液中滴加 0.1 mol · L^{-1} $Pb(NO_3)_2$ 溶液，观察并记录(现象【2】)。试用分步沉淀原理进行解释，写出反应方程式。

实验现象【1】	
理论解释	
实验现象【2】	
理论解释	

6. 沉淀的转化

向离心试管中滴加 8 滴 0.1 mol · L^{-1} $Pb(NO_3)_2$ 溶液和 5 滴 1 mol · L^{-1} KCl 溶液，观察生成沉淀的颜色并记录(现象【1】)；离心分离并洗涤沉淀，在沉淀上滴加 5 滴 0.1 mol · L^{-1} KI 溶液，振荡，观察生成沉淀的颜色并记录(现象【2】)；离心分离并洗涤沉淀，在所生成沉淀上再滴加 15 滴饱和 Na_2SO_4 溶液，观察生成沉淀的颜色并记录(现象【3】)；离心分离并洗涤沉淀，在所生成沉淀上再滴加 8 滴 0.5 mol · L^{-1} K_2CrO_4 溶液，观察生成沉淀的颜色并记录(现象【4】)；离心分离并洗涤沉淀，在所生成沉淀上再滴加 8 滴 0.1 mol · L^{-1} Na_2S 溶液，观察生成沉淀的颜色并记录(现象【5】)。依据相应难溶电解质的 $K_{sp}^{\ominus}$，解释实验现象并写出反应方程式。

实验现象【1】	
理论解释	
实验现象【2】	
理论解释	
实验现象【3】	
理论解释	
实验现象【4】	
理论解释	
实验现象【5】	
理论解释	

五、思考题

(1) 如何配制 $FeCl_3$ 溶液和 $Bi(NO_3)_3$ 溶液？

(2) 洗涤 AgCl 沉淀，用下列哪种试剂最合适？简述理由。

① 0.1 mol · L^{-1} HCl；　② 0.001 mol · L^{-1} HCl；　③ 浓盐酸；

④ 蒸馏水；　⑤ 1 mol · L^{-1} 氨水。

(3) 使用离心机时应注意哪些问题？

六、附注

1. 溶液酸碱性的测试

将 pH 试纸剪成小段，置于干燥洁净的白色点滴板或表面皿上，用玻璃棒蘸取待测溶液滴入 pH 试纸中央，与标准比色卡对比确定 pH 值。

2. 气体酸碱性的检测

用去离子水将 pH 试纸润湿，贴在表面皿或玻璃棒上，置于试管口(不能与试管接触)，根据 pH 试纸的变色，判断逸出气体的酸碱性(这种方法不能用来测 pH 值)。

3. $Pb(Ac)_2$ 试纸的使用

用去离子水将 $Pb(Ac)_2$ 试纸润湿，放置于试管口。如试纸变黑表示有 H_2S 气体逸出。

4. 沉淀的洗涤

在装有沉淀的离心试管中加入适量去离子水，将排净空气的胶头滴管伸到沉淀表面，然后通过鼓泡法使之形成悬浊液，再离心分离，按同样的操作处理直至合乎要求为止。

5. 沉淀的转移

在装有沉淀的离心试管中加入适量去离子水，将排净空气的胶头滴管伸到沉淀表面，然后通过鼓泡法使之形成悬浊液，用胶头滴管将悬浊液部分转移到另外一支离心试管中。

实验 3　氧化还原反应与配位反应

一、实验目的

(1) 理解电极电势与氧化还原反应的关系。

(2) 理解介质酸度对氧化还原产物的影响。

(3) 理解浓度和酸度对氧化还原反应方向的影响。

(4) 掌握电池电动势的测量方法。

(5) 掌握沉淀的生成、转移和溶解等实验操作。

(6) 理解同离子效应、盐效应、溶度积原理、分步沉淀和沉淀的转化。

(7) 掌握确定沉淀反应计量系数和测定难溶电解质 $K_{sp}^{\ominus}$ 的基本方法。

(8) 了解原电池的构造。

(9) 了解螯合物的特性。

二、实验原理

(1) 氧化还原反应的本质是氧化剂和还原剂之间发生电子的转移，物质得失电子的能力，可用氧化还原电对的电极电势($E^{\ominus}$)的相对大小来衡量。$E^{\ominus}$ 愈大，电对的氧化型得电子能力愈强，还原型失电子能力愈弱，反之亦然。因此，$E^{\ominus}$ 值较大的电对的氧化型可与 $E^{\ominus}$ 值较小的电对的还原型发生氧化还原反应。

(2) 介质的酸度对一些氧化还原反应的方向、速度和反应产物有很大的影响。特别是在含氧酸根离子参加的反应中，两个电对的标准电极电势 E^{0} 值相差不大时，离子浓度的变化或溶液酸度的改变有可能引起反应方向的改变。

(3) 原电池是化学能转化为电能的装置。当通过原电池的电流趋于零时，两电极间的最大电势差称为原电池的电动势，以 E_{MF} 表示，可用电压表来测定电池的电动势(测量时，电路中的电流很小，可忽略不计)。由电压表上所显示的数字可以确定电池电动势 E 和电池的正负极，E 与原电池的电动势 E_{MF} 相近，$E=E_{正}-E_{负}$，E_{MF} 通过补偿法测定(测定过程中无电流通过)。

三、实验用品

1. 仪器与器材

离心机；伏特计；井穴板(5 mL)；滤纸；玻璃棒；盐桥；电极(铜、铁、锌、石墨)；导线；胶头滴管；试管。

2. 实验试剂

主要实验试剂，如表 2-5 所示。

表 2-5　主要实验试剂表　　单位：$mol \cdot L^{-1}$

试　剂	规　格	试　剂	规　格	试　剂	规　格
Na_2S	0.1	氨水	6	$BaCl_2$	0.1
浓 HCl	CP	$(NH_4)_2C_2O_4$	饱和	$CoCl_2$	0.1
H_2SO_4	2；6	NH_4F	10%	$FeCl_3$	0.1
$H_2C_2O_4$	0.1	KI	0.1	$ZnSO_4$	0.5
NaOH	0.1；6	$KMnO_4$	0.01	$CuSO_4$	0.1；0.5
Na_2SO_3	0.5	KSCN	0.1；饱和	$FeSO_4$	0.1；0.5
EDTA	0.1	戊醇	CP	$Fe_2(SO_4)_3$	0.01
淀粉溶液	0.5%	CCl_4	CP	H_2O_2	3%
NH_4F	CP				

四、实验内容

1. 电极电势与氧化还原反应

（1）向试管中滴加 5 滴 0.1 $mol \cdot L^{-1}$KI 溶液和 1 滴 0.5%淀粉溶液，逐滴加入 0.1 $mol \cdot L^{-1}$ $FeCl_3$ 溶液，边滴加边振荡，观察并记录（现象【1】）。

（2）向试管中滴加 5 滴 0.01 $mol \cdot L^{-1}$$KMnO_4$ 溶液和 2 滴 2 $mol \cdot L^{-1}$ H_2SO_4 溶液，逐滴加入3 % H_2O_2 溶液，边滴加边振荡，观察并记录（现象【2】）。

实验现象【1】	
理论解释	
实验现象【2】	
理论解释	

2. 介质酸度对氧化还原产物的影响

向 5 mL 井穴板的 3 个井穴中各滴加 6 滴 0.01 $mol \cdot L^{-1}$$KMnO_4$ 溶液，然后分别滴加 4 滴 2 $mol \cdot L^{-1}$ H_2SO_4 溶液、4 滴去离子水、4 滴 6 $mol \cdot L^{-1}$NaOH 溶液，最后向 3 个井穴中滴加 10 滴 0.5 $mol \cdot L^{-1}$$Na_2SO_3$溶液，搅拌，观察并记录（现象【1】、现象【2】和现象【3】）。

实验现象【1】	
理论解释	
实验现象【2】	
理论解释	
实验现象【3】	
理论解释	

3. 浓度对氧化还原反应方向的影响

(1) 往盛有 1 mL 蒸馏水、1 mL CCl_4 溶液和 1 mL 0.01 mol · L^{-1} $Fe_2(SO_4)_3$ 溶液的试管中，注入 1 mL 0.1 mol · L^{-1}KI 溶液，振荡后观察 CCl_4 层的颜色并记录(现象【1】)。

(2) 往盛有 1 mL CCl_4 溶液、1 mL 0.1 mol · L^{-1} $FeSO_4$ 溶液和 1 mL 0.01 mol · L^{-1} $Fe_2(SO_4)_3$溶液的试管中，注入 1 mL 0.1 mol · L^{-1}KI 溶液，振荡后观察 CCl_4 层的颜色并记录(现象【2】)，与上述 CCl_4 层的颜色进行比较。

(3) 在上述(1)的试管中加入 NH_4F 固体(1 药匙左右)至溶液黄色基本褪去，振荡试管，观察 CCl_4 层颜色的变化并记录(现象【3】)。

实验现象【1】	
理论解释	
实验现象【2】	
理论解释	
实验现象【3】	
理论解释	

4. 原电池的构成与电池电动势的测量

向 5 mL 井穴板的 3 个井穴中分别加入 3 mL 0.5 mol · L^{-1} $CuSO_4$ 溶液、3 mL 0.5 mol · L^{-1} $FeSO_4$溶液和 3 mL 0.5 mol · $L^{-1}$$ZnSO_4$溶液，并插入对应的金属片构成 3 个半电池。分别以盐桥连接其中的任意两种溶液，组成 3 个原电池，将对应电极接入伏特计(注意正极、负极)，观察伏特计指针的偏转方向，在下表中记录读数。

注意：组成新的原电池时，每次都要将盐桥洗净。

序号	原电池	指针偏转方向	$E_{理论值}$/V	$E_{测量值}$/V
1				
2				
3				

5. 配离子的生成与性质

在试管中滴加 20 滴 0.1 mol · $L^{-1}$$CuSO_4$ 溶液，再逐滴加入 6 mol · L^{-1}氨水，边滴加边振荡，观察并记录(现象【1】)，继续滴加过量氨水至溶液呈深蓝色，观察并记录(现象【2】)。然后用胶头滴管将该溶液分别滴加到盛有 10 滴 0.1 mol · $L^{-1}$$BaCl_2$ 溶液和 10 滴 0.1 mol · L^{-1} NaOH 溶液的试管中，观察并记录(现象【3】和现象【4】)。根据实验现象，分析说明其配合物的组成，写出反应方程式。

实验现象【1】	
理论解释	
实验现象【2】	
理论解释	
实验现象【3】	
理论解释	
实验现象【4】	
理论解释	

6. 配离子稳定性比较

(1) 配位剂对配离子稳定性的影响。

在试管中滴加 8 滴 0.1 mol · L^{-1} $FeCl_3$ 溶液和 4 滴 0.1 mol · L^{-1} KSCN 溶液，观察并记录（现象【1】），然后往试管中滴加饱和 $(NH_4)_2C_2O_4$ 溶液 12 滴，观察并记录（现象【2】），再加入 6 mol · L^{-1} NaOH 溶液，观察并记录（现象【3】），解释上述现象。

实验现象【1】	
理论解释	
实验现象【2】	
理论解释	
实验现象【3】	
理论解释	

(2) 配合物的转化及其掩蔽作用。

在试管中加入 5 滴 0.1 mol · L^{-1} $CoCl_2$ 溶液及 10 滴戊醇，然后加入 5 滴 饱和 KSCN 溶液，振荡后，观察戊醇层的颜色并记录（现象【1】）（此为 Co^{2+} 的鉴定方法）。再滴加 1 滴 0.1 mol · L^{-1} $FeCl_3$ 溶液，观察溶液颜色的变化并记录（现象【2】）（Fe^{3+} 对 Co^{2+} 的鉴定产生什么作用？）。最后向试管内逐滴加入 10% NH_4F 溶液，边滴加边振荡（以血红色刚好褪去为宜），观察并记录（现象【3】）。

实验现象【1】	
理论解释	
实验现象【2】	
理论解释	
实验现象【3】	
理论解释	

7. 配位平衡的移动

(1) 配位平衡与沉淀溶解平衡。

向 2 支试管中分别滴加 5 滴 0.1 mol · L^{-1} Na_2S 溶液和 5 滴 0.1 mol · L^{-1} $H_2C_2O_4$ 溶液，然后各滴加 5 滴 0.1 mol · L^{-1} $CuSO_4$ 溶液，观察并记录（现象【1】和现象【2】），再分别滴入 6 mol · L^{-1} 氨水，观察并记录（现象【3】和现象【4】）。

实验现象【1】	
理论解释	
实验现象【2】	
理论解释	
实验现象【3】	
理论解释	
实验现象【4】	
理论解释	

(2) 配位平衡与氧化还原反应。

向 2 支试管中分别滴加 6 滴 0.1 mol·L^{-1} $FeCl_3$溶液和 2 滴淀粉溶液，向其中 1 支试管中滴加 6 滴 10%NH_4F 溶液，然后再向 2 支试管中分别滴加几滴 0.1 mol·L^{-1} KI 溶液，观察并记录(现象【1】和现象【2】)，比较两者的实验现象，并加以解释。

实验现象【1】	
理论解释	
实验现象【2】	
理论解释	

(3) 配位平衡与介质的酸碱性。

向 2 支试管中分别滴加 5 滴 0.1 mol·L^{-1} $FeCl_3$溶液，再滴加 10%NH_4F 溶液至溶液颜色刚变为无色为止。然后向 1 支试管中滴加 6 mol·L^{-1} NaOH 溶液，向另 1 支试管中滴加 6 mol·L^{-1} H_2SO_4 溶液，观察并记录(现象【1】和现象【2】)，运用平衡移动原理解释观察到的实验现象。

实验现象【1】	
理论解释	
实验现象【2】	
理论解释	

(4) 配位平衡与浓度的关系。

向试管中滴加 5 滴 0.1 mol·L^{-1} $CoCl_2$ 溶液，然后再滴加浓 HCl，观察溶液颜色并记录(现象【1】)，最后再逐滴滴加蒸馏水进行稀释，观察并记录(现象【2】)，并加以解释。

实验现象【1】	
理论解释	
实验现象【2】	
理论解释	

8. 螯合物的性质

向 1 支试管中滴加 5 滴 0.1 mol·L^{-1} $FeCl_3$ 和 5 滴 0.1 mol·L^{-1} KSCN 溶液，向另 1 支试管中滴加 10 滴 $[Cu(NH_3)_4]^{2+}$ 溶液(自制)，然后分别滴加 0.1 mol·L^{-1} EDTA 溶液，观察并记录(现象【1】和现象【2】)，并加以解释。

实验现象【1】	
理论解释	
实验现象【2】	
理论解释	

五、思考题

(1) 在酸性介质中，即使是浓度很高的 Fe^{3+} 也不能抑制 MnO_4^- 和 Fe^{2+} 的反应发生，这与氧化还原反应是可逆反应的说法是否矛盾？

(2) 介质酸度的变化对 H_2O_2、Br_2 或 Fe^{3+} 的氧化性有无影响？试用能斯特方程加以解释。

(3) 在印染企业的染浴中，常因某些金属离子(如 Fe^{3+}、Cu^{2+})的存在而使染料颜色发生改变，加入适量 EDTA 溶液便可避免此类现象的发生，试说明原理。

(4) 往深蓝色铜氨配离子溶液中滴加蒸馏水或滴加饱和 H_2S 溶液后，是否有沉淀产生？试说明原因。

六、附注(盐桥的制备)

方法 1：称取 1 g 琼脂，放入 100 mL 饱和氯化钾溶液中浸泡一会，然后直接加热成糊状，趁热倒入 U 形管(里面不能留有气泡)中，冷却即成。

方法 2：用饱和氯化钾溶液装满 U 形管，管口两端以棉花球塞住(管里面不能留有气泡)即可使用。

实验中所使用的盐桥也可用素烧筒代替。

实验 4　p 区元素化合物的性质(B、Al、C、Si、N、P、O、S、Cl)

一、实验目的

(1) 试验并掌握 H_3BO_3 的主要性质和鉴定方法。

(2) 试验金属铝的有关化学性质。

(3) 了解活性炭的吸附作用，掌握碳酸盐的重要性质。

(4) 试验并掌握硅酸盐的水解性。

(5) 试验并理解亚硝酸及其盐、硝酸及其盐的主要性质。

(6) 试验并掌握磷酸盐的酸碱性和溶解性。

(7) 试验并掌握 H_2O_2 的主要性质。

(8) 试验并掌握 $Na_2S_2O_3$ 的主要性质。

(9) 试验并掌握 NaClO 的氧化性。

二、实验用品

1. 仪器与器材

离心机；试管；离心试管；烧杯(50 mL)；玻璃棒；蒸发皿；表面皿；滤纸；pH 试纸；胶头滴管；井穴板(5 mL)；淀粉碘化钾试纸；$Pb(Ac)_2$ 试纸；石蕊试纸；品红试纸；砂纸。

2. 实验试剂

主要实验试剂，如表 2-6 所示。

表 2-6 主要实验试剂表　　单位：$mol \cdot L^{-1}$

试　剂	规　格	试　剂	规　格	试　剂	规　格
H_2SO_4	1:3；浓	Na_2SiO_3	20%	品红溶液	0.01%
HCl	2；浓	$NaNO_2$	0.5；饱和	H_2O_2	3%
HNO_3	2；浓	$NaNO_3$	0.5	无水乙醇	AR
HAc	6	Na_3PO_4	0.1	对氨基苯磺酸	CP
氨水	2	Na_2HPO_4	0.1	CCl_4	CP
NH_4Cl	0.1；饱和	NaH_2PO_4	0.1	$CaCl_2$	0.5
KBr	0.1	$Na_2S_2O_3$	0.1	碘水	常规
KI	0.1	NaClO	0.1	α-奈胺	常规
$KMnO_4$	0.01	H_3BO_3	CP	酚酞	指示剂
Na_2CO_3	0.1	$AgNO_3$	0.1	淀粉指示剂	0.5%
$FeCl_3$	0.1	铝片	CP	冰块	自制
$CuSO_4$	0.1	活性炭	CP	蓝(红)墨水	自制
$BaCl_2$	0.1	铜屑	CP		
$HgCl_2$	0.1	$FeSO_4 \cdot 7H_2O$	CP		

三、实验内容

1. H_3BO_3 的鉴定

在干燥的蒸发皿中加入少量 H_3BO_3 晶体、1 mL 无水乙醇和几滴浓 H_2SO_4，将此混合物搅拌均匀，用火柴或纸条点燃混合物，观察火焰颜色并记录实验现象。

实验现象	
理论解释	

2. 金属铝在空气中的氧化以及与水的反应

取一小片铝，用砂纸将其任一表面擦净。在擦净后的表面上滴数滴 0.1 $mol \cdot L^{-1}$ $HgCl_2$ 溶液，观察并记录(现象【1】)。当此溶液覆盖下的金属表面变色后，用滤纸将液体擦去，并继续将湿润处擦干。然后将此金属放置在空气中，观察并记录(现象【2】)。将铝片置于盛有去离子水的试管中，观察并记录(现象【3】)。如果气体的产生过于缓慢，可将此试管微微加热。写出反应方程式。

实验现象【1】	
理论解释	
实验现象【2】	
理论解释	
实验现象【3】	
理论解释	

3. 活性炭的吸附作用

在离心试管中依次加入 2 mL 去离子水和 1 滴蓝(或红)墨水，一小勺活性炭，充分振荡后离心分离，观察溶液颜色并记录实验现象。

实验现象	
理论解释	

4. 碳酸盐的性质

(1) 往盛有 1 mL 0.1 mol · L^{-1} $BaCl_2$ 溶液的试管中滴加 1 mL 0.1 mol · L^{-1} 的 Na_2CO_3 溶液，观察并记录(现象【1】)，倾去溶液，洗涤沉淀，试验沉淀在 2 mol · L^{-1} HCl 中的溶解情况并记录(现象【2】)。

实验现象【1】	
理论解释	
实验现象【2】	
理论解释	

(2)往盛有 1 mL 0.1 mol · L^{-1} $CuSO_4$ 溶液的试管中滴加 1 mL 0.1 mol · L^{-1} 的 Na_2CO_3 溶液，观察并记录产物的颜色和状态，写出反应方程式。

实验现象	
理论解释	

5. 硅酸盐的水解

先用 pH 试纸测试 20% Na_2SiO_3 溶液的酸碱性并记录其 pH 值，然后往盛有 1 mL 该溶液的试管中滴加饱和 NH_4Cl 溶液并微热，用湿润的红色石蕊试纸检验所放出的气体，写出反应方程式。

20% Na_2SiO_3 溶液的 pH 值	
实验现象	
理论解释	

6. 亚硝酸和亚硝酸盐

(1) 亚硝酸的生成与分解(在通风橱中进行)。

将分别盛有 2 mL 饱和 $NaNO_2$ 溶液和 2 mL 3 mol · L^{-1} H_2SO_4 溶液的两支试管置于冰水浴中，待试管冰冻冷却后(否则将导致剧烈反应)，将 H_2SO_4 溶液滴加到盛有饱和 $NaNO_2$ 溶液的试管中，振荡并混合均匀，置于冰水浴中保存备用，写出反应方程式。

往试管中滴加 4 滴自制的 HNO_2 溶液，室温下观察溶液的分解情况，如不明显，可滴加 1～2滴浓 H_2SO_4，观察并记录实验现象，写出反应方程式。

HNO_2 的制备	
理论解释	
实验现象	
理论解释	

（2）亚硝酸的氧化性和还原性。

在井穴板的井穴 1 和井穴 2 中分别滴加 1 滴 0.1 $mol \cdot L^{-1}$ KI 溶液、1 滴 0.01 $mol \cdot L^{-1}$ $KMnO_4$ 溶液和 2 滴自制的 HNO_2 溶液，然后在井穴 1 中滴加 1 滴新配的 0.5%淀粉指示剂，观察并记录（现象【1】和现象【2】），写出反应方程式。

实验现象【1】	
理论解释	
实验现象【2】	
理论解释	

7. 硝酸和硝酸盐

（1）浓 HNO_3 与金属反应（在通风橱中进行）。

往试管中加入少许铜屑，滴加 5 滴浓 HNO_3，当看到有红棕色气体产生时，滴加去离子水（尽量不让红棕色气体逸出试管），观察并记录试管中溶液的颜色。

实验现象	
理论解释	

（2）稀 HNO_3 与金属反应（在通风橱中进行）。

往试管中加入少许铜屑，滴加 5 滴 2 $mol \cdot L^{-1}$ HNO_3 溶液，水浴加热，观察并记录实验现象。

实验现象	
理论解释	

8. 磷酸盐的性质

（1）溶液的酸碱性。

用 pH 试纸分别检验并记录浓度均为 0.1 $mol \cdot L^{-1}$ 的 Na_3PO_4 溶液、Na_2HPO_4 溶液、NaH_2PO_4 溶液的 pH 值，并进行理论解释。

0.1 $mol \cdot L^{-1}$ 的 Na_3PO_4 溶液的 pH 值	
理论解释	
0.1 $mol \cdot L^{-1}$ 的 Na_2HPO_4 溶液的 pH 值	
理论解释	
0.1 $mol \cdot L^{-1}$ 的 NaH_2PO_4 溶液的 pH 值	
理论解释	

（2）溶解性。

分别往 3 支试管中滴加浓度均为 0.1 $mol \cdot L^{-1}$ 的 Na_3PO_4 溶液、Na_2HPO_4 溶液、NaH_2PO_4 溶液各 1 mL，再滴加 1 滴 0.5 $mol \cdot L^{-1}$ $CaCl_2$ 溶液，观察并记录（现象【1】、现象【2】和现象【3】）。在无沉淀的试管中滴加 2 滴 2 $mol \cdot L^{-1}$ 氨水，观察并记录（现象【4】），最后分别

向 3 支试管中加入 2 滴 2 mol·L^{-1} HCl，观察并记录（现象【5】）。比较 $Ca_3(PO_4)_2$、$CaHPO_4$、$Ca(H_2PO_4)_2$ 的溶解性，说明它们之间相互转化的条件，写出反应方程式。

实验现象【1】	
理论解释	
实验现象【2】	
理论解释	
实验现象【3】	
理论解释	
实验现象【4】	
理论解释	
实验现象【5】	
理论解释	

9. H_2O_2 的性质

（1）H_2O_2 的强氧化性。

在一支试管中滴加 2～3 滴 0.1 mol·L^{-1} KI 溶液、2 滴 1 mol·L^{-1} H_2SO_4 溶液和 5 滴 CCl_4 溶液，边振荡边逐滴滴加 3% H_2O_2 溶液，观察并记录实验现象。

实验现象	
理论解释	

（2）H_2O_2 的弱还原性。

往试管中依次滴加 2 滴 0.01 mol·L^{-1} $KMnO_4$ 溶液和 4 滴 1 mol·L^{-1} H_2SO_4 溶液，边振荡边逐滴滴加 3% H_2O_2 溶液，观察并记录实验现象。

实验现象	
理论解释	

10. 硫代硫酸盐的性质

（1）往试管中滴加 2 滴碘水和 2 滴 0.1 mol·L^{-1} $Na_2S_2O_3$ 溶液，观察碘水是否褪色并记录（现象【1】），再滴加 2 滴 0.1 mol·L^{-1} $BaCl_2$ 溶液，观察是否有沉淀生成并记录（现象【2】）。

实验现象【1】	
理论解释	
实验现象【2】	
理论解释	

（2）往试管中滴加 5 滴 0.1 mol·L^{-1} NaClO 溶液和 5 滴 0.1 mol·L^{-1} $Na_2S_2O_3$ 溶液，再滴加 5 滴 0.1 mol·L^{-1} $BaCl_2$ 溶液，观察并记录实验现象。

实验现象	
理论解释	

(3) 往试管中滴加 10 滴 0.1 $mol \cdot L^{-1}$ $Na_2S_2O_3$ 溶液和 5 滴 2 $mol \cdot L^{-1}$ HCl 溶液，用湿润的品红试纸检验产生的气体。

实验现象	
理论解释	

(4) 往试管中滴加 2 滴 0.1 $mol \cdot L^{-1}$ KBr 溶液和 2 滴 0.1 $mol \cdot L^{-1}$ $AgNO_3$ 溶液，观察并记录(现象【1】)，再滴加 2 滴 0.1 $mol \cdot L^{-1}$ $Na_2S_2O_3$ 溶液，观察并记录(现象【2】)。

实验现象【1】	
理论解释	
实验现象【2】	
理论解释	

11. NaClO 的氧化性

(1) 与浓 HCl 反应(通风橱中进行)。

在试管中滴加 3 滴浓 HCl 和 3 滴 0.1 $mol \cdot L^{-1}$ NaClO 溶液，用湿的淀粉碘化钾试纸放在试管口，观察并记录实验现象。

实验现象	
理论解释	

(2) 与 KI 溶液反应。

往试管中依次滴加 6～7 滴 0.1 $mol \cdot L^{-1}$ KI 溶液和 2 滴新配的 0.5%淀粉指示剂，再逐滴滴加 0.1 $mol \cdot L^{-1}$ NaClO 溶液，边滴加边振荡，观察并记录实验现象。

实验现象	
理论解释	

(3) 与品红溶液作用。

往试管中滴加 1 滴 0.01%品红溶液，再逐滴滴加 0.1 $mol \cdot L^{-1}$ NaClO 溶液，边振荡边观察并记录实验现象。

实验现象	
理论解释	

四、思考题

(1) 实验室长期放置的 H_2S 溶液、Na_2S 溶液、Na_2SO_3 溶液和 $Na_2S_2O_3$ 溶液会发生什么变化？

(2) 为什么在水溶液中，$Na_2S_2O_3$ 和 $AgNO_3$ 反应，有时生成 Ag_2S 沉淀，有时生成 $[Ag(S_2O_3)_2]^{3-}$？

(3) 请设计检验 $NaNO_2$ 溶液、$Na_2S_2O_3$ 溶液和 KI 溶液的实验方法。

(4) 请用最简单的实验方法鉴别下列气体。

① H_2、CO、CO_2；　　② CO_2、SO_2、N_2。

五、附注——安全知识

(1) 所有含汞的废料务必妥善处理，比如处理过的 $HgCl_2$ 溶液可加入铝箔(保持体系酸性)，将 $HgCl_2$ 转化为汞，再用硫黄处理。

(2) 除 N_2O 外，氮的氧化物均有毒，尤以 NO_2 为甚，NO_2 中毒无特效药治疗。因此，在不影响实验现象观察的情况下，尽可能减少氮的氧化物的排放，且反应均须在通风橱内完成。

(3) SO_2 和 H_2S 都是极有毒性的刺激性气体，凡有 SO_2 和 H_2S 气体的实验，必须在通风橱内进行，实验中产生的气体应有吸收装置，尽量减少向空气中排放。

(4) 氯气剧毒并有刺激性，人体吸入会刺激喉管，引起咳嗽。因此，在做有关氯气的实验时，须在通风橱内进行，并设计适当的吸收装置，防止或减少氯气的逸散。室内也要注意通风换气。切记：不可直接对着管口或瓶口闻氯气。

(5) 溴蒸气对气管、肺部、眼、鼻和喉等都有强烈的刺激作用。因此，在做有关溴蒸气的实验时，应在通风橱内进行。若不慎吸入溴蒸气，可吸入少量的稀薄氨气解毒。液态溴具有强烈的腐蚀性，能灼伤皮肤，严重时会引起皮肤溃烂。因此在倒液态溴时，应戴上橡皮手套。如不慎将液态溴溅到皮肤上，应立即用水冲洗，再用碳酸氢钠溶液或食盐水冲洗。

实验 5　d 区元素化合物的性质(Cr、Mn、Fe、Co、Cu、Ag、Zn、Hg)

一、实验目的

(1) 试验 Cr(Ⅲ)和 Mn(Ⅱ)氢氧化物的生成与性质。

(2) 试验 Cr 和 Mn 几种重要化合物的性质以及它们之间相互转化的条件。

(3) 试验铁、钴、铜、银、锌和汞的化合物的生成与性质。

(4) 试验铁、钴、铜、银、锌和汞的配位能力及常见配合物的性质。

(5) 掌握 Cu(Ⅱ)的氧化性及 Cu(Ⅱ)与 Cu(Ⅰ)之间的相互转化。

(6) 掌握 $K_2[HgI_4]$的生成与应用。

二、实验用品

1. 仪器与器材

离心机；烧杯；锥形瓶；表面皿；酒精灯；井穴板(5 mL)；石蕊试纸；试管；离心试管；胶头滴管；淀粉碘化钾试纸；水浴锅。

2. 实验试剂

主要实验试剂，如表 2-7 所示。

表 2-7　主要实验试剂表　　单位：$mol \cdot L^{-1}$

试　剂	规　格	试　剂	规　格	试　剂	规　格
NaOH	6;2	$K_2Cr_2O_7$	0.1	$CuCl_2$	0.5
Na_2SO_3	0.05;0.1	$KMnO_4$	0.01;0.1	$CuSO_4$	0.1
NaCl	0.1	KSCN	0.1	$FeCl_3$	0.1
$Na_2S_2O_3$	0.1	$K_4[Fe(CN)_6]$	0.1	$(NH_4)_2Fe(SO_4)_2$	0.1
Na_2S	0.1	$K_3[Fe(CN)_6]$	0.1	$ZnSO_4$	0.1
NH_4Cl	0.1;1	KI	0.1;饱和	$MnSO_4$	0.1;0.5
氨水	2;浓	KBr	0.1	$CrCl_3$	0.05
HCl	2;6;浓	$NaHSO_3$	AR	$BaCl_2$	0.1
H_2SO_4	1;6;浓	$NaBiO_3$	AR	$Pb(NO_3)_2$	0.1
HNO_3	1;6	MnO_2	AR	$AgNO_3$	0.1
H_2O_2	3%	铜屑	AR	$CoCl_2$	0.5
葡萄糖	10%	KI	AR	$Hg(NO_3)_2$	0.1

三、实验内容

1. 铬化合物的性质实验

(1) $Cr(OH)_3$ 的两性。

在 2 支试管中各加入 5 滴 0.05 $mol \cdot L^{-1}$ $CrCl_3$溶液，再分别加入 1 滴 6 $mol \cdot L^{-1}$ NaOH 溶液，观察沉淀的颜色并记录(现象【1】)。在一支试管中继续滴加 6 $mol \cdot L^{-1}$ NaOH 溶液，振荡，观察并记录(现象【2】)；在另一支试管中滴加 6 $mol \cdot L^{-1}$ HCl 溶液，振荡，观察并记录(现象【3】)，判断 $Cr(OH)_3$的酸碱性。

实验现象【1】	
理论解释	
实验现象【2】	
理论解释	
实验现象【3】	
理论解释	

(2) Cr(Ⅲ)的还原性。

往试管中依次加入 5 滴 0.05 $mol \cdot L^{-1}$ $CrCl_3$ 溶液、5 滴 6 $mol \cdot L^{-1}$ H_2SO_4 溶液及少量 $NaBiO_3$固体，水浴加热，振荡，观察并记录实验现象。

实验现象	
理论解释	

(3) Cr(Ⅵ)的氧化性。

往试管中滴加 2 滴 0.1 $mol \cdot L^{-1}$ $K_2Cr_2O_7$ 溶液和 5 滴 1 $mol \cdot L^{-1}$ H_2SO_4 溶液，再加入少量固体 $NaHSO_3$，振荡，水浴加热，观察并记录实验现象。

实验现象	
理论解释	

(4) Cr(Ⅵ)的缩合平衡。

往试管中滴加 2 滴 0.1 mol · L^{-1} $K_2Cr_2O_7$ 溶液，观察溶液的颜色，再滴加 3 滴去离子水和几滴 2 mol · L^{-1} NaOH 溶液，观察并记录(现象【1】)，然后继续滴加少量 1 mol · L^{-1} H_2SO_4 溶液，观察并记录(现象【2】)。

实验现象【1】	
理论解释	
实验现象【2】	
理论解释	

(5) 重铬酸盐和铬酸盐的溶解性。

往 3 支离心试管中各滴加 2 滴 0.1 mol · L^{-1} $K_2Cr_2O_7$ 溶液，再分别滴加少量 0.1 mol · L^{-1} 的 $AgNO_3$ 溶液、0.1 mol · L^{-1} $BaCl_2$ 溶液和 0.1 mol · L^{-1} $Pb(NO_3)_2$ 溶液，观察并记录(现象【1】、现象【2】、现象【3】)。待沉淀生成后，离心分离，弃去离心液，往沉淀中分别对应滴加少量 6 mol · L^{-1} HNO_3 溶液、6 mol · L^{-1} HCl 溶液和 6 mol · L^{-1} HNO_3 溶液(需要时可适当加热)，观察并记录(现象【4】、现象【5】和现象【6】)。

实验现象【1】	
理论解释	
实验现象【2】	
理论解释	
实验现象【3】	
理论解释	
实验现象【4】	
理论解释	
实验现象【5】	
理论解释	
实验现象【6】	
理论解释	

2. 锰化合物的性质实验

(1) $Mn(OH)_2$ 的生成和性质。

往 3 支试管中各加入 3 滴 0.1 mol · L^{-1} $MnSO_4$ 溶液及 3 滴 2 mol · L^{-1} 新制的 NaOH 溶液，观察沉淀的颜色并记录(现象【1】)。向第 1 支试管中迅速滴加 2 mol · L^{-1} HCl 溶液，观察并记录(现象【2】)。向第 2 支试管中滴加 2 mol · L^{-1} NaOH 溶液，观察沉淀是否溶解并记录(现象【3】)。振荡第 3 支试管，使沉淀与空气充分接触，观察沉淀颜色的变化并记录(现象【4】)。

实验现象【1】	
理论解释	
实验现象【2】	
理论解释	
实验现象【3】	
理论解释	
实验现象【4】	
理论解释	

(2) MnO_2 的生成和性质。

往盛有少量 0.1 mol · L^{-1} $KMnO_4$ 溶液的离心试管中，逐滴滴加 0.5 mol · L^{-1} $MnSO_4$ 溶液，观察并记录(现象【1】)，离心分离，弃去离心液，往沉淀中滴加 1 mol · L^{-1} H_2SO_4 溶液和 0.1 mol · L^{-1} Na_2SO_3 溶液，观察并记录(现象【2】)，写出反应方程式。

实验现象【1】	
理论解释	
实验现象【2】	
理论解释	

往盛有少量(米粒大小)MnO_2 固体的试管中，逐滴滴加 2 mL 浓 H_2SO_4，加热，观察并记录实验现象，用带余烬的火柴验证逸出的气体是否为 O_2。

实验现象	
理论解释	

3. 铁化合物的性质实验

(1) $Fe(OH)_2$ 的生成和性质。

往 3 支试管中各滴加 5 滴 0.1 mol · L^{-1} $(NH_4)_2Fe(SO_4)_2$ 溶液。向第 1 支试管中滴加新配制的 2 mol · L^{-1} NaOH 溶液(将胶头滴管伸入溶液内滴加)，观察并记录(现象【1】)。振荡试管，静置片刻，观察并记录(现象【2】)。向第 2 支试管中滴加适量的 6 mol · L^{-1} NaOH 溶液，观察并记录(现象【3】)。向第 3 支试管中滴加 6 mol · L^{-1} H_2SO_4 溶液，观察并记录(现象【4】)。

实验现象【1】	
理论解释	
实验现象【2】	
理论解释	
实验现象【3】	
理论解释	
实验现象【4】	
理论解释	

(2) 铁配合物的生成。

往盛有 2 滴 0.1 $mol \cdot L^{-1}$ $K_4[Fe(CN)_6]$溶液的试管中滴加 2 滴 0.1 $mol \cdot L^{-1}$ $FeCl_3$溶液，振荡，观察并记录实验现象。

实验现象	
理论解释	

往盛有 2 滴 0.1 $mol \cdot L^{-1}$ $K_3[Fe(CN)_6]$溶液的试管中滴加 2 滴 0.1 $mol \cdot L^{-1}$ $(NH_4)_2Fe(SO_4)_2$溶液，振荡，观察并记录实验现象。

实验现象	
理论解释	

4. 钴化合物的性质实验

(1) 钴(Ⅱ)、钴(Ⅲ)的氢氧化物。

往 3 支离心试管中，分别滴加几滴 0.5 $mol \cdot L^{-1}$ $CoCl_2$ 溶液，再逐滴滴加 2 $mol \cdot L^{-1}$ NaOH 溶液，直至沉淀完全，观察沉淀颜色并记录(现象【1】)，离心分离后弃去清液。在第 1 支和第 2 支离心试管中，分别滴加几滴 6 $mol \cdot L^{-1}$ HCl 溶液和 6 $mol \cdot L^{-1}$ NaOH 溶液，观察沉淀是否溶解并记录(现象【2】和现象【3】)。将第 3 支离心试管放置在空气中，观察沉淀颜色的变化并记录(现象【4】)，写出反应方程式。

实验现象【1】	
理论解释	
实验现象【2】	
理论解释	
实验现象【3】	
理论解释	
实验现象【4】	
理论解释	

(2) 钴配合物的生成。

往试管中依次滴加 3 滴 0.5 $mol \cdot L^{-1}$ $CoCl_2$ 溶液和 3 滴 1 $mol \cdot L^{-1}$ NH_4Cl 溶液(或一小勺 NH_4Cl 固体)，观察并记录(现象【1】)。再滴加浓氨水直至沉淀全部溶解，观察并记录(现象【2】)。最后边振荡边滴加几滴 3% H_2O_2 溶液，观察并记录(现象【3】)，写出反应方程式。

实验现象【1】	
理论解释	
实验现象【2】	
理论解释	
实验现象【3】	
理论解释	

5. 铜、银、锌和汞化合物的性质实验

(1) Cu^{2+}、Ag^{+}、Zn^{2+}、Hg^{2+}氢氧化物的生成与性质。

在4支试管中分别依次滴加6滴浓度均为0.1 mol·L^{-1}的$CuSO_4$溶液、$AgNO_3$溶液、$ZnSO_4$溶液和$Hg(NO_3)_2$溶液，再各滴加4滴2 mol·L^{-1} NaOH溶液，振荡，观察沉淀的颜色并记录(现象【1】、现象【2】、现象【3】和现象【4】)。将4支试管中大约一半的沉淀分别转移到另外4支试管中，向4支盛有不同沉淀的试管中分别滴加几滴相应的稀酸，振荡，观察并记录(现象【5】、现象【6】、现象【7】和现象【8】)。向另外4支盛有不同沉淀的试管中再分别滴加几滴新配制的6 mol·L^{-1} NaOH溶液，振荡，观察并记录(现象【9】、现象【10】、现象【11】和现象【12】)。

实验现象【1】	
理论解释	
实验现象【2】	
理论解释	
实验现象【3】	
理论解释	
实验现象【4】	
理论解释	
实验现象【5】	
理论解释	
实验现象【6】	
理论解释	
实验现象【7】	
理论解释	
实验现象【8】	
理论解释	
实验现象【9】	
理论解释	
实验现象【10】	
理论解释	
实验现象【11】	
理论解释	
实验现象【12】	
理论解释	

(2) Cu^{2+}、Ag^{+}、Zn^{2+}、Hg^{2+}氨合物的生成与性质。

在4支试管中分别滴加2滴浓度均为0.1 mol·L^{-1}的$CuSO_4$溶液、$AgNO_3$溶液、$ZnSO_4$

溶液和 $Hg(NO_3)_2$ 溶液，再分别滴加几滴 2 mol · L^{-1} 氨水，边滴加边振荡，观察沉淀的生成并记录（现象【1】、现象【2】、现象【3】和现象【4】）（对于 $Hg(NO_3)_2$ 溶液，需滴加数滴浓氨水和 1 mol · L^{-1} NH_4Cl 溶液）。依次往以上 4 支试管中继续滴加过量 2 mol · L^{-1} 氨水，观察并记录（现象【5】、现象【6】、现象【7】和现象【8】），写出反应方程式。

实验现象【1】	
理论解释	
实验现象【2】	
理论解释	
实验现象【3】	
理论解释	
实验现象【4】	
理论解释	
实验现象【5】	
理论解释	
实验现象【6】	
理论解释	
实验现象【7】	
理论解释	
实验现象【8】	
理论解释	

(3) Cu(Ⅱ)的氧化性及 Cu(Ⅱ)与 Cu(Ⅰ)之间的相互转化。

① Cu_2O 的生成和性质。

往洁净的离心试管中加入 0.5 mL 0.1 mol · L^{-1} $CuSO_4$ 溶液，再加入过量新配的 6 mol · L^{-1} NaOH 溶液，观察并记录（现象【1】），待生成的沉淀全部溶解后，再往此澄清的溶液中加入 1 mL 10%葡萄糖溶液，混匀后水浴加热，观察并记录（现象【2】），写出反应方程式。

将离心分离后的沉淀洗净，然后分成两份。一份加入 2 mL 1 mol · L^{-1} H_2SO_4 溶液，加热，观察并记录（现象【3】），另一份加入 3 mL 浓氨水，振荡后静置 10 min，观察并记录（现象【4】）。

实验现象【1】	
理论解释	
实验现象【2】	
理论解释	
实验现象【3】	
理论解释	
实验现象【4】	
理论解释	

② CuCl 的生成和性质。

往试管中加入 1 mL 0.5 mol · L^{-1} $CuCl_2$ 溶液、1 mL 浓 HCl 和少量(约半药勺)铜屑，加热，观察并记录(现象【1】)。取出几滴溶液滴加到盛有 10 mL 去离子水的试管中，如有白色沉淀产生，则迅速将全部溶液倒入盛有 10 mL 去离子水的烧杯中(铜屑水洗后回收)，观察沉淀的生成并记录(现象【2】)。当大部分沉淀析出后，静置，倾出上层清液，用 10 mL 去离子水洗涤沉淀。将洗涤后的沉淀分成两份，一份加入几滴浓 HCl，观察并记录(现象【3】)，另一份加入几滴浓氨水，观察并记录(现象【4】)，写出反应方程式。

实验现象【1】	
理论解释	
实验现象【2】	
理论解释	
实验现象【3】	
理论解释	
实验现象【4】	
理论解释	

③ CuI 的生成和性质。

往离心试管中依次滴加 2 滴 0.1 mol · L^{-1} $CuSO_4$ 溶液和 2 滴 0.1 mol · L^{-1} KI 溶液，观察并记录(现象【1】)，将沉淀离心分离，在离心液中加 1 滴淀粉试液，观察并记录(现象【2】)。沉淀用去离子水洗涤后，滴加饱和 KI 溶液至沉淀刚好溶解，观察并记录(现象【3】)，最后用去离子水稀释，观察并记录(现象【4】)，写出反应方程式。

实验现象【1】	
理论解释	
实验现象【2】	
理论解释	
实验现象【3】	
理论解释	
实验现象【4】	
理论解释	

(4) 银的系列实验。

① 银配合物的生成和性质。

往离心试管中依次滴加 5 滴 0.1 mol · L^{-1} $AgNO_3$ 溶液和几滴 0.1 mol · L^{-1} NaCl 溶液，水浴加热，待沉淀完全后，离心分离并洗涤沉淀，观察并记录(现象【1】)；然后边振荡边滴加 2 mol · L^{-1} 氨水，直至沉淀溶解，往溶液中滴加 1 滴 6 mol · L^{-1} HNO_3 溶液，酸化，观察并记录(现象【2】)；继续滴加几滴 0.1 mol · L^{-1} KBr 溶液，观察并记录(现象【3】)；离心分离并洗涤沉淀，往盛有沉淀的离心试管中边滴加 0.1 mol · L^{-1} $Na_2S_2O_3$ 溶液边振荡直至沉淀溶解，观察并记录(现象【4】)；继续滴加 1 滴 0.1 mol · L^{-1} KBr 溶液，观察并记录(现象【5】)；继续滴加几滴 0.1 mol·L^{-1}KI 溶液，观察沉淀的生成并记录(现象【6】)；离心分离并洗涤沉淀后，再滴加几滴 0.1 mol·$L^{-1}$$Na_2S$ 溶液，观察沉淀颜色的变化并记录(现象【7】)。

实验现象【1】	
理论解释	
实验现象【2】	
理论解释	
实验现象【3】	
理论解释	
实验现象【4】	
理论解释	
实验现象【5】	
理论解释	
实验现象【6】	
理论解释	
实验现象【7】	
理论解释	

② 银镜反应。

在洁净的试管中加入 1 mL 0.1 mol·$L^{-1}$$AgNO_3$溶液，再滴加 2 mol·$L^{-1}$氨水至生成的沉淀刚好溶解完全，观察并记录(现象【1】)，然后加入 2 mL 10%葡萄糖溶液，混匀后水浴加热(加热时请勿移动试管)，观察试管内壁的变化并记录(现象【2】)，写出反应方程式。

实验现象【1】	
理论解释	
实验现象【2】	
理论解释	

(5) $K_2[HgI_4]$的生成。

往试管中滴加 5 滴 0.1 mol·$L^{-1}$$Hg(NO_3)_2$溶液和几滴 0.1 mol·$L^{-1}$KI 溶液，观察沉淀的生成和颜色并记录(现象【1】)，再往该沉淀中加入少量 KI 固体(或滴加过量 0.1 mol·L^{-1} KI 溶液)直至沉淀刚好溶解(不要过量)，观察溶液的颜色并记录(现象【2】)，写出反应方程式。

在所得溶液中加入与以上溶液同体积的 6mol·L^{-1}NaOH 溶液，该溶液即为奈斯勒试剂。

实验现象【1】	
理论解释	
实验现象【2】	
理论解释	

(6) $K_2[HgI_4]$的应用(奈氏法鉴定 NH_4^+)。

取 1 滴 0.1 mol·L^{-1} NH_4Cl 溶液，滴入点滴板中，滴加 2 滴奈斯勒试剂，观察沉淀的生成

和颜色并记录。

实验现象	
理论解释	$NH_4^+ + 2[HgI_4]^{2-} + 4OH^- =\!=\!=$ 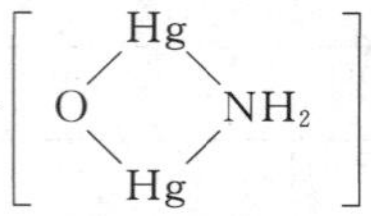 $I\downarrow + 3H_2O + 7I^-$

四、思考题

(1) 如何用实验验证 $Cr(OH)_3$ 具有两性性质？

(2) Ag^+、Pb^{2+} 和 Ba^{2+} 能否与 $K_2Cr_2O_7$ 反应生成沉淀？解释原理并写出有关反应方程式。

(3) 以 $KMnO_4$ 为原料制取 Cl_2 时，应加浓 HCl，但实验时误加了浓 H_2SO_4，导致加热时产生爆炸，试解释产生爆炸的原因。

五、附注

(1) 含$[Ag(NH_3)_2]^+$的溶液久置会生成具有爆炸性的 AgN_3，可加盐酸使其转化为 AgCl 回收。

(2) 试管中发生银镜反应所生成的银，可用稀硝酸溶解后回收。

(3) 处理含重金属离子的废液，最有效、最经济的方法是加碱溶液或加 Na_2S 溶液，使重金属离子转变成难溶的氢氧化物或硫化物而沉积下来，再通过过滤进行分离，分离后的少量残渣可埋于地下。

实验 6　常见非金属阴离子的分离与鉴定

一、实验目的

(1) 熟悉常见非金属阴离子的性质。

(2) 掌握常见非金属阴离子的分离与鉴定方法。

二、实验原理

非金属元素常常形成不止一种阴离子，这些阴离子主要包括 CO_3^{2-}、NO_2^-、NO_3^-、PO_4^{3-}、S^{2-}、SO_4^{2-}、SO_3^{2-}、$S_2O_3^{2-}$、F^-、Cl^-、Br^-、I^-、CN^-、SCN^-、BO_2^-、SiO_3^{2-}、CH_3COO^- 和 $C_2O_4^{2-}$ 等。

阴离子分析没有严格的系统分析方法，主要是因为一种分析样品不可能存在多种阴离子。阴离子分析一般按预先推测、初步试验和分别鉴定等步骤进行。预先推测要考虑样品的实际情况，初步试验可以缩小阴离子的分析范围，简化分析步骤。初步试验主要包括以下内容。

1. 试液酸碱性检验

若试液呈强酸性，则易被分解的非金属阴离子不存在，如 CO_3^{2-}、NO_2^- 和 $S_2O_3^{2-}$ 等。另外，有些阴离子在碱性(或中性)溶液中可以共存。酸化后，立即相互反应，如 S^{2-} 与 SO_3^{2-}、SO_3^{2-} 与 CrO_4^{2-}、I^- 与 NO_2^-、I^- 与 CrO_4^{2-} 等。因此，在强酸性溶液中，只要一种非金属阴离子被证实，就可以否定另一种非金属阴离子的存在。

2. 产生气体与否的检验

试样中加入稀 H_2SO_4 或稀 HCl，如有气体产生，可能存在 CO_3^{2-}、NO_2^-、S^{2-}、SO_3^{2-} 和 $S_2O_3^{2-}$ 等。根据所生成气体的颜色、气味和某些特征反应，可确定是否含有某种非金属阴离子。

（1）如产生无色、无味，且能使 $Ba(OH)_2$ 试液变浑浊的气体，则可能含有 CO_3^{2-}。

（2）如产生无色、有强烈刺激性气味且能使 $K_2Cr_2O_7$ 溶液变绿色的气体，则可能含有 SO_3^{2-} 或 $S_2O_3^{2-}$。

（3）如产生臭鸡蛋气味且能使湿润 $Pb(Ac)_2$ 试纸变黑的气体，则可能含有 S^{2-}。

（4）如产生使湿润的淀粉碘化钾试纸变蓝的红棕色气体，则可能含有 NO_2^-。

（5）固体试样加酸且在加热条件下，能产生气泡；液体试样加酸，不一定产生气泡。

3. 氧化性阴离子的检验

氧化性阴离子常用还原剂来检验，如 KI 溶液。在稀 H_2SO_4 酸化的试液中，加入 KI 溶液和 CCl_4 溶液，振荡后如果 CCl_4 层呈紫色，说明存在氧化性阴离子，如 NO_2^-、AsO_4^{3-} 和 CrO_4^{2-} 等。若无 I_2 产生，则不能确定是否含有 NO_2^-，因为试液中如有 SO_3^{2-} 等强还原性离子存在，酸化后 NO_2^- 会与它们优先反应，因此，就不一定能检出 NO_2^-。

4. 还原性阴离子的检验

还原性阴离子常用氧化剂来检验，在酸化的试样溶液中，加入 $KMnO_4$ 溶液，若溶液紫色褪去，则可能存在 NO_2^-、S^{2-}、SO_3^{2-}、$S_2O_3^{2-}$、Br^- 和 I^- 等还原性阴离子。其中还原性较强的阴离子，如 S^{2-}、SO_3^{2-} 和 $S_2O_3^{2-}$，在酸性介质中还能使蓝色的 I_2-淀粉溶液褪色。

5. 难溶盐阴离子的检验

在中性或弱碱性试液中，加入 $BaCl_2$ 溶液，CO_3^{2-}、PO_4^{3-}、SO_4^{2-}、SO_3^{2-} 和 $S_2O_3^{2-}$ 等都能形成相应的沉淀，$BaCl_2$ 为组试剂，该组阴离子称为钡组阴离子。$AgNO_3$ 为组试剂的银组阴离子有 $S_2O_3^{2-}$、Cl^-、Br^- 和 I^- 等。银组阴离子的银盐沉淀不溶于稀 HNO_3。

阴离子的初步试验及分析，如表 2-8 所示。

表 2-8 阴离子的初步试验及分析

阴离子	稀 H_2SO_4	$BaCl_2$	$AgNO_3$（稀 HNO_3）	I_2-淀粉（稀 H_2SO_4）	$KMnO_4$（稀 H_2SO_4）	KI（CCl_4）
SO_4^{2-}		+				
SO_3^{2-}	(+)	+		+	+	
$S_2O_3^{2-}$	(+)	(+)	+	+	+	
CO_3^{2-}	+	+				
PO_4^{3-}		+				
S^{2-}	+		+	+	+	
Cl^-			+			
Br^-			+		+	
I^-			+		+	
NO_3^-						(+)
NO_2^-	+				+	+

注："+"表示有反应现象；"(+)"表示浓度大时才产生反应。

三、实验用品

1. 仪器与器材

离心机；烧杯；点滴板；酒精灯；井穴板(5 mL)；石蕊试纸；试管；离心试管；胶头滴管；淀粉碘化钾试纸；水浴锅。

2. 实验试剂

主要实验试剂，如表 2-9 所示。

表 2-9　主要实验试剂表　　单位：$mol \cdot L^{-1}$

试　剂	规　格	试　剂	规　格	试　剂	规　格
NaOH	2	$NaNO_3$	0.5	酚酞	指示剂
氨水	2	$NaNO_2$	0.5	对氨基苯磺酸	0.02
H_2SO_4	1；浓	Na_2SO_4	1	α-奈胺	0.01
HAc	6	Na_2SO_3	0.1	CCl_4	AR
HCl	6	$Na_2S_2O_3$	0.1	NaClO	0.1
HNO_3	2；6	Na_3PO_4	0.1	$BaCl_2$	0.1
$KMnO_4$	0.01	Na_2S	0.1	$AgNO_3$	0.1
KBr	0.1	Na_2CO_3	0.1；1	$Pb(NO_3)_2$	0.1
KI	0.1	NaCl	0.1	锌粉	AR
$(NH_4)_2CO_3$	2	亚硝酰铁氰化钠	1%	$CdCO_3$	AR
$(NH_4)_2MoO_4$	0.1	$Ca(OH)_2$	新制；饱和	$FeSO_4 \cdot 7H_2O$	AR
$BaCl_2$	0.1				

四、实验内容

1. 常见非金属阴离子的分离与鉴定

(1) CO_3^{2-}的鉴定。

向盛有 1 mL 0.1 $mol \cdot L^{-1}$ Na_2CO_3 试液的试管中，加入 2 滴 1 $mol \cdot L^{-1}$ H_2SO_4 溶液，将浸有酚酞指示剂和 0.1 $mol \cdot L^{-1}$ Na_2CO_3 溶液的滤纸条放置在试管口，若滤纸条上的红色褪去，表示有 CO_3^{2-} 存在。

(2) NO_3^-的鉴定(棕色环实验)。

取 1 小粒 $FeSO_4 \cdot 7H_2O$ 晶体放在白色点滴板上，滴加 1 滴 0.5 $mol \cdot L^{-1}$ $NaNO_3$溶液和 2 滴浓 H_2SO_4，如硫酸亚铁晶体周围形成棕色环，表示有 NO_3^- 存在。其反应方程式为

$$6FeSO_4 + 2HNO_3 + 3H_2SO_4 = 3Fe_2(SO_4)_3 + 2NO\uparrow + 4H_2O$$

$$FeSO_4 + NO = [Fe(NO)]SO_4\text{(棕色)}$$

(3) NO_2^-的鉴定。

往试管中滴加 1 滴 0.5 $mol \cdot L^{-1}$的 $NaNO_2$ 溶液，再滴加 2 滴去离子水和 1 滴 6 $mol \cdot L^{-1}$ HAc 溶液，最后滴加 3～4 滴 0.02 $mol \cdot L^{-1}$对氨基苯磺酸溶液和 1 滴 0.01 $mol \cdot L^{-1}$ α-奈胺溶液，如溶液显红色，表示有 NO_2^- 存在。其反应方程式为

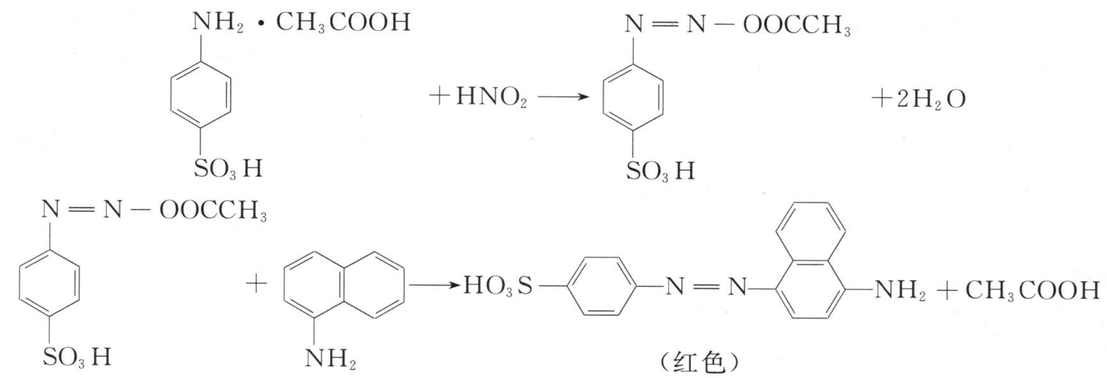

(4) SO_4^{2-}的鉴定。

取 3～5 滴 1 mol · L^{-1} Na_2SO_4 溶液于洁净试管中，滴加 2 滴 6 mol · L^{-1} HCl 溶液和 2 滴 0.1 mol · $L^{-1}$$BaCl_2$ 溶液，如有白色沉淀生成，表示有 SO_4^{2-}存在。

(5) SO_3^{2-}的鉴定。

取 3～5 滴 0.1 mol · $L^{-1}$$Na_2SO_3$溶液于洁净试管中，滴加 2 滴 1 mol · $L^{-1}$$H_2SO_4$ 溶液，再迅速滴加 1 滴 0.01 mol · $L^{-1}$$KMnO_4$ 溶液，如溶液紫色褪去，表示有 SO_3^{2-}存在。

(6) $S_2O_3^{2-}$的鉴定。

取 3～5 滴 0.1 mol · $L^{-1}$$Na_2S_2O_3$ 溶液于洁净试管中，滴加 10 滴 0.1 mol · L^{-1} $AgNO_3$ 溶液，振荡，如有白色沉淀生成且该沉淀很快变为棕黑色，表示有 $S_2O_3^{2-}$存在。

(7) PO_4^{3-}的鉴定。

取 3～5 滴 0.1 mol · $L^{-1}$$Na_3PO_4$ 溶液于洁净试管中，滴加 3 滴 6 mol · $L^{-1}$$HNO_3$溶液和 3 滴 0.1 mol · $L^{-1}$$(NH_4)_2MoO_4$ 溶液，如有黄色沉淀生成，表示有 PO_4^{3-}存在(必要时用玻璃棒摩擦试管内壁或用小火加热)。

(8) S^{2-}的鉴定。

取 3～5 滴 0.1 mol · $L^{-1}$$Na_2S$ 溶液于离心试管中，滴加 2 滴 2 mol · L^{-1}NaOH 溶液，再滴加 1 滴 0.1 mol · $L^{-1}$$Pb(NO_3)_2$溶液，如有黑色沉淀生成，表示有 S^{2-}存在。

(9) Cl^-的鉴定。

取 2 滴 0.1 mol · L^{-1}NaCl 溶液于洁净离心试管中，滴加 1～2 滴 2 mol · $L^{-1}$$HNO_3$溶液酸化，再滴入 2 滴 0.1 mol · L^{-1} $AgNO_3$溶液，如有白色沉淀生成，表明可能含有 Cl^-。离心分离，弃去离心液，往沉淀中滴加 2 mol · L^{-1} 氨水，如沉淀溶解，再滴加 2 mol · L^{-1} HNO_3 溶液，白色沉淀又重新析出，表示有 Cl^-存在。

(10) Br^-和 I^-的鉴定。

取两支试管，分别滴加 3～5 滴 0.1 mol · L^{-1} KBr 溶液和 0.1 mol · L^{-1} KI 溶液，再分别滴加 3～5 滴 2 mol · $L^{-1}$$HNO_3$溶液，最后再分别滴加几滴 0.1 mol · $L^{-1}$$AgNO_3$溶液，若有浅黄色沉淀生成，则可能含有 Br^-，若有黄色沉淀生成，则可能含有 I^-。

另取两支试管，分别滴加 5～8 滴被检试液、4～5 滴 CCl_4 溶液和 1 滴 2 mol · $L^{-1}$$HNO_3$ 溶液，最后再分别逐滴滴加 1～2 滴 0.1 mol · L^{-1}NaClO 溶液，若 CCl_4 层呈黄色或橙色，表示有 Br^-存在；若 CCl_4 层呈紫红色，表示有 I^-存在。

2. 混合非金属阴离子的分离与鉴定

(1) CO_3^{2-}、SO_4^{2-}、NO_3^-和 PO_4^{3-}混合液的分离与鉴定。

往一洁净的试管中依次滴加 5～10 滴 1 mol·L^{-1} Na_2CO_3 溶液、1 mol·L^{-1} Na_2SO_4 溶液、0.5 mol·L^{-1} $NaNO_3$ 溶液和 0.1 mol·L^{-1} Na_3PO_4 溶液，振荡后按如下步骤进行分离和鉴定。

① 取混合液 10～15 滴，用 6 mol·L^{-1} HCl 酸化(过量)，如产生能使饱和 $Ca(OH)_2$ 溶液变浑浊的无色气体，表示有 $CO_3{}^{2-}$ 存在，溶液保留备用。

② 在溶液中滴加 0.1 mol·L^{-1} $BaCl_2$ 溶液至沉淀完全，再滴加过量的 6 mol·L^{-1} HCl 溶液，如有不溶于 6 mol·L^{-1} HCl 溶液的白色沉淀生成，表示有 $SO_4{}^{2-}$ 存在，溶液保留备用。

③ 在步骤②所保留溶液中滴加 3～5 滴 0.1 mol·L^{-1} $(NH_4)_2MoO_4$ 溶液，如有黄色沉淀生成，表示有 $PO_4{}^{3-}$ 存在，离心分离，溶液保留备用。

④ 取一小粒固体 $FeSO_4 \cdot 7H_2O$ 放在白色点滴板上，加步骤③所保留的溶液 1 滴，再滴加 2 滴浓 H_2SO_4，如硫酸亚铁晶体周围形成棕色环，表示有 $NO_3{}^-$ 存在。

(2) Cl^-、Br^- 和 I^- 混合液的分离与鉴定。

往一洁净的试管中依次滴加 5～10 滴 0.1 mol·L^{-1} NaCl 溶液、0.1 mol·L^{-1} KBr 溶液和 0.1 mol·L^{-1} KI 溶液，振荡后按如下步骤进行分离和鉴定。

① Cl^-、Br^-、I^- 的沉淀。

取 3～4 滴混合液于一洁净离心试管中，滴加 2～3 滴 6 mol·L^{-1} HNO_3 溶液酸化，再滴加数滴 0.1 mol·L^{-1} $AgNO_3$ 溶液至沉淀完全，水浴加热 2 min，离心分离，弃去离心液，沉淀用去离子水洗涤 1～2 次后备用。

② AgCl 的溶解和 Cl^- 的鉴定。

在步骤①所得沉淀上滴加 10 滴 2 mol·L^{-1} $(NH_4)_2CO_3$ 溶液，充分搅拌 1 min，离心分离，离心液用于鉴定 Cl^-，沉淀备用。

取 3～5 滴离心液，滴加适量 0.1 mol·L^{-1} KBr 溶液，如出现白色浑浊，表示有 Cl^- 存在。在步骤②所得沉淀上滴加 5～6 滴去离子水，再加入少许锌粉，搅拌 2～3 min，离心分离，弃沉淀(过量锌粉及生成的金属银)。离心液按步骤③所示内容进行分析。

③ Br^- 和 I^- 的鉴定。

取 8～10 滴步骤②中的离心液于离心试管中，边振荡边依次滴加 3～5 滴 1 mol·L^{-1} H_2SO_4 溶液、3～4 滴 CCl_4 溶液和 1 滴 0.1 mol·L^{-1} NaClO 溶液，若 CCl_4 层呈紫红色，表示有 I^- 存在，继续滴加 4～5 滴 0.1 mol·L^{-1} NaClO 溶液，若 CCl_4 层呈红棕色或黄色，表示有 Br^- 存在。

Cl^-、Br^-、I^- 混合液的分析简图，如图 2-1 所示。

(3) S^{2-}、$SO_3{}^{2-}$ 和 $S_2O_3{}^{2-}$ 混合液的分离与鉴定。

往一洁净试管中依次滴加 5～10 滴 0.1 mol·L^{-1} Na_2S 溶液、0.1 mol·L^{-1} Na_2SO_3 溶液和 0.1 mol·L^{-1} $Na_2S_2O_3$ 溶液，振荡后按如下步骤进行分离与鉴定。

① S^{2-} 的鉴定。

在点滴板的凹穴中依次滴加 1 滴混合液(强碱性)和 1 滴新配的 1%亚硝酰铁氰化钠溶液，如溶液呈紫红色，表示有 S^{2-} 存在。

② S^{2-} 的除去。

在 1 mL 混合液中加入数毫克固体 $CdCO_3$，搅拌，离心分离，取 1 滴离心液用 1%亚硝酰铁氰化钠溶液试验 S^{2-} 是否沉淀完全。必要时再加入固体 $CdCO_3$ 重新搅拌试管内容物。待 S^{2-}

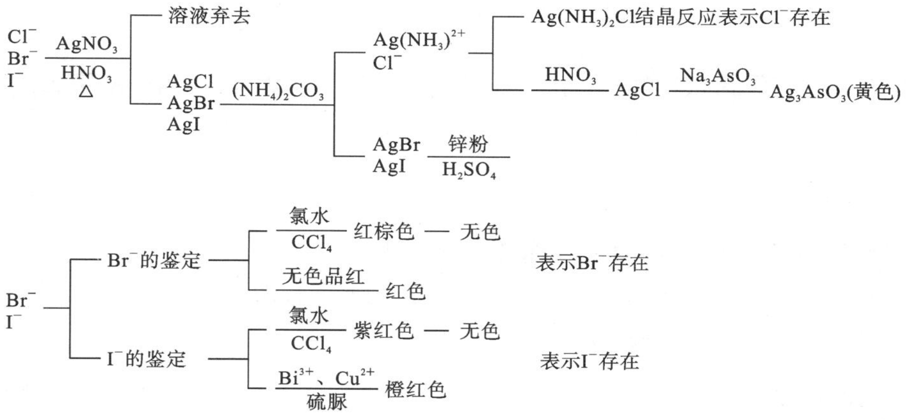

图 2-1　Cl^-、Br^-、I^- 混合液的分析简图

沉淀完全后，离心分离，弃去沉淀（CdS 及过量 $CdCO_3$），离心液按步骤③所示内容鉴定 $S_2O_3{}^{2-}$，按步骤④所示内容鉴定 $SO_3{}^{2-}$。

③ $S_2O_3{}^{2-}$ 的鉴定。

取步骤②的离心液 5～8 滴于离心试管中，滴加 2 滴 2 $mol \cdot L^{-1}$ HCl 溶液，水浴加热。如生成白色或淡黄色浑浊，表示有 $S_2O_3{}^{2-}$ 存在。

④ $SO_3{}^{2-}$ 的鉴定。

取步骤②的离心液 2 滴于点滴板的凹穴中，滴加品红溶液 1 滴，如品红溶液颜色褪去，表示有 $SO_3{}^{2-}$ 存在。

五、思考题

（1）在酸性条件下，用 KI 溶液检验未知溶液中有无 $NO_2{}^-$ 时，如果产生了 I_2，表明一定存在 $NO_2{}^-$，如果不产生 I_2，能否说明 $NO_2{}^-$ 一定不存在？为什么？

（2）某阴离子未知溶液经初步试验，结果如下。

① 试液呈酸性时无气体产生。

② 加入 $BaCl_2$ 溶液，无沉淀出现。

③ 加入 $AgNO_3$ 溶液，产生黄色沉淀，再加 HNO_3 溶液，沉淀不溶解。

④ 酸性试液使 $KMnO_4$ 溶液褪色，加 I_2-淀粉溶液，蓝色不褪去。

⑤ 与 KI 溶液无反应。

根据以上初步试验结果，推测可能存在哪些阴离子，说明理由。

（3）如何将 Br^- 与 I^- 分离？

六、附注

棕色环实验中，$NO_2{}^-$ 也能起类似反应，但不能成环，只能使溶液颜色为棕色，即当含 Fe^{2+} 的溶液（酸性）与 $NO_2{}^-$ 相混合时，溶液也变为棕色。用 $FeSO_4 \cdot 7H_2O$ 晶体鉴定 $NO_2{}^-$ 时，一般用 HAc 而不用浓 H_2SO_4，其反应方程式为

$$NO_2{}^- + Fe^{2+} + 2H^+ = Fe^{3+} + NO\uparrow + H_2O$$

$$Fe^{2+}+NO = [Fe(NO)]^{2+}\text{(棕色)}$$

实验7　水溶液中Ag^{+}、Pb^{2+}、Hg^{2+}、Cu^{2+}和Bi^{3+}的分离与鉴定

一、实验目的

(1) 了解阳离子分离与鉴定的硫化氢系统分析法。

(2) 掌握Ag^{+}、Pb^{2+}、Hg^{2+}、Cu^{2+}和Bi^{3+}的分离与鉴定方法。

(3) 熟悉以上各离子的有关性质。

二、实验原理

常见阳离子包括了元素周期表中常见的20多种金属离子和NH_4^{+}，由于种类多，相互之间常有干扰，难以准确鉴定，所以采用系统分析法。系统分析法是利用离子的一些共性，加入一定的试剂，将混合离子分批沉淀成若干组，再进行组内分析鉴定，以减少相互干扰。

硫化氢系统分析法是较完善的一种分组方案，它以硫化物溶解度的不同为基础，用4组组试剂将常见的阳离子分为5组，再利用组内离子性质的差异性用多种试剂和方法逐一进行检出。其分组方案，如图2-2所示。

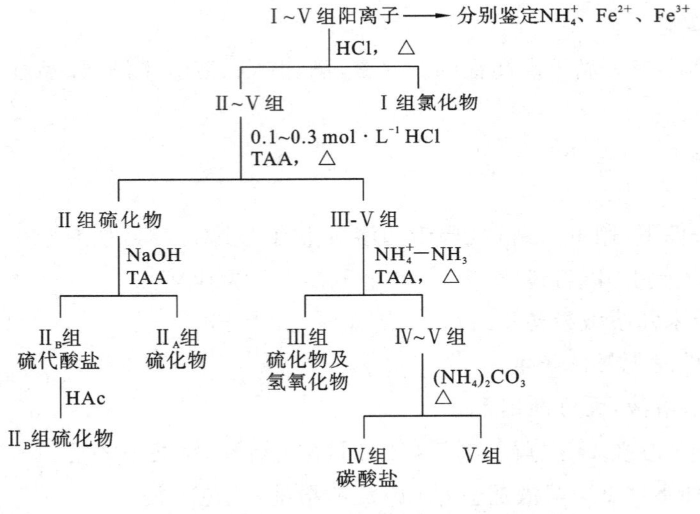

图2-2　阳离子Ⅰ～Ⅴ组硫化氢系统分析简图

硫代乙酰胺(简称TAA)在酸性溶液中水解生成H_2S，因此，TAA可以代替H_2S沉淀第Ⅱ组阳离子。水解反应方程式如下：

$$CH_3CSNH_2+H_2O \xlongequal{H^+} CH_3CONH_2+H_2S\uparrow$$

TAA在碱性溶液中水解生成S^{2-}，可以代替Na_2S使$Ⅱ_A$组与$Ⅱ_B$组分离。水解反应方程式如下：

$$CH_3CSNH_2+3OH^- = CH_3COO^-+NH_3\uparrow+S^{2-}+H_2O$$

TAA在氨性溶液中水解生成HS^-，可以代替$(NH_4)_2S$沉淀第Ⅲ组阳离子。水解反应方程式如下：

$$CH_3CSNH_2 + 2NH_3 = CH_3CNH_2NH + HS^- + NH_4^+$$

三、实验用品

1. 仪器与器材

离心机；烧杯；坩埚；点滴板；酒精灯；井穴板(5 mL)；试管；离心试管；胶头滴管；水浴锅。

2. 实验试剂

主要实验试剂，如表 2-10 所示。

表 2-10　主要实验试剂表　单位：$mol \cdot L^{-1}$

试　剂	规　格	试　剂	规　格	试　剂	规　格
HCl	浓；6；2	$Pb(NO_3)_2$	0.1	$AgNO_3$	0.1
HAc	6；0.1	$Hg(NO_3)_2$	0.1	K_2CrO_4	0.5
HNO_3	浓；2；6	$Cu(NO_3)_2$	0.1	NH_4NO_3	0.1
H_2SO_4	浓	$Bi(NO_3)_3$	0.1	$SnCl_2$	0.1
氨水	浓；6；2	$Zn(NO_3)_2$	0.1	NH_4Ac	3
NaOH	6	$K_4[Fe(CN)_6]$	0.1	TAA	5%
硫脲	2.5%	$CuSO_4$	0.1	KI	0.1

四、实验内容

取 Ag^+ 试液 2 滴，Pb^{2+}、Hg^{2+}、Cu^{2+} 和 Bi^{3+} 试液各 5 滴，依次滴加到离心试管中，振荡，混合均匀后，按以下步骤进行分离和鉴定。

1. Ag^+ 和 Pb^{2+} 的沉淀(步骤 1)

在上述混合溶液中滴加 1 滴 6 $mol \cdot L^{-1}$ HCl 溶液，振荡，当有沉淀生成时，继续滴加 6 $mol \cdot L^{-1}$ HCl 溶液至沉淀完全，然后再多加 1 滴 6 $mol \cdot L^{-1}$ HCl 溶液，振荡，离心分离，将清液转移至另一支离心试管中，按步骤 4 处理。沉淀用 1 滴 6 $mol \cdot L^{-1}$ HCl 溶液和 10 滴去离子水洗涤，洗涤液并入上面的清液中，沉淀用于以下实验。

2. Pb^{2+} 的分离和鉴定(步骤 2)

在步骤 1 所得沉淀上滴加 1 mL 去离子水，水浴加热 2 min，并不时振荡，趁热离心分离，立即将清液转移至另一支离心试管中，沉淀按步骤 3 处理。

往清液中滴加 1 滴 6 $mol \cdot L^{-1}$ HAc 溶液 和 5 滴 0.5 $mol \cdot L^{-1}$ K_2CrO_4 溶液，如生成黄色沉淀，表示有 Pb^{2+} 存在。将沉淀溶于 6 $mol \cdot L^{-1}$ NaOH 溶液中，然后用 6 $mol \cdot L^{-1}$ HAc 溶液酸化，又会析出黄色沉淀，可进一步证实有 Pb^{2+} 存在。

3. Ag^+ 的鉴定(步骤 3)

用 1 mL 去离子水加热洗涤步骤 2 所得沉淀，离心分离，弃去清液。往沉淀上滴加 2 $mol \cdot L^{-1}$ 氨水，搅拌使其溶解，如果溶液混浊，可再进行离心分离，在所得清液中滴加 6 $mol \cdot L^{-1}$ HNO_3 溶液酸化，有白色沉淀析出，表示有 Ag^+ 存在。

4. Hg^{2+}、Cu^{2+}、Pb^{2+} 和 Bi^{3+} 的沉淀(步骤 4)

往步骤 1 所得清液中滴加 6 $mol \cdot L^{-1}$ 氨水至溶液显碱性，然后慢慢滴加 2 $mol \cdot L^{-1}$ HCl

溶液，调节溶液近中性，再加入 2 mol·L^{-1} HCl 溶液(其量约为原溶液体积的 1/6)，此时溶液的酸度约为 0.3 mol·L^{-1}。滴加 5% TAA 溶液 10～12 滴，水浴加热 5 min，并不时振荡，再滴加 1 mL 去离子水进行稀释。加热 3 min，振荡，冷却，离心分离，然后滴加 1 滴 5% TAA 溶液检验沉淀是否完全。离心分离，弃去离心液。将沉淀用 1 滴 0.1 mol·L^{-1} NH_4NO_3 溶液和 10 滴去离子水洗涤 2 次，弃去洗涤液，沉淀按步骤 5 处理。

5. Hg^{2+} 的分离(步骤 5)

往步骤 4 所得沉淀上滴加 10 滴 6 mol·L^{-1} HNO_3 溶液，水浴加热数分钟，搅拌，直至 PbS、CuS 和 Bi_2S_3 溶解，将溶液转移至坩埚中按步骤 7 处理，将不溶残渣用去离子水洗涤 2 次，第 1 次洗涤液合并到坩埚中，沉淀按步骤 6 处理。

6. Hg^{2+} 的鉴定(步骤 6)

往步骤 5 所得残渣上滴加 3 滴浓 HCl 和 1 滴浓 HNO_3，待沉淀溶解后，再加热几分钟使王水分解，以赶尽 Cl_2。溶液用几滴去离子水稀释，然后逐滴滴加 0.1 mol·L^{-1} $SnCl_2$ 溶液，产生白色沉淀并逐渐变黑，表示有 Hg^{2+} 存在。

7. Pb^{2+} 的分离(步骤 7)

往步骤 5 的坩埚内滴加 3 滴浓 H_2SO_4，将坩埚放在石棉网上小火加热，直至冒出刺激性的白烟(SO_3)，切勿将 H_2SO_4 蒸干。冷却后，加 10 滴去离子水，用胶头滴管将坩埚中的混浊液吸入离心试管中，放置后若析出白色沉淀，则 Pb^{2+} 可能存在。离心分离，将清液转移至另一支离心试管中，按步骤 9 处理。

8. Pb^{2+} 的鉴定(步骤 8)

在步骤 7 所得沉淀上滴加 10 滴 3 mol·L^{-1} NH_4Ac 溶液，加热搅拌，如果溶液变浑浊，还需进行离心分离，把清液转移到另一支试管中，再滴加 1 滴 0.1 mol·L^{-1} HAc 溶液和 2 滴0.5 mol·L^{-1} K_2CrO_4 溶液，如产生黄色沉淀，进一步证实有 Pb^{2+} 存在。

9. Bi^{3+} 的分离和鉴定(步骤 9)

在步骤 7 所得清液中滴加浓氨水至溶液显碱性，并加入过量氨水(能嗅到氨味)。若产生白色沉淀，Bi^{3+} 可能存在；若溶液为蓝色，Cu^{2+} 可能存在。离心分离，把清液转移至另一支试管中，按步骤 10 处理。沉淀滴加 2 滴 2 mol·L^{-1} HNO_3 溶液使之溶解。鉴定 Bi^{3+}：取 1 滴上述溶液滴于点滴板上，滴加 1～2 滴 2.5%硫脲溶液和 1 滴 0.1 mol·L^{-1} $CuSO_4$ 溶液，搅拌(如加 $CuSO_4$ 溶液后产生沉淀，应再多加 2 滴硫脲溶液)，再滴加 1～2 滴 0.1 mol·L^{-1} KI 溶液，如生成红橙色或橙色沉淀，表示有 Bi^{3+} 存在。

10. Cu^{2+} 的鉴定(步骤 10)

将步骤 9 所得的清液用 6 mol·L^{-1} HAc 溶液酸化，再滴加 2 滴 0.1 mol·L^{-1} $K_4[Fe(CN)_6]$ 溶液，产生红棕色沉淀，表示有 Cu^{2+} 存在。

11. 混合离子的分析简图

水溶液中 Ag^+、Pb^{2+}、Hg^{2+}、Cu^{2+} 和 Bi^{3+} 等混合离子的分析简图，如图 2-3 所示。

五、思考题

(1) 在用 TAA 从混合试液中沉淀 Cu^{2+}、Hg^{2+}、Bi^{3+} 和 Pb^{2+} 等离子时，为什么要控制溶液的酸度为 0.3 mol·L^{-1}？酸度太高或太低对分离有何影响？控制酸度为什么用 HCl 而不用

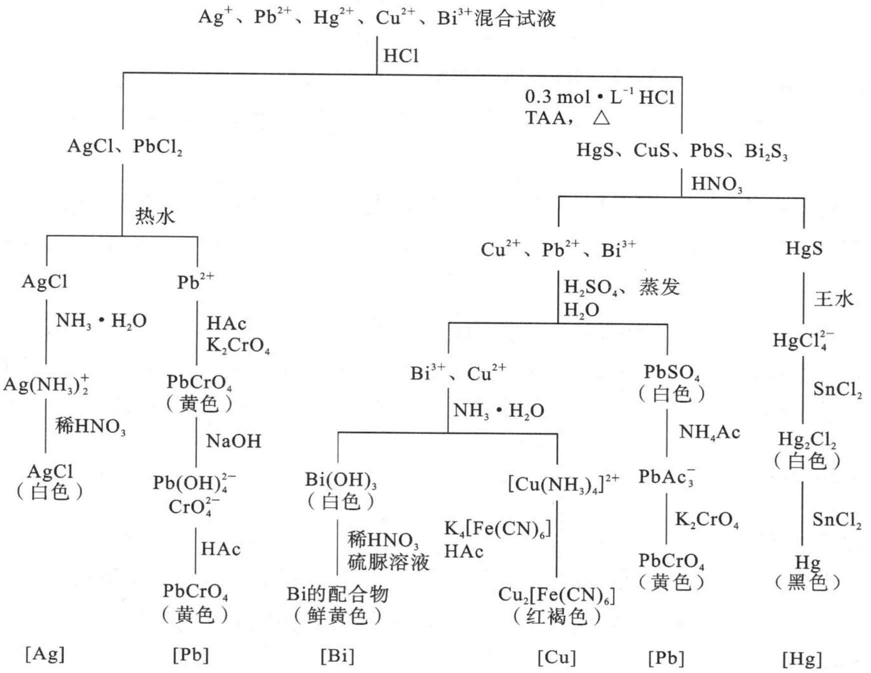

图 2-3　混合离子的分析简图

HNO_3？在沉淀过程中，为什么要加去离子水稀释溶液？

（2）洗涤 CuS、HgS、Bi_2S_3 和 PbS 沉淀时，为什么要加 1 滴 NH_4NO_3 溶液？如果沉淀中混有 Cl^-，对 HgS 与其他硫化物的分离有何影响？

（3）当溶液中可能含有 NH_4^+、Fe^{2+} 和 Fe^{3+} 时，为什么要先单独鉴定它们？

（4）当 HgS 溶于王水后，为什么要继续加热使剩余的王水分解？不分解完全有何影响？

（5）在分离与鉴定 Pb^{2+} 时，如果坩埚内溶液被蒸干，对分离有何影响？

实验 8　氯化钠的提纯

一、实验目的

（1）练习并掌握称量、溶解、过滤、蒸发、浓缩和结晶等基本操作。

（2）理解溶解度和溶胶的聚沉等在无机化合物提纯中的应用。

（3）学会粗食盐的提纯方法。

二、实验原理

试剂级 NaCl 由粗食盐提纯而制得，粗食盐中除含有泥沙等不溶性杂质外，还含有钙、镁、钾的卤化物和硫酸盐，以及 Fe^{3+} 等可溶性杂质。不溶性杂质可以通过过滤而除去，可溶性杂质可通过加入某些化学试剂，使之生成沉淀后过滤除去，有关反应方程式为

$$Ba^{2+} + SO_4^{2-} = BaSO_4 \downarrow \text{（除去 } SO_4^{2-}\text{）}$$

$$Ba^{2+}(Mg^{2+}、Ca^{2+}) + CO_3^{2-} = BaCO_3(MgCO_3、CaCO_3)\downarrow$$
（除去 Ca^{2+}、Mg^{2+} 和 Ba^{2+}）

$$2Mg^{2+} + 2OH^- + CO_3^{2-} = Mg_2(OH)_2CO_3\downarrow$$（除去 Mg^{2+}）

$$CO_3^{2-} + 2H^+ = H_2O + CO_2\uparrow$$（除去过量的 CO_3^{2-}）

$$2Fe^{3+} + 3CO_3^{2-} + 3H_2O = 2Fe(OH)_3\downarrow + 3CO_2\uparrow$$（除去 Fe^{3+}）

$Fe(OH)_3$ 通常为胶体，须在加热条件下将其转化为颗粒状沉淀后再过滤除去。粗食盐中 KCl 等可溶性杂质含量少，溶解度较大，在蒸发、浓缩和结晶过程中，仍可留在母液中而与结晶析出的 NaCl 分离。

镁试剂（或镁试剂Ⅰ）的中文名称为对硝基苯偶氮间苯二酚。Mg^{2+} 与镁试剂在碱性介质中反应生成蓝色螯合物沉淀，除碱金属外的阳离子均有干扰，应该除去，NH_4^+ 的存在可能降低反应灵敏度，可加 NaOH 进行处理。另外，镁试剂还可用作吸附指示剂。

三、实验用品

1. 仪器与器材

电子天平（0.01 g）；循环水真空泵；酒精灯；三脚架；烧杯（100 mL）；普通漏斗；抽滤瓶；布氏漏斗；漏斗架；石棉网；表面皿；泥三角；蒸发皿；玻璃棒；滤纸；pH 试纸。

2. 实验试剂

粗食盐；$BaCl_2$（1 mol·L^{-1}）；Na_2CO_3（1 mol·L^{-1}）；HCl（1 mol·L^{-1}）；$(NH_4)_2C_2O_4$（0.5 mol·L^{-1}）；NaOH（2 mol·L^{-1}）；镁试剂。

四、实验内容

1. 粗食盐的提纯

（1）不溶性杂质的除去。

称取 4.00 g 粗食盐于 100 mL 烧杯中，加入适量（大约 30 mL）去离子水加热溶解，趁热进行普通过滤，用少量去离子水洗涤沉淀 2 次，滤液回收备用。

（2）SO_4^{2-} 的除去。

将滤液加热至近沸，边搅拌边逐滴加入（约 1 mL）1 mol·L^{-1} $BaCl_2$ 溶液，继续加热 5 min，静置后往上层清液中再加入 1～2 滴 1 mol·L^{-1} $BaCl_2$ 溶液至不再生成沉淀时过滤，滤液回收备用。

（3）Ca^{2+}、Mg^{2+} 和 Ba^{2+} 的除去。

边搅拌边加热滤液至近沸，再加入适量（约 1.5 mL）1 mol·L^{-1} Na_2CO_3 溶液，静置后往上层清液中滴加 2～3 滴 1 mol·L^{-1} Na_2CO_3 溶液至不再生成沉淀时过滤，滤液回收备用。

（4）过量 CO_3^{2-} 的除去。

在加热条件下，边搅拌边用 1 mol·L^{-1} HCl 溶液调节溶液 pH 至 4～5。

（5）浓缩和结晶。

将盛有滤液的蒸发皿置于泥三角上，边小火加热边搅拌（一定要搅拌），待溶液浓缩至稠粥状时，停止加热（切不可将溶液蒸干），静置冷却后，减压过滤，用少量去离子水洗涤沉淀，沉淀备用。

（6）干燥、称量和计算产率。

将所得沉淀盛于蒸发皿中，边搅拌边用小火加热烘干，再冷却至室温后称量，计算产率。

2. 产品纯度的定性检验

称取粗食盐和提纯后的 NaCl 各 0.50 g 分别溶于盛有约 5 mL 去离子水的试管中，用以下方法进行定性检验。

（1）SO_4^{2-} 的检验。

在 2 支洁净试管中分别加入约 1 mL 已配制出的粗食盐溶液和纯 NaCl 溶液，再分别滴加 2 滴 1 mol·L^{-1} HCl 溶液和 2～3 滴 1 mol·L^{-1} $BaCl_2$ 溶液，观察并记录实验现象。

实验现象【1】	
理论解释	
实验现象【2】	
理论解释	

（2）Ca^{2+} 的检验。

在 2 支洁净试管中分别加入约 1 mL 已配制出的粗食盐溶液和纯 NaCl 溶液，再分别滴加 3～4 滴 0.5 moL·L^{-1} $(NH_4)_2C_2O_4$ 溶液，观察并记录实验现象。

实验现象【1】	
理论解释	
实验现象【2】	
理论解释	

（3）Mg^{2+} 的检验。

在 2 支洁净试管中分别加入约 1 mL 已配制出的粗食盐溶液和纯 NaCl 溶液，再分别依次加入 2～3 滴 2 mol·L^{-1} NaOH 溶液和 3～4 滴镁试剂溶液，观察并记录实验现象。

实验现象【1】	
理论解释	
实验现象【2】	
理论解释	

3. 实验数据记录与结果处理

实验数据记入下表并对结果进行处理。

序号	项　　目	数　　据
1	粗食盐的质量/g	
2	提纯后氯化钠的质量/g	
3	产率/(%)	

五、思考题

（1）粗食盐提纯中，为什么要用 1 mol·L^{-1} HCl 溶液调节溶液 pH 至 4～5？

（2）在除去粗食盐溶液中 Ca^{2+}、Mg^{2+}、Ba^{2+} 和 SO_4^{2-} 等杂质的过程中，为什么要边搅拌边加热滤液至近沸后，再加入适量 1 mol·L^{-1} $BaCl_2$ 溶液和 1 mol·L^{-1} Na_2CO_3 溶液？

（3）浓缩时为何不可将溶液蒸干？

实验 9　硫酸亚铁铵的制备

一、实验目的

(1) 了解复盐的制备原理、方法和摩尔盐的特性。

(2) 学习有关无机物制备的投料和产率的计算方法。

(3) 练习无机物制备中的一些基本操作。

二、实验原理

硫酸亚铁铵又称为摩尔盐，其化学组成为 $(NH_4)_2SO_4 \cdot FeSO_4 \cdot 6H_2O$，它是由 $(NH_4)_2SO_4$ 和 $FeSO_4$ 按 1∶1 结合而成的复盐。其溶解度较小，呈绿色，摩尔盐的水溶液在空气中不易被氧化，比亚铁盐稳定，甚至还可以作为基准物质使用。

生产 $(NH_4)_2SO_4 \cdot FeSO_4 \cdot 6H_2O$ 的原料主要为铁屑(铁钉)、稀硫酸和硫酸铵。

铁屑与稀硫酸作用生成硫酸亚铁，溶液经浓缩后冷却至室温，即可得到浅绿色 $FeSO_4 \cdot 7H_2O$ 晶体，其反应方程式为

$$Fe + H_2SO_4 = FeSO_4 + H_2\uparrow$$

将等物质量的 $FeSO_4$ 溶液与 $(NH_4)_2SO_4$ 溶液混合，可以制得溶解度较小的复盐 $(NH_4)_2SO_4 \cdot FeSO_4 \cdot 6H_2O$，其反应方程式为

$$(NH_4)_2SO_4 + FeSO_4 + 6H_2O = (NH_4)_2SO_4 \cdot FeSO_4 \cdot 6H_2O$$

一般而言，复盐的溶解度都比较小，在反应完成后，通过蒸发、浓缩和冷却等操作，含量大、溶解度小的摩尔盐结晶出来，含量小、溶解度大的 $FeSO_4$、$(NH_4)_2SO_4$ 和其他硫酸盐则留在溶液中。通过过滤、洗涤和干燥等操作，即可获得较纯的摩尔盐晶体。

三、实验用品

1. 仪器与器材

电子天平(0.01 g)；循环水真空泵；酒精灯；三脚架；烧杯(150 mL)；普通漏斗；抽滤瓶；布氏漏斗；漏斗架；石棉网；表面皿；泥三角；蒸发皿；玻璃棒；滤纸；pH 试纸。

2. 实验试剂

铁钉；Na_2CO_3 $(1\ mol \cdot L^{-1})$；HCl $(0.1\ mol \cdot L^{-1})$；H_2SO_4 $(3\ mol \cdot L^{-1})$；$(NH_4)_2SO_4$ (CP)。

四、实验内容

1. 铁钉的净化

称取 1.50 g 铁钉于 150 mL 烧杯中，加入 15 mL $1\ mol \cdot L^{-1}$ Na_2CO_3 溶液，水浴加热 10 min，以除去铁钉表面的油污。倾析法除去碱液，用自来水将铁钉洗净。再向烧杯中加入 10 mL $0.1\ mol \cdot L^{-1}$ HCl 溶液，水浴加热 10 min，以除去铁钉表面的铁锈。倾析法除去酸液，用自来水将铁钉洗净。吸干水分，称重，备用。

2. $FeSO_4$ 的制备

将净化后的铁钉放置于烧杯中，加入约 10 mL $3\ mol \cdot L^{-1}$ 的 H_2SO_4 溶液，盖上表面皿，

水浴加热（在通风橱中进行，控温在 70～80 ℃），使铁钉与 H_2SO_4 溶液反应，直至不再大量冒气泡，表示反应基本完成（需 30～40 min，反应后期可适当补充水分，保持溶液原有体积，避免 $FeSO_4$ 析出）。当反应不再进行时，用普通漏斗趁热过滤，用少量热的无氧蒸馏水洗涤沉淀，将滤液转移至蒸发皿中。将烧杯内的残渣（铁钉）洗净，吸干水分，称重。计算出已反应的铁钉质量和生成 $FeSO_4$ 的质量。

3. 硫酸亚铁铵的制备

根据 $FeSO_4$ 的理论产量，计算所需 $(NH_4)_2SO_4$ 的用量。按量称取 $(NH_4)_2SO_4$ 固体，加入已制得的 $FeSO_4$ 溶液中，搅拌溶解（如溶解不完全，可加入适量去离子水），混匀后，用 pH 试纸检验溶液的 pH 值是否为 1～2，若酸度不够，可用 3 mol・L^{-1} H_2SO_4 溶液进行调节。在水浴或酒精灯上蒸发混合溶液，浓缩至有晶膜出现为止（蒸发、浓缩过程中不宜搅动），静置，让溶液自然冷却，冷却至室温时，即可析出硫酸亚铁铵晶体。减压过滤至干，再用 5 mL 无水乙醇淋洗晶体，以除去晶体表面上的湿存水。将晶体转移至表面皿上，晾干，称重，计算产率，观察并描述产品的颜色和状态，回收产品备用。

4. 实验数据记录与结果处理

实验数据记入下表并对结果进行处理。

序号	项　目	数　据
1	铁钉的质量/g	
2	铁钉残渣的质量/g	
3	参与反应的铁钉质量/g	
4	$(NH_4)_2SO_4$ 的质量/g	
5	摩尔盐的实际产量/g	
6	摩尔盐的理论产量/g	
7	摩尔盐的产率/(%)	

五、思考题

(1) 本实验中，是铁过量还是硫酸过量？为什么？

(2) 在制备硫酸亚铁及其铵盐的过程中，为什么溶液都必须保持较强的酸性？

(3) 在浓缩硫酸亚铁溶液时，为何不能将溶液煮沸？

(4) 为什么要在 $(NH_4)_2SO_4$ 溶液中滴加 3 mol・L^{-1} H_2SO_4 溶液？

六、注意事项

(1) $FeSO_4$ 的制备实验一定要在通风橱中进行，否则酸雾太大。

(2) 硫酸与铁反应时，若水分蒸发过多，需补充水，但不宜过多。

(3) 实验过程中要防止 Fe^{2+} 氧化。

(4) 硫酸亚铁有 $FeSO_4 \cdot 7H_2O$、$FeSO_4 \cdot 4H_2O$ 和 $FeSO_4 \cdot H_2O$ 三种水合物，它们在溶液中可以互相转变，其转变温度为

$$FeSO_4 \cdot 7H_2O \xrightarrow{57\ ℃} FeSO_4 \cdot 4H_2O \xrightarrow{65\ ℃} FeSO_4 \cdot H_2O$$

为了防止溶解度较小的白色 $FeSO_4 \cdot H_2O$ 析出，在金属与酸作用及溶液浓缩过程中，温度不宜过高。在蒸发浓缩时，应维持溶液呈较强的酸性（$pH<1$），以防止 $FeSO_4$ 在弱酸中被氧化生成黄色的 $Fe(OH)SO_4$。

七、附注

三种盐的溶解度数据如表 2-11 所示。

表 2-11　三种盐的溶解度数据表　　单位：g

温度	$(NH_4)_2SO_4$	$FeSO_4 \cdot 7H_2O$	$(NH_4)_2SO_4 \cdot FeSO_4 \cdot 6H_2O$
10 ℃	73.0	37.0	17.2
20 ℃	75.4	48.0	36.5
30 ℃	78.0	60.0	45.0
40 ℃	81.0	73.3	53.0

实验 10　三草酸合铁(Ⅲ)酸钾的制备与性质

一、实验目的

(1) 了解三草酸合铁(Ⅲ)酸钾的制备方法和性质。
(2) 理解制备过程中化学平衡原理的应用。
(3) 掌握水溶液中制备无机物的一般方法。
(4) 练习溶解、沉淀、沉淀洗涤、过滤（常压、减压）、浓缩、蒸发、结晶等基本操作。

二、实验原理

$K_3[Fe(C_2O_4)_3] \cdot 3H_2O$ 为翠绿色单斜晶系晶体，易溶于水（0 ℃时，4.7 g/100 g 水；100 ℃时，117.7 g/100 g 水），难溶于乙醇和丙酮等有机溶剂，是制备负载型活性铁催化剂的主要原料。

本实验以铁(Ⅱ)盐为起始原料，通过氧化还原、沉淀、酸碱和配位反应等多步转化，最后制得 $K_3[Fe(C_2O_4)_3] \cdot 3H_2O$，主要反应方程式为

$$FeSO_4 + H_2C_2O_4 + 2H_2O = FeC_2O_4 \cdot 2H_2O\downarrow + H_2SO_4$$

$$6FeC_2O_4 \cdot 2H_2O + 3H_2O_2 + 6K_2C_2O_4 = 4K_3[Fe(C_2O_4)_3] + 2Fe(OH)_3\downarrow + 12H_2O$$

$$2Fe(OH)_3 + 3H_2C_2O_4 + 3K_2C_2O_4 = 2K_3[Fe(C_2O_4)_3] + 6H_2O$$

溶液中加入乙醇后，便析出 $K_3[Fe(C_2O_4)_3] \cdot 3H_2O$ 晶体。

$[Fe(C_2O_4)_3]^{3-}$ 较稳定（其 $K_{稳} = 1.58\times10^{20}$），$K_3[Fe(C_2O_4)_3] \cdot 3H_2O$ 加热至 110 ℃可失去结晶水，加热至 230 ℃即分解。该配合物为光敏物质，室温光照可变黄色，光化学反应方程式为

$$2[Fe(C_2O_4)_3]^{3-} \xlongequal{h\nu} 2FeC_2O_4 + 3C_2O_4^{2-} + 2CO_2\uparrow$$

分解生成的 FeC_2O_4 遇六氰合铁(Ⅲ)酸钾生成滕氏蓝，反应方程式为

$$3FeC_2O_4 + 2K_3[Fe(CN)_6] = Fe_3[Fe(CN)_6]_2 + 3K_2C_2O_4$$

因此，三草酸合铁(Ⅲ)酸钾在实验室中可制作感光纸。另外，由于它的光化学活性，能定量进

行光化学反应，常用作化学光量计。

三、实验用品

1. 仪器与器材

电子天平(0.01 g)；循环水真空泵；电热板；三脚架；烧杯(150 mL)；胶头滴管；抽滤瓶；布氏漏斗；石棉网；表面皿；蒸发皿；玻璃棒；pH 试纸；滤纸(或白纸)；带图案的厚纸片(自备)。

2. 实验试剂

$FeSO_4 \cdot 7H_2O$(CP)；H_2SO_4(3 mol · L^{-1})；$H_2C_2O_4$(1 mol · L^{-1})；$K_2C_2O_4$(饱和)；H_2O_2(3%)；乙醇(95%)；六氰合铁(Ⅲ)酸钾(CP，3.5%)。

四、实验内容

1. $FeC_2O_4 \cdot 2H_2O$ 的制备

称取 4.00 g $FeSO_4 \cdot 7H_2O$ 晶体于烧杯中，加入 15 mL 去离子水和 1 mL 3 mol · L^{-1} H_2SO_4 酸化，加热使其溶解，然后加入 20 mL 1 mol · L^{-1} $H_2C_2O_4$ 溶液，边搅拌边加热至沸腾，静置，待黄色 $FeC_2O_4 \cdot 2H_2O$ 晶体沉淀后，用倾析法弃去上层清液，晶体用少量去离子水洗涤 2～3 次。

2. $K_3[Fe(C_2O_4)_3] \cdot 3H_2O$ 的制备

在盛有 $FeC_2O_4 \cdot 2H_2O$ 晶体的烧杯中，加入 15～20 mL $K_2C_2O_4$ 饱和溶液，水浴加热至 40 ℃左右，边搅拌边用胶头滴管缓慢滴加 20 mL 3% H_2O_2 溶液。此时沉淀颜色转化为红褐色，将溶液加热至沸腾以除去过量的 H_2O_2，分 2 次共加入 15 mL 1 mol · L^{-1} $H_2C_2O_4$ 溶液，第 1 次加入 7 mL，然后将剩余 $H_2C_2O_4$ 溶液缓慢滴加至沉淀溶解，若有部分沉淀不能溶解，用倾析法将溶液转移至另一烧杯中，此时溶液变为翠绿色透明溶液，pH 为 4～5(思考：为什么要加 $H_2C_2O_4$ 溶液，又为什么要分两次加入，$H_2C_2O_4$ 溶液过量后有何影响)，将溶液转移至蒸发皿中，当加热浓缩至溶液体积为 25～30 mL 且表面出现晶膜后，将反应液置于暗处冷却，即有翠绿色 $K_3[Fe(C_2O_4)_3] \cdot 3H_2O$ 晶体析出。若 $K_3[Fe(C_2O_4)_3]$溶液未达到饱和状态，冷却时既看不到晶膜也得不到晶体，此时可继续加热浓缩或加少量 95%乙醇，直至析出晶体为止。抽滤，先用少量去离子水洗涤沉淀，再用少量 95%乙醇洗涤沉淀，用滤纸吸干后称重，计算产率。$K_3[Fe(C_2O_4)_3] \cdot 3H_2O$ 晶体贮存于暗处备用。

3. $K_3[Fe(C_2O_4)_3] \cdot 3H_2O$ 的性质

(1) 将少量 $K_3[Fe(C_2O_4)_3] \cdot 3H_2O$ 晶体放置于表面皿上，在日光下观察晶体颜色变化，并与放置于暗处的晶体进行比较。

(2) 制感光纸：按 $K_3[Fe(C_2O_4)_3] \cdot 3H_2O$ 0.30 g、六氰合铁(Ⅲ)酸钾 0.40 g、去离子水 5 mL的比例配制成溶液，用该溶液浸湿滤纸，将剪成一定图案的厚纸片盖在滤纸上进行曝光，曝光部分呈深蓝色，被遮盖而没有被曝光部分即显示出黄色图案。

(3) 配感光液：取 $K_3[Fe(C_2O_4)_3] \cdot 3H_2O$ 加去离子水 5 mL 配成溶液，用该溶液浸湿滤纸，将剪成一定图案的厚纸片盖在滤纸上进行曝光，曝光后去掉厚纸片，再用 3.5%六氰合铁(Ⅲ)酸钾溶液湿润或漂洗滤纸，即显示出设计的图案。

4. 实验数据记录与结果处理

实验数据记入下表并对结果进行处理。

序号	项　　目	数　　据
1	$FeSO_4 \cdot 7H_2O$ 的质量/g	
2	$K_3[Fe(C_2O_4)_3] \cdot 3H_2O$ 的质量/g	
3	$K_3[Fe(C_2O_4)_3] \cdot 3H_2O$ 的理论产量/g	
4	$K_3[Fe(C_2O_4)_3] \cdot 3H_2O$ 的产率/(%)	

五、思考题

(1) 用 $FeSO_4$ 为原料制备 $K_3[Fe(C_2O_4)_3]$时，也可用 HNO_3代替 H_2O_2 作氧化剂，写出用 HNO_3作氧化剂时的主要反应方程式。你认为用哪种作氧化剂较好？为什么？

(2) $Fe(OH)_3$沉淀时为什么需要加热，为什么 H_2O_2 需要缓慢逐滴加入？

(3) 现以硫酸铁、氯化钡、草酸钠、草酸钾等 4 种物质为主要原料，如何制备 $K_3[Fe(C_2O_4)_3] \cdot 3H_2O$？试设计一个可行实验方案并写出各步反应方程式。

(4) 影响 $K_3[Fe(C_2O_4)_3] \cdot 3H_2O$ 产率的主要因素有哪些？

六、注意事项

(1) 若浓缩后的翠绿色溶液带褐色，这是由于溶液含 $Fe(OH)_3$沉淀所致，应趁热过滤除去。

(2) $K_3[Fe(C_2O_4)_3] \cdot 3H_2O$ 见光变黄色是由于生成了 FeC_2O_4 与 $Fe(OH)C_2O_4$ 的混合物。

(3) 在 $FeSO_4$ 溶液中，加数滴 3 $mol \cdot L^{-1}$ H_2SO_4 酸化，以防 $FeSO_4$ 水解。若酸性太强，不利于 $FeC_2O_4 \cdot 2H_2O$ 沉淀生成。

(4) 加热虽能加快非均相反应的速率，但加热又能促使 H_2O_2 分解，因此温度不宜太高，一般在 40 ℃左右，即手感温热即可。

实验 11　废铜粉灼烧氧化法制备五水硫酸铜

一、实验目的

(1) 掌握利用废铜粉制备五水硫酸铜的方法。

(2) 进一步熟悉减压过滤、蒸发浓缩和重结晶等基本操作。

(3) 了解从工业废料制备化学品的方法，培养学生资源循环利用的理念。

二、实验原理

先将废铜粉在空气中灼烧氧化成 CuO，然后将其溶于 H_2SO_4 溶液而制得 $CuSO_4 \cdot 5H_2O$ 晶体，有关化学反应方程式为

$$2Cu + O_2 \xlongequal{\triangle} 2CuO(黑色)$$

$$CuO + H_2SO_4 \xlongequal{} CuSO_4 + H_2O$$

由于以废铜粉为原料，所制得 $CuSO_4$ 溶液中常含有 $FeSO_4$、$Fe_2(SO_4)_3$和其他重金属盐等，需加以除去。Fe^{2+}可用 H_2O_2 溶液将其氧化为 Fe^{3+}，在溶液 pH≈4.0、加热煮沸下，Fe^{3+}水解为 $Fe(OH)_3$沉淀，再过滤除去，有关化学反应方程式为

$$2Fe^{2+} + 2H^+ + H_2O_2 \xlongequal{} 2Fe^{3+} + 2H_2O$$

$$Fe^{3+} + 3H_2O = Fe(OH)_3 \downarrow + 3H^+$$

由于 $CuSO_4 \cdot 5H_2O$ 在水中的溶解度随温度升高而增大，随温度降低而减小，因此粗硫酸铜溶液中的其他杂质，可通过重结晶法除去。

三、实验用品

1. 仪器与器材

电子天平(0.01 g)；循环水真空泵；电热板；三脚架；石棉网；烧杯(50 mL)；量筒(10 mL)；玻璃棒；漏斗；漏斗架；布氏漏斗；抽滤瓶；精密 pH 试纸；滤纸；蒸发皿；表面皿；水浴锅。

2. 实验试剂

废铜粉(若无废铜粉，可用混有 1%铁粉的铜粉代替)；H_2SO_4(2 mol · L^{-1})；H_2O_2(3%)；$K_3[Fe(CN)_6]$(0.1 mol · L^{-1})；NaOH(2 mol · L^{-1})；乙醇(95%)。

四、实验内容

1. 废铜粉的氧化

称取 2.4 g 废铜粉，置于干燥洁净的烧杯中，将烧杯放置于垫有石棉网的电热板上，边加热边搅拌，当加热至观察不到废铜粉的红色光泽(正常为乌黑色)时停止加热，自然冷却至室温(约 45 min)，备用。

2. $CuSO_4 \cdot 5H_2O$ 的制备

向盛有废铜粉的烧杯中，加入 8 mL 2 mol · L^{-1} H_2SO_4 溶液，微热使之溶解(注意要保持液面有一定高度)。如果 10 min 后烧杯底部还有黑色粉末，表明 CuO 转化率高，可补加适量 H_2SO_4 溶液继续反应；如果烧杯底部剩余大量红色粉末，表明 CuO 转化率低，H_2SO_4 溶液剩余量过多。

3. $CuSO_4 \cdot 5H_2O$ 的提纯

往制得的粗 $CuSO_4$ 溶液中滴加 3% H_2O_2 溶液 25 滴，边加热边搅拌，并检验溶液中有无 Fe^{2+}。待 Fe^{2+} 完全氧化后，用适量 2 mol · L^{-1} NaOH 溶液调节溶液 pH≈4.0(用精密 pH 试纸测量)，将溶液加热至沸数分钟后，趁热减压过滤，将滤液转移至蒸发皿中，滴加几滴 2 mol · L^{-1} H_2SO_4 溶液，调节溶液 pH≈2，然后水浴加热，当蒸发浓缩至液面出现晶膜后，让其自然冷却至室温，此时应有晶体析出(如无晶体析出，可继续蒸发浓缩)，减压过滤，用 3 mL 95%乙醇淋洗，抽干，产品转移至表面皿上，用滤纸吸干晶体表面的水后称重，计算产率。

4. 实验数据记录与结果处理

实验数据记入下表并对结果进行处理。

序号	项　　目	数　　据
1	废铜粉的质量/g	
2	$CuSO_4 \cdot 5H_2O$ 的质量/g	
3	$CuSO_4 \cdot 5H_2O$ 的理论产量/g	
4	$CuSO_4 \cdot 5H_2O$ 的产率/(%)	

五、思考题

(1) 粗 $CuSO_4$ 溶液中的 Fe^{2+} 为什么要先氧化为 Fe^{3+} 后再除去？而除 Fe^{3+} 时，为何要调

节溶液 pH≈4.0？pH 值太大或太小有何影响？

(2) $KMnO_4$、$K_2Cr_2O_7$、Br_2 和 H_2O_2 都可使 Fe^{2+} 氧化为 Fe^{3+}，你认为选用哪一种氧化剂较为合适？为什么？

(3) 精制后的硫酸铜溶液为什么要先滴加几滴稀硫酸调节溶液 pH≈2，然后再水浴加热蒸发？

六、注意事项

(1) 在粗硫酸铜溶液的提纯中，浓缩液要自然冷却至室温析出晶体。否则，其他盐类如 Na_2SO_4 也会析出。

(2) 水合硫酸铜在不同温度下可以逐步脱水，因此，在 $CuSO_4 \cdot 5H_2O$ 的提纯过程中，要水浴加热，有关化学反应方程式为

$$CuSO_4 \cdot 5H_2O = CuSO_4 \cdot 3H_2O + 2H_2O$$

$$CuSO_4 \cdot 3H_2O = CuSO_4 \cdot H_2O + 2H_2O$$

$$CuSO_4 \cdot H_2O = CuSO_4 + H_2O$$

实验 12　无机颜料——铁黄及其色漆的制备

一、实验目的

(1) 理解亚铁盐制备铁黄的原理。

(2) 掌握恒温水浴加热、沉淀洗涤、结晶、干燥和减压过滤等基本操作。

(3) 了解铁黄和色漆的制备方法。

二、实验原理

氧化铁黄又称羟基铁(简称铁黄)，分子式为 $Fe_2O_3 \cdot H_2O$ 或 FeO(OH)，黄色粉末状，带有鲜明而纯洁的赭黄色，不溶于碱，微溶于酸，可溶于热浓盐酸。热稳定性较差，加热至 150～200 ℃时开始脱水，当温度升至 270～300 ℃时脱水速率急剧增大，迅速转变为铁红(Fe_2O_3)。铁黄无毒，具有良好的涂覆性和耐候性，主要用作墙面粉饰、马赛克地面、水泥制品、油墨、橡胶和造纸等的着色剂，也是铁红、铁黑、铁棕和铁绿等的生产原料。此外，铁黄在医药(如药片糖衣着色)、化妆品和艺术等领域也有应用。

实验室主要采用亚铁盐氧化法制取铁黄，除空气参加氧化外，$KClO_3$ 也可用作氧化剂，从而大大加速反应进程。制备过程主要分为如下两步。

1. 晶种的形成

铁黄是晶体结构，要得到其结晶，必须先形成晶核，晶核长大成为晶种。晶种的生成条件决定铁黄的颜色和品质，所以晶种的制备最为关键。形成铁黄晶种主要有如下两步。

(1) 生成 $Fe(OH)_2$ 胶体。

在一定温度下，向 $(NH_4)_2Fe(SO_4)_2$ 溶液或 $Fe(SO_4)_2$ 溶液中加入碱液(新制 NaOH 或 $NH_3 \cdot H_2O$)，立即有胶状 $Fe(OH)_2$ 生成。

由于 $Fe(OH)_2$ 溶解度非常小，晶核生成的速度很快。为使晶种粒子细小而均匀，反应需在充分搅拌下进行，溶液中要留有 $FeSO_4$ 晶体。

(2) FeO(OH)晶核的形成。

要生成铁黄晶种，需将 $Fe(OH)_2$ 进一步氧化。

由于 $Fe(OH)_2$(Ⅱ)氧化成铁(Ⅲ)是一个复杂的过程，必须严格控制反应温度在 20～25 ℃，溶液 pH 值保持在 4～4.5。如果溶液 pH 值接近中性或弱碱性，可得到颜色由棕黄到棕黑，甚至为黑色的一系列过渡产物。若 pH>9，则形成红棕色的铁红晶种；若 pH>10，则又产生一系列过渡色相的铁氧化物，失去作为晶种的作用。

2. 铁黄的制备(氧化阶段)

氧化阶段的氧化剂主要为 $KClO_3$。另外，空气中的氧也参与氧化反应。氧化时必须升温，温度保持在 80～85 ℃，控制溶液的 pH 值为 4～4.5。

氧化反应过程中，沉淀的颜色有灰绿、墨绿、红棕、淡黄(或赭黄)。

三、实验用品

1. 仪器与器材

恒温水浴槽；电子天平(0.01 g)；循环水真空泵；鼓风干燥箱；烧杯(100 mL、250 mL)；布氏漏斗；抽滤瓶；表面皿；药匙；一次性纸杯(或塑料杯)；广泛 pH 试纸；毛刷；白色纸板(或白色木板)。

2. 实验试剂

$(NH_4)_2Fe(SO_4)_2 \cdot 6H_2O$(CP)；$KClO_3$(CP)；HCl(浓)；新制 NaOH($2\ mol \cdot L^{-1}$)；$BaCl_2$($0.1\ mol \cdot L^{-1}$)；清漆(体积比，树脂漆：固化剂=4：1)。

四、实验内容

1. 铁黄的制备

(1) 亚铁盐的溶解。

称取 10.00 g $(NH_4)_2Fe(SO_4)_2 \cdot 6H_2O$ 于 100 mL 烧杯中，加去离子水 15 mL，水浴加热至 20～25 ℃，搅拌溶解 2～3 min(有部分晶体不溶解)，检验溶液 pH 值。

(2) 铁黄晶种的制备。

当上述溶液 pH<4 时，滴加 2～3 滴 $2\ mol \cdot L^{-1}$ NaOH 溶液，边滴加边搅拌，测试并记录溶液的 pH 值(观察反应过程中溶液和沉淀颜色的变化)。

(3) 粗铁黄的制备(亚铁盐的氧化)。

称取 0.30 g $KClO_3$，立刻加入到盛有铁黄晶种的烧杯中，将该烧杯置于设定温度为 80 ℃的恒温水浴槽中，边加热边搅拌。随着氧化反应的进行，溶液的 pH 值会不断降低，故在升温过程中需逐滴滴加 $2\ mol \cdot L^{-1}$ NaOH 溶液，每滴加 1 滴均需充分搅拌(千万不要将 $2\ mol \cdot L^{-1}$ NaOH 溶液直接加入，否则会生成绿色或黑色沉淀)，当溶液的 pH 值稳定在 4～4.5 时，停止滴加 NaOH 溶液，即可得到粗铁黄。

整个氧化过程需 $2\ mol \cdot L^{-1}$ NaOH 溶液约 10 mL。当滴加 NaOH 溶液体积接近 9 mL 时，每滴加 1 滴 NaOH 溶液均要检验溶液的 pH 值。

(4) 粗铁黄的洗涤。

将粗铁黄倒入盛有 90 mL 60 ℃左右去离子水的烧杯(250 mL)中，充分搅拌后静置，用倾析法弃去上层清液。重复此操作 2～3 次，以除去溶液中的 SO_4^{2-}(用 $0.1\ mol \cdot L^{-1}$ $BaCl_2$ 溶液检验)。

(5) 铁黄的制备。

将洗净的粗铁黄减压过滤，并用去离子水洗涤沉淀 3 次，弃去母液，用药匙将滤饼转至洁净的表面皿中，水浴加热烘干(8～10 min，千万不要直接加热)，称量并计算产率。

2. 色漆的制备

称取约 1.50 g 干燥的铁黄粉末置于洁净烧杯中，逐滴滴加浓盐酸直至铁黄溶解成糊状(亮黄色)，将该糊状物加入盛有 5 mL 清漆的一次性纸杯中(勿用烧杯)，搅拌均匀(无分层现象)，备用。

3. 色漆的应用试验

用毛刷将制备好的色漆均匀涂覆到白色纸板上(也可写字或作画)，将纸板放置于鼓风干燥箱中，40 ℃下干燥 10 min，取出后观察涂层的色泽变化。

4. 实验数据记录与结果处理

实验数据记入下表并对结果进行处理。

序号	项　目	数　据
1	$(NH_4)_2Fe(SO_4)_2 \cdot 6H_2O$ 的质量/g	
2	$KClO_3$ 的质量/g	
3	铁黄的质量/g	
4	铁黄的理论产量/g	
5	铁黄的产率/(%)	

五、思考题

(1) 为什么在铁黄的制备过程中，随着氧化反应的进行，虽然不断滴加碱液，但溶液的 pH 值仍然会逐渐降低？

(2) 如何以铁黄为原料制备铁红、铁绿、铁棕和铁黑？

(3) 为什么制得铁黄后需用水浴加热干燥？

六、注意事项

(1) 制备色漆时，用一次性纸杯和筷子代替烧杯和玻璃棒，量取 5 mL 清漆时，使用公用量筒，以免清洗困难。

(2) 做色漆的应用试验时，40 ℃下干燥 10 min，涂层不一定会完全干燥，可放置于空气中逐渐干燥。

实验 13　四氯合铜二二乙胺盐及其示温涂料的制备

一、实验目的

(1) 理解温致变色及其机理。

(2) 掌握四氯合铜二二乙胺盐的制备方法。

(3) 了解示温涂料的制备方法。

二、实验原理

温致变色材料是指一类在温度高于或低于某个特定温度区间会发生颜色变化的材料。颜色随温度连续变化的现象称为连续温致变色；而只在某一特定温度下发生变化的现象称为不连续温致变色。能够随温度升降，反复发生颜色变化的称为可逆温致变色；而随温度变化只能发生一次颜色变化的称为不可逆温致变色。温致变色材料已广泛应用于工业和高新技术领域，有些温致变色材料也已用于儿童玩具和防伪技术中。

温致变色机理很复杂，无机氧化物的温致变色多与晶体结构的变化有关，无机配合物的温致变色则与配位结构或水合程度有关，有机物的温致变色还可以由分子的异构化来实现。

当涂层被加热到一定温度而发生颜色或其他现象变化来指示物体表面温度和温度分布的涂料称为示温涂料（又称为变色涂料或热敏涂料）。根据变色后颜色的稳定性，分为可逆型示温涂料和不可逆型示温涂料；根据变色后颜色的多少，分为单变色示温涂料和多变色示温涂料。根据变色物质的类型，分为无机示温涂料、有机示温涂料和液晶示温涂料等。可逆型示温涂料主要用于汽车轮胎和橡胶制品等的无损检测、工业生产中的示温报警和生活品的制作等，如装饰性、趣味性底材和制品的制备，以及变色衣料、变色茶杯和防伪标签的制作。单变色不可逆示温涂料的测温精度较高，主要用于飞机、火炮、电气设备、机器设备和化工设备等。多变色不可逆示温涂料具有使用方便、测量结果直观、适合大面积场的测温等特点（在记忆最高温度下，不破坏物体表面形状，不影响气流状态），因此广泛应用于发动机主燃烧室、火焰筒、涡轮外环导向叶片、加力扩散器，以及其他动态或大面积场的测温。

四氯合铜二二乙胺盐 $[(CH_3CH_2)_2NH_2]_2CuCl_4$ 在温度较低时，由于 Cl^- 与 $[(CH_3CH_2)_2NH_2]^+$ 存在较强的氢键和晶体场稳定化作用，因而，它处于扭曲的平面四边形结构。随温度升高，分子内振动加剧，其结构就从扭曲的平面四边形转变为扭曲的正四面体（见图 2-4），其颜色也就相应地由亮绿色转变为黄褐色。由此可见配合物结构变化是引起颜色变化的重要因素之一。

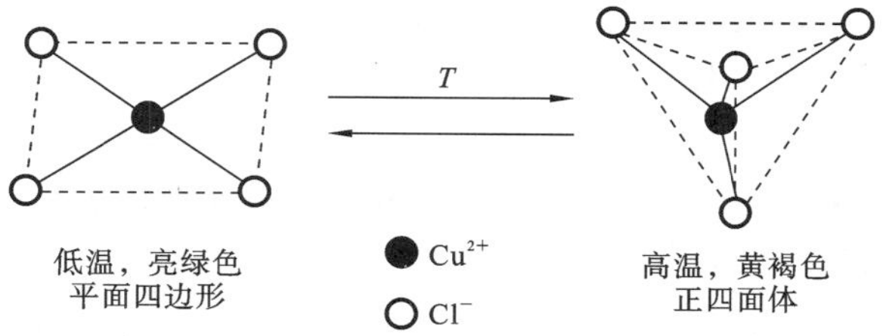

图 2-4　低温和高温下 $[CuCl_4]^{2-}$ 结构图

本实验以 $CuCl_2$ 与盐酸二乙基铵 $(CH_3CH_2)_2NH\cdot HCl$ 为反应物制备目标产物，反应方程式为

$$CuCl_2+2\ (CH_3CH_2)_2NH\cdot HCl=\!=\!=[(CH_3CH_2)_2NH_2]_2CuCl_4$$

三、实验用品

1. 仪器与器材

电子天平（0.01 g）；烘箱和冰箱；带塞锥形瓶（50 mL）；烧杯（250 mL）；一次性筷子；一次性塑料杯；塑料离心试管（2 mL）；15 cm × 15 cm 白纸若干。

2. 实验试剂

盐酸二乙基铵；$CuCl_2 \cdot 2H_2O$；经活化的3A分子筛；木器漆；固化剂；稀释剂。

四、实验内容

1. 四氯合铜二二乙胺盐的制备

(1) 准确称取2.20 g盐酸二乙基铵和1.70 g $CuCl_2 \cdot 2H_2O$，置于50 mL带塞锥形瓶中，搅拌，直至产生黄褐色油状物为止，然后加入5粒经活化的3A分子筛，持续搅拌5 min。

(2) 在250 mL烧杯中加入适量冰水，将上述锥形瓶放入烧杯中，盖上瓶塞，放入冰箱(−10 ℃)中，15 min左右便可观察到绿色固体物的生成。

(3) 用玻璃棒或药匙从锥形瓶中取出黄豆粒大小的绿色固体物(剩余部分放冰箱备用)，并迅速转入2 mL塑料离心试管中，盖上塑料盖，封闭管口。

2. 可逆温致变色现象的观察

将上述离心试管放入盛有50 ℃自来水的烧杯中，1 min左右便可观察到绿色固体物转变成黄褐色油状物。将离心试管放入盛有冰水的烧杯中，1 min左右又可观察到黄褐色油状物变成绿色固体物，重复观察3次。

3. 示温涂料的制备

按木器漆：固化剂：稀释剂＝4：2：(2～3)的体积比调制出清漆10 mL，二等分后转入两个一次性塑料杯中，塑料杯放置于盛有冰块的烧杯中，备用。

(1) 低温条件下示温涂料的制备。

冰水浴条件下从锥形瓶中取出大约一半的绿色固体物，将其快速地加入到上述5 mL清漆中，搅拌均匀，将示温涂料涂到白纸上，观察其颜色。

(2) 高温条件下示温涂料的制备。

将装有余下绿色固体物的锥形瓶放入盛有50 ℃热水的烧杯中，直至锥形瓶中的绿色固体物全部转变为黄褐色油状物，然后加入到5 mL清漆中，搅拌均匀，将示温涂料涂到白纸上，观察其颜色并与(1)中的颜色进行比较。

(3) 示温涂料的变色现象。

将(1)中涂有示温涂料的白纸放入50 ℃烘箱中，2 min后，观察其颜色变化。

(4) 示温涂料的可逆性试验。

将(3)中烘过的涂有示温涂料的白纸放入冰箱(−10 ℃)中，5 min后，观察其颜色的变化。

五、思考题

(1) 在制备四氯合铜二二乙胺盐时应注意什么？

(2) 导致四氯合铜二二乙胺盐变色的主要因素是什么？

六、注意事项

(1) 称取药品时，动作要迅速。

(2) 在将绿色固体物转移至离心试管时动作要快，不然沉淀将会迅速吸水自溶变成黄褐色油状物。

(3) 由于四氯合铜二二乙胺盐在室温下很容易溶解成黄褐色油状物，所以本实验不计算产率。

实验 14　硫代硫酸钠的制备

一、实验目的

(1) 理解 $Na_2S_2O_3$ 的制备原理，掌握 $Na_2S_2O_3$ 的制备方法。

(2) 进一步熟悉结晶、干燥和减压过滤等基本操作。

二、实验原理

$Na_2S_2O_3$ 是一种常见的化工原料和化学试剂，可用 Na_2SO_3 氧化单质硫来制备，其反应方程式为

$$Na_2SO_3 + S \xlongequal{\quad} Na_2S_2O_3$$

常温下从 Na_2SO_3 溶液中结晶出来的是 $Na_2S_2O_3 \cdot 5H_2O$。它在 40～45 ℃熔化，48 ℃时分解，100 ℃时失去 5 个结晶水。因此，要制备 $Na_2S_2O_3 \cdot 5H_2O$，只能采用低温真空干燥。若要获得无水 $Na_2S_2O_3$，则要在较高温度下干燥。

三、实验用品

1. 仪器与器材

电子天平(0.01 g)；循环水真空泵；烧杯(150 mL)；酒精灯；三脚架；石棉网；研钵；布氏漏斗；抽滤瓶；蒸发皿；泥三角；玻璃棒；药匙。

2. 实验试剂

无水亚硫酸钠(CP)；升华硫(CP)；无水乙醇(AR)。

四、实验内容

称取 Na_2SO_3 6.30 g 于 150 mL 烧杯中，加 30 mL 去离子水，再加入 1.60 g 充分研细的硫粉，小火煮沸至硫粉全部溶解(煮沸过程中要不停地搅拌，并要注意补充蒸发掉的水分，时间不少于 90 min)，趁热过滤。将滤液置于蒸发皿中，于石棉网(或泥三角)上小火蒸发浓缩至有晶体析出为止，冷却至室温，减压过滤，用滤纸吸干晶体表面的水分后称重(或将晶体放在烘箱中，在 40 ℃下干燥 40～60 min 后称重)，计算产率。产品放置于干燥器中保存备用。

实验数据记入下表并对结果进行处理。

序号	项　　目	数　　据
1	Na_2SO_3 的质量/g	
2	硫粉的质量/g	
3	$Na_2S_2O_3$ 的质量/g	
4	$Na_2S_2O_3$ 的理论产量/g	
5	$Na_2S_2O_3$ 的产率/(%)	

五、思考题

(1) 要提高 $Na_2S_2O_3$ 产品的纯度，实验中应该注意哪些问题？

(2) 蒸发浓缩 $Na_2S_2O_3$ 时，为什么不能蒸发得太浓？干燥 $Na_2S_2O_3$ 晶体的温度为什么要控制在 40 ℃？

第 3 章　分析化学实验

分析化学实验是化学专业的基础课程之一，它与分析化学和仪器分析理论课程紧密结合，但又是一门独立的课程。学生通过该课程的学习，加深对化学分析和分析化学实验基础理论知识的理解和运用；正确和熟练地掌握半微量定性分析、化学定量分析的基本操作技能；学会正确、合理地选择实验仪器，以保证实验结果的可靠性；学习并掌握各种典型的分析方法；确立“量”“误差”和“有效数字”等概念，运用误差理论和分析化学理论知识，找出实验中影响分析结果的关键环节，在实验中做到心中有数、统筹安排；了解红外吸收光谱仪、原子吸收光谱仪、气相色谱仪及液相色谱仪的结构、工作原理并掌握其使用方法；通过设计性实验和综合性实验，培养学生分析问题和解决实际问题的能力，为学习后续课程和将来从事与化学有关的工作打下坚实基础。

实验 15　电子天平称量练习

一、实验目的

(1) 熟悉和了解电子天平的构造、各部件和功能键的位置与作用。

(2) 理解电子天平的称量原理。

(3) 掌握递减称量法和固定重量称量法的称样方法和操作技术。

(4) 学会正确记录称量数据和处理实验数据。

二、实验原理

1. 电子天平的称量原理

电子天平是最新一代的分析天平，依据电磁力与被称物重力相平衡的原理来测量。秤盘通过支架连杆与磁场内的线圈连接，在称量范围内，被称物的重力通过支架连杆作用于线圈上。磁场中若有电流通过，线圈将产生一个方向向上的电磁力，电磁力和秤盘上被测物体的重力大小相等、方向相反，因而达到平衡。同时在弹性簧片的作用下，秤盘支架恢复到原来的位置。流经磁场中通电线圈内部的电流与被称物的质量成正比，只要测出电流即可知道被称物的质量。

电子天平全量程不需砝码，放上被称物后，在几秒钟内即可达到平衡而显示读数，具有使用寿命长、性能稳定、操作方便、灵敏度高、称量速度快等特点。此外，电子天平还具有自动校正、自动去皮、超载指示、故障报警等功能，以及具有质量电信号输出功能，且可与打印机、计算机联用，进一步扩展其功能，如统计称量的最大值、最小值、平均值和标准偏差等。电子天平按结构可分为上皿式和下皿式。目前，广泛使用的是上皿式电子天平。

2. 电子天平的称量方法

(1) 直接称量法。

直接称量法是电子天平零点调定后，将被称物直接放在天平托盘上进行称量的方法。该法适宜称量洁净干燥的器皿、棒状或块状的金属，以及其他整块的不易潮解或升华的固体样品。

注意：不得用手直接取放被称物，可采用戴汗布手套、垫纸条、用镊子或钳子等方法。被称物的质量不得超过电子天平的最大量程。

(2) 固定重量称量法(增量法)。

固定重量称量法用于称取某一固定质量的试剂(如基准物质)或试样，要求被称物本身不吸水并在空气中性质稳定，如金属、矿石、合金等，此称量方法在工业分析中被广泛使用。

(3) 递减称量法(减量法)。

此法不必固定某一质量，只需确定称量范围，常用于称量易吸水、易氧化或易与 CO_2 反应的物质。由于称取试样的质量是由两次称量之差求得的，故也称为差减法。

使用电子天平的去皮功能，可使递减称量法更加快捷。将盛有试样的称量瓶放在电子天平的托盘上，显示稳定后，按一下"TARE"键使显示为零，然后取出称量瓶，向容器中敲出一定量样品，再将称量瓶放在电子天平上称量，如果所示质量达到要求，即可记录称量结果。如果需要连续称量第二份试样，则再按一下"TARE"键使显示为零，重复上述操作即可。

三、主要试剂

石英砂。

四、实验内容

1. 固定重量称量法

将折叠后的称量纸置于电子天平托盘上，往称量纸上缓慢添加石英砂，当电子天平读数接近 0.5000 g 时，用药匙取少量石英砂，轻轻抖动药匙，使石英砂慢慢撒落在称量纸上，直到电子天平读数为 0.5000 g 为止。若不慎超过 0.5000 g，可用药匙小心取出一点样品，再重复前面的操作，直到所称样品质量为 0.5000 g 为止。注意：多出的样品不能返回放入试剂瓶或称量瓶。

2. 递减称量法

将折叠后的称量纸置于干净的实验台面上。用纸条套住干燥器中盛有石英砂的称量瓶(切勿用手拿取)，将其放在电子天平托盘中央，按下"TARE"键，使质量显示为"0.0000"。然后，左手用纸条套住称量瓶，将其从电子天平托盘上取出，再用一小块纸包住称量瓶盖上方突出部位，在称量纸上方打开称量瓶，用称量瓶盖轻轻敲击称量瓶口上方边缘，边敲边倾斜瓶身，注意不要撒落。敲完后，边敲边慢慢直立瓶身，要求转移出 0.3000～0.4000 g 石英砂(电子天平显示为－0.3000～－0.4000)，记录实验数据(m_1/g)。

以同样的方法转移 0.3000～0.4000 g 石英砂于另一张称量纸上，记录实验数据(m_2/g)。

3. 实验数据记录与结果处理

递减称量法数据记入下表并对结果进行处理。

序号	项　目	数　据
1	第 1 次转移出的石英砂的质量 m_1/g	
2	第 2 次转移出的石英砂的质量 m_2/g	

五、思考题

（1）电子天平的称量方法主要有哪几种？固定重量称量法和递减称量法有何异同？

（2）递减称量法称样过程中，能否使用药匙加取试样？为什么？

（3）在递减称量法称取试样的过程中，若称量瓶内试样吸湿，对称量结果会造成什么影响？若试样倾入烧杯后再吸湿，对称量结果是否会有影响？为什么？

六、附注

电子天平的使用步骤如下。

1. 准备

取下罩布，折叠后整齐地放置于电子天平旁边或后边（以不影响操作为宜）。检查电子天平托盘是否干净，若不干净可用软毛刷刷干净。

2. 调平

观察水平仪，如水泡偏移中央，可调整下面的水平调节螺栓，使水泡位于水平仪中央。

3. 预热

接通电源，预热 1 h 后，开启显示器进行操作。

4. 校准

轻按“CAL”键，进入校准状态，用标准砝码进行校准。

5. 称量

取下标准砝码，零点显示稳定后即可称量。

（1）自检：取下标准砝码，轻按“ON”键，电子天平量程系统自动实现自检。当显示器显示 0.0000 时，自检结束，此时电子天平准备工作就绪。

（2）清零：清零之后，即可进行称量，按下“TARE”键，使质量显示为“0.0000”。这种清零操作可以在电子天平的全量程内进行。

（3）结束：称量结束后，按“ON/OFF”键或“POWER/BEK”键关闭显示器。清洁电子天平托盘，罩上罩布，并在电子天平使用登记簿上进行登记。

6. 说明

（1）万分之一的电子天平，可精确称量到 0.1 mg，为减小称量误差，称样量需大于 10 mg。

（2）电子天平按键介绍。

TARE——去皮键；ON/OFF——开关键；F——功能键；CF——删除/清除键；PRINT——打印键（数据输出键）；CAL——校准键；POWER/BEK——开机/待机键；UNIT——单位切换键（按住 UNIT 键可在 1 mg 和 0.1 mg 之间转换）；CAL /MENU——量程校正或菜单选择；SELECT/MENU——选择应用程序，打开操作菜单。

（3）开关电子天平动作要轻、缓。

（4）称量物温度必须与室温相同，腐蚀性物质或吸湿性物质必须放在密闭的容器内称量。

（5）千万不得超载称量；读数时必须关好天平门。

（6）称量完毕，一般不要拔掉 AC 适配器，按“POWER/BEK”键置于待机状态，再用时可省去预热时间（一个月以上不使用时，将 AC 适配器拔掉）。

实验 16　NaOH 和 HCl 标准溶液的配制与标定

一、实验目的

(1) 掌握 NaOH 和 HCl 标准溶液的配制方法。

(2) 掌握用基准物质标定标准溶液浓度的方法。

(3) 练习滴定分析基本操作和学会正确判断滴定终点。

二、实验原理

由于浓 HCl 易挥发，NaOH 易吸收空气中的水分和 CO_2，因此，NaOH 和 HCl 标准溶液不能直接配制，只能配成近似浓度后，用基准物质标定其浓度。

1. 标定 NaOH 的主要基准物质

标定 NaOH 的基准物质主要有邻苯二甲酸氢钾($KHC_8H_4O_4$ 或 KHP)和草酸($H_2C_2O_4 \cdot 2H_2O$)，本实验采用 KHP 标定 NaOH。其标定反应方程式为

$$KHC_8H_4O_4 + NaOH \xlongequal{} KNaC_8H_4O_4 + H_2O$$

反应产物为二元弱碱，在水溶液中显弱碱性，可选用酚酞为指示剂。

2. 标定 HCl 的主要基准物质

标定 HCl 的基准物质主要有无水碳酸钠(Na_2CO_3)和硼砂($Na_2B_4O_7 \cdot 10H_2O$)。本实验采用无水 Na_2CO_3 标定 HCl。其标定反应方程式为

$$Na_2CO_3 + 2HCl \xlongequal{} 2NaCl + H_2O + CO_2\uparrow$$

滴定至化学计量点时，溶液为 H_2CO_3 的饱和溶液，pH 为 3.9，以甲基橙为指示剂。滴定至终点时，溶液呈橙色，为使 H_2CO_3 的过饱和部分不断分解逸出，临近终点时应将溶液剧烈摇动或加热。

三、主要试剂

主要实验试剂，如表 3-1 所示。

表 3-1　主要实验试剂表

试　剂	规　格	试　剂	规　格
邻苯二甲酸氢钾	基准试剂或分析纯试剂	NaOH	AR
无水 Na_2CO_3	基准试剂或分析纯试剂	HCl	$6\ mol \cdot L^{-1}$
甲基橙	0.2%水溶液	去离子水	新制
酚酞	0.2%乙醇溶液		

四、实验内容

1. 溶液的配制

(1) $0.1\ mol \cdot L^{-1}$ HCl 溶液的配制。

在通风橱内量取 $6\ mol \cdot L^{-1}$ HCl 溶液约 3.6 mL，倒入盛有 100 mL 去离子水的 250 mL

烧杯中，加水稀释至 200 mL，搅匀，贴上标签，备用。

(2) 0.1 mol·L^{-1} NaOH 溶液的配制。

称取 0.80 g NaOH 置于 250 mL 烧杯中，立即加入 50 mL 新制的去离子水使之溶解，再稀释至 200 mL，搅匀，贴上标签，备用。

2. 标准溶液浓度的标定

(1) 0.1 mol·L^{-1} HCl 溶液的标定。

准确称取 0.10～0.12 g 无水 Na_2CO_3 置于 250 mL 锥形瓶中，用 20～30 mL 去离子水溶解后，加 1～2 滴甲基橙，用待标定的 HCl 溶液滴定溶液由黄色变为橙色时，即为终点。平行标定 3 份，计算 HCl 标准溶液的物质的量浓度，其相对平均偏差不得大于 0.3%。

(2) 0.1 mol·L^{-1} NaOH 溶液的标定。

准确称取 0.40～0.60 g 邻苯二甲酸氢钾置于 250 mL 锥形瓶中，加 20～30 mL 去离子水，加热使之溶解，冷却后加 1～2 滴酚酞，用待标定的 NaOH 溶液滴定溶液呈微红色，保持半分钟内不褪色，即为终点。平行标定 3 份，计算 NaOH 标准溶液的物质的量浓度，其相对平均偏差不得大于 0.2%。

3. 实验数据记录与结果处理

(1) 0.1 mol·L^{-1} HCl 溶液的标定数据记入下表并对结果进行处理。

项　　目	1	2	3
$m_{无水Na_2CO_3}$/g			
$V_{HCl,1}$ 初读数/mL	0.00	0.00	0.00
$V_{HCl,2}$ 终读数/mL			
V_{HCl}/mL			
c_{HCl}/(mol·L^{-1})			
$\bar{c}_{HCl}$/(mol·L^{-1})			
$\overline{d_r}$			
CV			

(2) 0.1 mol·L^{-1} NaOH 溶液的标定数据记入下表并对结果进行处理。

项　　目	1	2	3
m_{KHP}/g			
$V_{NaOH,1}$ 初读数/mL	0.00	0.00	0.00
$V_{NaOH,2}$ 终读数/mL			
V_{NaOH}/mL			
c_{NaOH}/(mol·L^{-1})			
$\bar{c}_{NaOH}$/(mol·L^{-1})			
$\overline{d_r}$			
CV			

五、思考题

(1) 称取邻苯二甲酸氢钾为什么一定要在 0.40～0.60 g 的范围内？称得太多或太少对标定有何影响？

(2) 用 NaOH 标准溶液标定 HCl 溶液的物质的量浓度时，以酚酞为指示剂，用 NaOH 溶液滴定 HCl 溶液，若 NaOH 溶液因贮存不当吸收了 CO_2，对测定结果有何影响？

(3) 如果基准物质未烘干，将使标准溶液量浓度的标定结果偏高还是偏低？

实验 17　硫酸铵中含氮量的测定（甲醛法）

一、实验目的

(1) 了解酸碱滴定法的应用。

(2) 掌握甲醛法测定铵盐中氮含量的原理及方法。

(3) 熟悉容量瓶、移液管的使用方法。

(4) 了解大样的取用原则。

二、实验原理

硫酸铵是常用的氮肥之一，由于铵盐中 NH_4^+ 的酸性太弱（$K_a=5.6\times10^{-10}$），无法用 NaOH 标准溶液直接滴定，但可将本身不具备酸碱性的甲醛与铵盐作用，定量生成六次甲基四胺盐和 H^+，反应方程式为

$$4NH_4^+ + 6HCHO = (CH_2)_6N_4H^+ + 3H^+ + 6H_2O$$

所生成的 H^+ 和六次甲基四胺盐（$K_a=7.1\times10^{-6}$）可用 NaOH 标准溶液准确滴定，化学计量点时产物为 $(CH_2)_6N_4$，其水溶液呈弱碱性，可选用酚酞作指示剂，反应方程式为

$$(CH_2)_6N_4H^+ + 3H^+ + 4NaOH = 4H_2O + (CH_2)_6N_4 + 4Na^+$$

由上述反应可知：4 mol NH_4^+ 相当于 4 mol H^+（强酸），即 1 mol NH_4^+ 相当于 1 mol H^+（强酸），有

$$\omega_N = \frac{c_{NaOH}V_{NaOH}\times10^{-3}\times M_N}{m_s\times\frac{25}{250}} \tag{3-1}$$

m_s：$(NH_4)_2SO_4$ 试样的质量(g)。

甲醛法准确度较差，但简便、快速，故在生产实践中应用较广，本法既适用于铵盐（强酸铵盐）中含氮量的测定，又可用于有机物氮含量的测定。

由于试样含量可能不够均匀，为提高测定的准确度，取样时应称取较多的试样，定量溶解后吸取部分溶液进行滴定，这种取样方法称为取大样。

若试样中含游离酸，须在加甲醛之前先中和；若试样中含 Fe^{3+}，会影响终点观察，可改用蒸馏法。

三、主要试剂

主要实验试剂，如表 3-2 所示。

表 3-2 主要实验试剂表

试 剂	规 格	试 剂	规 格
邻苯二甲酸氢钾	基准试剂或分析纯试剂	NaOH	0.2 $mol\cdot L^{-1}$
硫酸铵	工业级或 CP	甲醛	AR
酚酞	0.2%乙醇溶液	甲基红	0.2%乙醇溶液

四、实验内容

1. 0.2 $mol\cdot L^{-1}$ NaOH 溶液的标定

准确称取 0.80～1.20 g 邻苯二甲酸氢钾置于 250 mL 锥形瓶中，加 20～30 mL 去离子水，加热使之溶解，冷却后加 1～2 滴酚酞，用待标定的 NaOH 溶液滴定溶液呈微红色，保持 0.5 min 内不褪色，即为终点。平行标定 3 份，计算 NaOH 标准溶液的物质的量浓度，其相对平均偏差不大于 0.2%，否则需重新标定。

2. 甲醛溶液的处理

甲醛因被氧化导致其往往含微量甲酸，应先中和。取原装甲醛(40%)的上层清液于烧杯中，用水稀释，加 1～2 滴酚酞，用 0.2 $mol\cdot L^{-1}$ NaOH 标准溶液滴定溶液呈微红色(不用记录读数)。

3. $(NH_4)_2SO_4$ 试样中含氮量的测定

准确称取 3.00～4.00 g $(NH_4)_2SO_4$ 试样于 100 mL 烧杯中，加少量去离子水(约 40 mL)溶解后，定量转移至 250 mL 容量瓶中，加水稀释至刻度，摇匀。

用移液管准确移取上述溶液 25.00 mL 于锥形瓶中，加 1 滴甲基红指示剂，用 0.2 $mol\cdot L^{-1}$ NaOH 标准溶液中和溶液由红色变为黄色(中和试样中的游离酸，不用记录读数，若实验所用 $(NH_4)_2SO_4$ 为试剂，此步骤可省略)。加入已处理好的甲醛溶液 10 mL，再加入 1～2 滴酚酞，摇匀，静置 1～2 min 后，用 0.2 $mol\cdot L^{-1}$ NaOH 标准溶液滴定溶液呈微红色，保持 0.5 min 内不褪色，即为终点。平行测定 3 份。

4. 实验数据记录与结果处理

(1) 0.2 $mol\cdot L^{-1}$ NaOH 溶液的标定数据记入下表并对结果进行处理。

项 目	1	2	3
m_{KHP}/g			
$V_{NaOH,1}$ 初读数/mL	0.00	0.00	0.00
$V_{NaOH,2}$ 终读数/mL			
V_{NaOH}/mL			
$c_{NaOH}/(mol\cdot L^{-1})$			
$\bar{c}_{NaOH}/(mol\cdot L^{-1})$			
$\overline{d_r}$			
CV			

(2) $(NH_4)_2SO_4$ 试样中含氮量的测定数据记入下表并对结果进行处理。

项　　目	1	2	3
m_s/g			
$V_{NaOH,1}$ 初读数/mL			
$V_{NaOH,2}$ 终读数/mL			
V_{NaOH}/mL			
ω_N			
$\overline{\omega_N}$			
$\overline{d_r}$			
CV			

五、思考题

(1) 能否用甲醛法测定 NH_4HCO_3 中的含氮量？

(2) 若试样为 NH_4NO_3，用甲醛法测定时，其结果 ω_N 该如何表示？结果中是否包括 NO_3^- 中的 N。

(3) 中和甲醛溶液和铵盐试样中的游离酸时，为什么要采用不同的指示剂？

(4) 尿素 $CO(NH_2)_2$ 中含氮量的测定，先加 H_2SO_4 溶液加热消化，全部变为 $(NH_4)_2SO_4$ 后，按甲醛法测定，试写出 ω_N 的表示式。

实验 18　混合碱的分析(双指示剂法)

一、实验目的

(1) 进一步熟练滴定操作。

(2) 掌握定量转移操作的基本要点。

(3) 掌握双指示剂法测定混合碱中各组分含量的原理和方法。

二、实验原理

混合碱是 Na_2CO_3 与 NaOH、Na_2CO_3 与 $NaHCO_3$ 的混合物，主要采用双指示剂法测定混合碱中各组分的含量。此法方便、快速且应用广泛。

在混合碱的试液中加入酚酞指示剂，用 HCl 标准溶液滴定溶液呈微红色(或恰好褪为无色)。此时试液中所含 NaOH 完全被中和，Na_2CO_3 也被滴定成 $NaHCO_3$，化学反应方程式为

$$NaOH + HCl = NaCl + H_2O$$

$$Na_2CO_3 + HCl = NaCl + NaHCO_3$$

假定该滴定过程消耗 HCl 标准溶液的体积为 V_1 mL。再加入甲基橙指示剂，继续用 HCl 标准溶液滴定溶液由黄色变为橙色时，即为终点。此时 $NaHCO_3$ 被中和成 H_2CO_3，反应方程式为

$$NaHCO_3 + HCl = NaCl + H_2O + CO_2\uparrow$$

假定该滴定过程消耗 HCl 标准溶液的体积为 V_2 mL。根据 V_1 和 V_2 可以判断出混合碱的组成。

当 $V_1>V_2>0$ 时，试液为 NaOH 和 Na_2CO_3 的混合物，若混合碱试样的质量为 m_s，则

$$\omega_{NaOH}=\frac{(V_1-V_2)c_{HCl}M_{NaOH}}{m_s}$$

$$\omega_{Na_2CO_3}=\frac{2V_2c_{HCl}M_{Na_2CO_3}}{2m_s}$$

当 $V_1>V_2>0$ 时，若混合碱试样的体积为 $V_{试样}$，则

$$\rho_{NaOH}=\frac{(V_1-V_2)c_{HCl}M_{NaOH}}{V_{试样}}$$

$$\rho_{Na_2CO_3}=\frac{2V_2c_{HCl}M_{Na_2CO_3}}{2V_{试样}}$$

当 $V_2>V_1>0$ 时，试液为 Na_2CO_3 和 $NaHCO_3$ 的混合物，若混合碱试样的质量为 m_s，则

$$\omega_{NaHCO_3}=\frac{(V_2-V_1)c_{HCl}M_{NaHCO_3}}{m_s}$$

$$\omega_{Na_2CO_3}=\frac{\frac{1}{2}(2c_{HCl}V_1)M_{Na_2CO_3}}{m_s}$$

当 $V_2>V_1>0$ 时，若混合碱试样的体积为 $V_{试样}$，则

$$\rho_{NaHCO_3}=\frac{(V_2-V_1)c_{HCl}M_{NaHCO_3}}{V_{试样}}$$

$$\rho_{Na_2CO_3}=\frac{\frac{1}{2}(2c_{HCl}V_1)M_{Na_2CO_3}}{V_{试样}}$$

三、主要试剂

主要实验试剂，如表 3-3 所示。

表 3-3　主要实验试剂表

试　剂	规　格	试　剂	规　格
HCl	0.1 mol · L^{-1}	甲基橙	0.2%水溶液
无水 Na_2CO_3	基准试剂或分析纯试剂	待测碱溶液	自制
酚酞	0.2%乙醇溶液		

四、实验内容

1. 0.1 mol · L^{-1} HCl 溶液的标定

准确称取 0.10～0.12 g 无水 Na_2CO_3 置于 250 mL 锥形瓶中，用 20～30 mL 去离子水溶解后，加 1～2 滴甲基橙，用待标定的 HCl 溶液滴定溶液由黄色变为橙色，即为终点。平行标定 3 份，计算 HCl 标准溶液的物质的量浓度，其相对平均偏差不得大于 0.3%。

2. 混合碱的分析

(1) 固体混合碱试样的分析。

准确称取试样 2.00～2.50 g，转移至 250 mL 烧杯中，加少量去离子水使之溶解后，定量转入 100 mL 容量瓶中，加水稀释至刻度，充分振荡均匀。用移液管移取 25.00 mL 上述溶液于 250 mL 锥形瓶中，加 2～3 滴酚酞指示剂，用 0.1 mol·L^{-1} HCl 标准溶液滴定溶液由红色变为微红色(或恰好褪为无色)，为第一滴定终点，记下所消耗 HCl 标准溶液的体积；再加入 1～2滴甲基橙，继续用 HCl 标准溶液滴定溶液由黄色恰好变为橙色，为第二滴定终点，记下所消耗 HCl 标准溶液的体积。平行测定 3 次，根据第一滴定终点和第二滴定终点所消耗 HCl 标准溶液的体积来判断混合物的组成，并计算各组分的质量分数。

(2) 液体混合碱试样的分析。

用 10 mL 移液管准确移取混合碱试样于锥形瓶中，加酚酞指示剂 1～2 滴，用 0.1 mol·L^{-1} HCl 标准溶液滴定溶液由红色变为微红色(或恰好褪为无色)，为第一滴定终点，记下所消耗 HCl 标准溶液的体积；再加入 1～2 滴甲基橙，继续用 HCl 标准溶液滴定溶液由黄色恰好变为橙色，为第二滴定终点，记下所消耗 HCl 标准溶液的体积。平行测定 3 次，根据第一滴定终点和第二滴定终点所消耗 HCl 标准溶液的体积来判断混合物的组成，并计算各组分的含量(g·L^{-1})。

3. 实验数据记录与结果处理

(1) 0.1 mol·L^{-1} HCl 溶液的标定数据记入下表并对结果进行处理。

项　　目	1	2	3
$m_{无水Na_2CO_3}$/g			
$V_{HCl,2}$终读数/mL			
$V_{HCl,1}$初读数/mL	0.00	0.00	0.00
V_{HCl}/mL			
c_{HCl}/(mol·L^{-1})			
$\bar{c}_{HCl}$/(mol·L^{-1})			
$\overline{d_r}$			
CV			

(2) 混合碱试样的分析数据记入下表并对结果进行处理。

项　　目	1	2	3
HCl 标准溶液浓度/(mol·L^{-1})			
混合碱体积/mL			
滴定初始体积读数/mL	0.00	0.00	0.00
第一滴定终点体积读数/mL			
第二滴定终点体积读数/mL			
V_1/mL			
V_2/mL			
$\overline{V_1}$/mL			
$\overline{V_2}$/mL			
ρ_{NaOH}/(g·L^{-1})			
$\rho_{Na_2CO_3}$/(g·L^{-1})			
ρ_{NaHCO_3}/(g·L^{-1})			

注：固体混合碱试样的分析数据处理表参考上表自拟。

五、思考题

(1) 用双指示剂法测定混合碱组成的方法原理是什么？

(2) 采用双指示剂法测定混合碱，试写出在下列5种情况下，混合碱的组成。

① $V_1=0, V_2>0$；　② $V_1>0, V_2=0$；　③ $V_1>V_2$；

④ $V_1<V_2$；　⑤ $V_1=V_2$。

六、注意事项

(1) 称量无水 Na_2CO_3 时，一定要防止样品吸潮。

(2) 混合碱若由 NaOH 和 Na_2CO_3 组成时，酚酞指示剂可适当多加几滴，否则常因滴定不完全使 NaOH 的测定结果偏低，Na_2CO_3 的测定结果偏高。

(3) 最好用 $NaHCO_3$ 的酚酞溶液(浓度相当)作对照。在达到第一滴定终点前，不要因为滴定速度过快，造成溶液中 HCl 局部过浓，引起 CO_2 的损失，带来较大的误差，滴定速度也不能太慢，振荡要均匀。

(4) 近滴定终点时，一定要充分振荡，以防止形成 CO_2 的过饱和溶液而使滴定终点提前。

实验19　磷肥中含磷量的测定(磷钼酸喹啉容量法)

一、实验目的

(1) 掌握磷钼酸喹啉容量法测定磷肥中含磷量的原理及方法。

(2) 掌握磷钼酸喹啉容量法测定磷肥中含磷量的测定条件。

二、实验原理

在酸性条件下，磷肥中的磷转化为 H_3PO_4，在含有硝酸的酸性溶液和煮沸条件下，H_3PO_4 与过量的钼酸钠和喹啉生成黄色的磷钼酸喹啉沉淀，将沉淀过滤洗净后，溶于过量的标准碱溶液中，然后用酸回滴过量的碱，根据所用酸、碱标准溶液的体积计算出 P_2O_5 的含量。反应方程式如下。

$$H_3PO_4+3C_9H_7N+12Na_2MoO_4+24HNO_3 \longrightarrow (C_9H_7N)_3H_3(PO_4\cdot 12MoO_3)\cdot H_2O\downarrow+11H_2O+24NaNO_3$$

$$(C_9H_7N)_3H_3(PO_4\cdot 12MoO_3)\cdot H_2O+26OH^- \longrightarrow HPO_4^{2-}+12MoO_4^{2-}+3C_9H_7N+15H_2O$$

试样的含磷量以 $\omega_{P_2O_5}$ 表示，计算公式为

$$\omega_{P_2O_5}=\frac{\frac{1}{52}\times[c_{NaOH}(V_1-V_2)-c_{HCl}(V_3-V_4)]\times 10^{-3}\times M_{P_2O_5}}{m\times\frac{V}{250.0}} \tag{3-2}$$

式中：V 为吸取试液的体积(mL)；V_1 为消耗 0.5 mol·L^{-1} NaOH 标准溶液的体积(mL)；V_2 为空白实验消耗 0.5 mol·L^{-1} NaOH 标准溶液的体积(mL)；V_3 为消耗 0.25 mol·L^{-1} HCl 标准溶液的体积(mL)；V_4 为空白实验消耗 0.25 mol·L^{-1} HCl 标准溶液的体积(mL)；m 为试样的质量(g)。

三、主要试剂

主要实验试剂，如表3-4所示。

表3-4　主要实验试剂表

试　剂	规　格	试　剂	规　格
NaOH	4 g·L^{-1}	NaOH标准溶液	0.5 mol·L^{-1}
HCl标准溶液	0.25 mol·L^{-1}	钼酸钠	AR
柠檬酸	AR	丙酮	AR
喹啉	AR	浓盐酸	AR
浓硝酸	AR	盐酸	1∶1(体积比)
硝酸	1∶1(体积比)	磷肥试样	工业级
百里香酚蓝-酚酞混合指示剂	自制		

百里香酚蓝-酚酞混合指示剂：百里香酚蓝0.1%与酚酞0.1%按3∶2比例混合而成。

四、实验内容

1. 喹钼柠酮试剂的配制

按如下要求分别配制溶液a、溶液b、溶液c和溶液d。

溶液a：称取70 g钼酸钠于400 mL烧杯中，加100 mL蒸馏水溶解。

溶液b：称取60 g柠檬酸于1000 mL烧杯中，加100 mL蒸馏水溶解后，再加入85 mL浓硝酸，搅匀。

溶液c：将溶液a加到溶液b中，搅匀。

溶液d：在400 mL烧杯中，混合35 mL浓硝酸和100 mL蒸馏水，再加入5 mL喹啉。

将溶液d加入到溶液c中，混匀，静置1夜，用滤纸过滤，滤液加入280 mL丙酮，用蒸馏水稀释至1000 mL，混匀；溶液贮存于聚乙烯瓶中，放置在暗处，避光、避热，保存期1个月。喹钼柠酮试剂受光后若呈浅蓝色，可加入溴酸钾溶液(10 g·L^{-1})至其颜色消失为止。

2. 0.5 mol·L^{-1} NaOH标准溶液的标定

参见实验16中NaOH和HCl标准溶液的配制与标定。

3. 0.25 mol·L^{-1} HCl标准溶液的标定

参见实验16中NaOH和HCl标准溶液的配制与标定。

4. 溶样(酸溶法)

称取1 g试样置于250 mL烧杯中，用少量水润湿后，加入20～25 mL浓盐酸和7～9 mL浓硝酸，盖上表面皿，搅匀。在电炉上缓慢加热30 min(在加热过程中可稍补充水以防煮干)。取下烧杯，待冷却至室温后，加入10 mL盐酸(1∶1)，电炉上加热后用快速滤纸滤于250 mL容量瓶中，用水洗烧杯及滤纸8次，每次用20 mL水，冷却，稀释至刻度。

5. 沉淀的形成

用移液管移取25.00 mL试液置于250 mL烧杯中，加入10 mL硝酸(1∶1)。用水稀释至100 mL，盖上表面皿，加热近沸，用量筒加50 mL喹钼柠酮试剂，微沸搅拌1 min，取下烧杯，冷却至室温。冷却过程中转动烧杯3～4次(此时生成黄色的磷钼酸喹啉沉淀)。

6. 沉淀的过滤及洗涤

将上述得到的混合物用快速滤纸过滤，先将上层清液滤完，然后洗涤沉淀 3～4 次，每次用水约 25 mL，将沉淀转移至滤器中，再用水洗净沉淀直至取滤液约 20 mL，加 1 滴混合指示剂和 2～3 滴 NaOH 溶液（4 g · L^{-1}），至溶液呈紫色为止。

7. 沉淀的溶解与滴定

将沉淀连同滤纸转移至原烧杯中，加入 0.5 mol · L^{-1} NaOH 标准溶液，充分搅拌使沉淀溶解，然后再过量 8～10 mL（共 30 mL），加入 100 mL 新煮沸过的蒸馏水，搅匀溶液后加入 1 mL 百里香酚蓝-酚酞混合指示剂溶液，用 0.25 mol · L^{-1} HCl 标准溶液滴定溶液由紫色经灰蓝最后转变为黄色，即为终点。

8. 空白实验

除不加试样外，按照上述测定步骤，使用相同试剂、溶液和用量进行实验操作。

9. 实验数据记录与结果处理

磷肥中含磷量的测定数据记入下表并对结果进行处理。

项　目	数　据
V/mL	
V_1/mL	
V_2/mL	
V_3/mL	
V_4/mL	
m/g	
c_{HCl}/(mol · L^{-1})	
c_{NaOH}/(mol · L^{-1})	
$\omega_{P_2O_5}$	

五、思考题

（1）简述磷钼酸喹啉容量法测定磷肥中含磷量的测定原理。

（2）如何控制磷钼酸喹啉容量法测定磷肥中含磷量的测定条件？

六、注意事项

（1）磷钼杂多酸只有在酸性环境中才能稳定存在，在碱性溶液中会重新分解为简单的酸根离子。酸度、温度和配位酸酐的浓度均会严重影响杂多酸的组成。因此，必须严格控制沉淀条件。从理论上讲，酸度大一些对沉淀反应有利。但是如果酸度过高，沉淀的物理性能较差，洗涤沉淀变得困难，且难溶于碱性溶液中。如果酸度低，沉淀反应不完全，测定结果偏低。

（2）试验溶液中有 NH_4^+ 存在时，会生成黄色的磷钼酸铵沉淀，干扰测定。反应方程式为

$$H_3PO_4 + 12Na_2MoO_4 + 3NH_4NO_3 + 21HNO_3 = (NH_4)_3[P(Mo_3O_{10})_4] \cdot 2H_2O \downarrow + 10H_2O + 24NaNO_3$$

由于磷钼酸铵的分子质量较小，因此，无论是用重量法还是容量法测定，均会导致测定结

果偏低。为了排除 NH_4^+ 的干扰，可加入丙酮。另外，丙酮可改善沉淀的物理性能，使沉淀物颗粒粗大、疏松，易于过滤洗涤。

实验 20　H_3PO_4 的电位滴定

一、实验目的

(1) 掌握用 pH 计测量溶液 pH 的操作要点。
(2) 了解电位滴定法的基本原理。
(3) 学会用三切线法作图，并进行相应的数据处理。

二、实验原理

电位滴定法是根据滴定过程中，指示电极的电位或 pH 值产生突跃，从而确定滴定终点的一种分析方法。电位滴定法的仪器装置和操作都较容量滴定法烦琐，但对某些一般容量滴定法不能测量的测定，如被测溶液混浊、有颜色或无适当指示剂等，可用电位滴定法测定。另外，电位滴定法也可用来测定某些弱酸的电离平衡常数。

H_3PO_4 的电位滴定，是以 NaOH 溶液为滴定剂、饱和甘汞电极为参比电极、pH 玻璃电极为指示电极，将两电极浸入试液中，使之组成电池。由于 H_3PO_4 的 pK_{a1}、pK_{a2} 及 pK_{a3} 分别为 2.12、7.20 及 12.36，在共存离子浓度很小的情况下，当 $\Delta \lg K > 5$ 时，即可进行分步滴定。显然，NaOH 溶液可分步滴定 H_3PO_4 溶液，当滴定到 $H_2PO_4^-$ 时，出现第 1 次突跃（pH 为 4～5），当滴定到 HPO_4^{2-} 时，出现第 2 次突跃（pH 为 9～10），由于 $cK_{a3} < 10^{-8}$，所以，HPO_4^{2-} 不能被继续准确滴定。

滴定反应方程式如下。

$$H_3PO_4 + OH^- \xlongequal{} H_2PO_4^- + H_2O$$
$$H_2PO_4^- + OH^- \xlongequal{} HPO_4^{2-} + H_2O$$

以 V_{NaOH} 为横坐标，相应溶液的 pH 值为纵坐标，绘制 pH-V 滴定曲线，曲线上呈现两个滴定突跃，在突跃部分用三切线法作图，可以较准确地确定两个滴定终点。在滴定曲线两端平坦转折处作 AB 和 CD 两条切线，在曲线突跃部分作 EF 切线与 AB 和 CD 两线相交于 Q、P 两点，通过 Q、P 两点分别作平行于横坐标的两条直线 QH 和 PG，然后，在 QH 和 PG 两线间作垂直线，在垂直线一半的 O 点处，作平行于横坐标的 $O'O$ 线，O' 被称为拐点，即为滴定终点，由 O' 点可分别得到滴定终点时的 pH 和 V_{NaOH}（mL）。

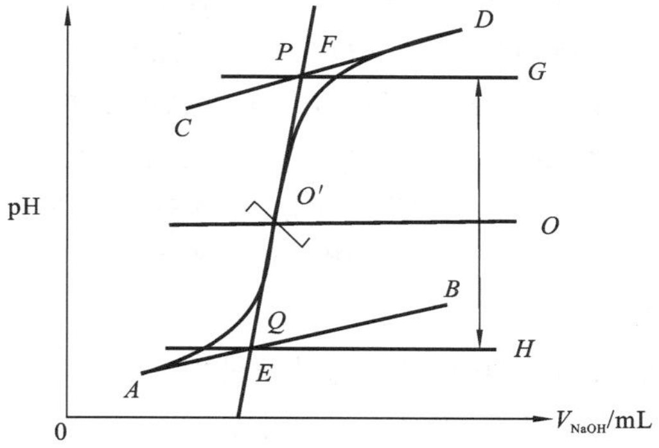

图 3-1　三切线法作图

为了更好地确定化学计量点，也可以 $\Delta pH/\Delta V$ 对 V 作图，得到一级微分曲线；或者以 $\Delta^2 pH/\Delta V^2$ 对 V 作图，得到二级微分曲线。

由 pH-V 滴定曲线，不仅可以确定滴定终点，而且可以求算 $c_{H_3PO_4}$，以及 H_3PO_4 的 pK_{a1}

和 pK_{a2}。

三、实验用品

1. 仪器与器材

pHS-2 型 pH 计；复合电极；电磁搅拌器；磁子；碱式滴定管(50 mL)；烧杯(200 mL)；移液管(20 mL)；洗耳球。

2. 实验试剂

0.1 mol·L^{-1} NaOH 标准溶液；0.1 mol·L^{-1} H_3PO_4 溶液；标准缓冲溶液(0.025 mol·L^{-1} KH_2PO_4 和 0.025 mol·L^{-1} Na_2HPO_4 的混合溶液，pH=6.864)；甲基橙指示剂(0.2%)；酚酞指示剂(0.2%)。

四、实验内容

1. 0.1 mol·L^{-1} NaOH 标准溶液的标定

参见实验 16 中 NaOH 和 HCl 标准溶液的配制与标定。

2. pH 计的校正

(1) 电极安装：将复合电极插入 pH 计电极插口内，使用时把复合电极下面的保护套拔去。

(2) 接通电源，打开开关，预热 0.5 h 左右。

(3) 将选择档转到 pH 处。

(4) 定位和斜率调节：调节温度补偿旋钮使其和被测溶液温度相同；采用两种标准缓冲溶液调节斜率。

3. 0.1 mol·L^{-1} H_3PO_4 溶液的电位滴定

移取 20.00 mL 0.1 mol·L^{-1} H_3PO_4 溶液于 200 mL 烧杯中，加 20 mL 去离子水，放入搅拌磁子，插入电极，开动电磁搅拌器，加入 1 滴甲基橙指示剂和 1 滴酚酞指示剂。

调节碱式滴定管中 NaOH 标准溶液的初读数为 0.00 mL。开始时，每滴入 2 mL NaOH 标准溶液，测定一次 pH 值，记录 NaOH 标准溶液的体积和相应的 pH 值。滴定 pH 约为 2.5 时，每隔 0.2 mL 测量一次(可借助甲基橙指示剂的变色来判断)；pH 约为 6 时，每隔 2 mL 测量一次；pH 约为 7.5 时，每隔 0.2 mL 测量一次(可借助酚酞指示剂的变色来判断)；pH 约为 11 时，每隔 2 mL 测量一次，直至 50 mL NaOH 标准溶液滴完为止。

关上 pH 计开关，用去离子水冲洗复合电极并用滤纸吸干后，套上浸盛有饱和 KCl 溶液的保护套。

4. 实验数据记录与结果处理

(1) pH-V 滴定曲线绘制。

以 V_{NaOH} 为横坐标，相应溶液的 pH 值为纵坐标，绘制 pH-V 滴定曲线。

(2) 求算试样溶液中 H_3PO_4 的浓度。

根据第一化学计量点所消耗 NaOH 标准溶液的体积 V_1(mL)，计算试样溶液中 H_3PO_4 的浓度，有

$$c_{H_3PO_4} = \frac{c_{NaOH} \times V_{eq1}}{20.00} \tag{3-3}$$

0.1 mol·L^{-1} H_3PO_4 溶液的电位滴定数据记入下表并对结果进行处理。

V_{NaOH}/mL	pH	V_{NaOH}/mL	pH	V_{NaOH}/mL	pH	V_{NaOH}/mL	pH

试样溶液中 H_3PO_4 的浓度数据记入下表并对结果进行处理。

V_{eq1}/mL	试样溶液中 H_3PO_4 的浓度/(mol·L^{-1})

(3) 求算 H_3PO_4 的 pK_{a1} 和 pK_{a2}。

根据第一滴定终点、第二滴定终点所消耗 NaOH 标准溶液的体积(mL),由 pH-V 滴定曲线找出与第一半中和点、第二半中和点对应的 pH 值,求算 H_3PO_4 的 pK_{a1} 和 pK_{a2}。

磷酸为多元酸,其 pK_{a1} 和 pK_{a2} 可用电位滴定法求得。当滴定反应进行 50%时,$c_{H_2PO_4^-}=c_{H_3PO_4}$,此时溶液的 pH 值即为 pK_{a1};同理,$\frac{1}{2}(V_{eq1}+V_{eq2})$所对应的 pH 值即为 pK_{a2}。有

$$H_3PO_4 \rightleftharpoons H^+ + H_2PO_4^-$$

$$K_{a1}=\frac{c_{H^+}\cdot c_{H_2PO_4^-}}{c_{H_3PO_4}}$$

H_3PO_4 的 pK_{a1} 和 pK_{a2} 数据记入下表并对结果进行处理。

第一半中和点	$\frac{1}{2}V_{eq1}$/mL		pH 值		pK_{a1}	
第二半中和点	$\frac{1}{2}(V_{eq1}+V_{eq2})$/mL		pH 值		pK_{a2}	

五、思考题

(1) 多元酸(二元酸或三元酸)分步滴定的条件是什么?
(2) H_3PO_4 是三元酸,为何在 pH-V 滴定曲线上仅仅出现两个突跃?
(3) 用电位滴定法确定滴定终点有哪些方法?这些方法的依据是什么?

六、注意事项

(1) pH 计的复合电极前端要浸入在液面以下,注意搅拌磁子时不能碰到复合电极。
(2) 实验中指示剂的加入可辅助判断溶液 pH 的变化,不可以变色点来确定滴定终点。

实验 21　$KMnO_4$ 法测定 H_2O_2 的含量

一、实验目的

(1) 了解自动催化反应和自身指示剂的特点。

(2) 掌握 $KMnO_4$ 溶液的配制与标定。

(3) 理解 $KMnO_4$ 法测定 H_2O_2 含量的原理及方法。

二、实验原理

H_2O_2(俗称双氧水)广泛应用于工业、生物和医药等领域,如纺织行业常用 H_2O_2 对纺织品进行漂白;医药领域常用 H_2O_2 进行消毒和杀菌;工业领域常用 H_2O_2 的还原性除去 Cl_2,其反应方程式为

$$H_2O_2 + Cl_2 \longrightarrow 2Cl^- + 2H^+ + O_2\uparrow$$

另外,纯 H_2O_2 也可用作火箭燃料的氧化剂。H_2O_2 含量的测定常用 $KMnO_4$ 法。

$KMnO_4$ 是常用的氧化剂之一,在酸性条件下具有很强的氧化性,可以间接或直接测定许多无机物和有机物,应用广泛。$KMnO_4$ 溶液呈紫红色,用它滴定无色或浅色溶液时,一般不需另加指示剂。$KMnO_4$ 很难制成纯品,且市售 $KMnO_4$ 试剂常含有少量杂质,如 MnO_2、${SO_4}^{2-}$、Cl^- 和 ${NO_3}^-$ 等。另外,蒸馏水中也常含有微量的还原性物质,这些物质可将 $KMnO_4$ 还原为 $MnO_2 \cdot nH_2O$。细粉状的 $MnO_2 \cdot nH_2O$,以及热、光、酸和碱等外界条件的改变均能促进 $KMnO_4$ 的分解。因此不能采用直接配制法来配制准确浓度的 $KMnO_4$ 溶液,已标定的 $KMnO_4$ 溶液在使用一段时间后须重新标定(隔天使用均需标定)。$KMnO_4$ 溶液标定前需在暗处放置 7~10 天,待 $KMnO_4$ 将溶液中还原性杂质充分氧化后再过滤除去生成的沉淀,最后将 $KMnO_4$ 溶液贮存于棕色试剂瓶中,放置于暗处,密闭保存备用。

标定 $KMnO_4$ 溶液的基准物质有很多,但常用的为 $Na_2C_2O_4$,因为 $Na_2C_2O_4$ 易提纯、性质稳定、不含结晶水。其滴定反应方程式为

$$2{MnO_4}^- + 5{C_2O_4}^{2-} + 16H^+ = 2Mn^{2+} + 10CO_2\uparrow + 8H_2O$$

H_2O_2 分子中有个过氧键—O—O—,在酸性溶液中它是一个强氧化剂。但它的氧化能力不如 $KMnO_4$ 强,遇 $KMnO_4$ 时表现为还原剂。因此,室温条件下,在稀 H_2SO_4 溶液中,H_2O_2 可被 $KMnO_4$ 定量氧化成 O_2 和 H_2O,其反应方程式为

$$5H_2O_2 + 2{MnO_4}^- + 6H^+ \longrightarrow 2Mn^{2+} + 5O_2\uparrow + 8H_2O$$

开始反应速率缓慢,待 Mn^{2+} 生成后,由于 Mn^{2+} 的催化作用,反应速率加快。稍过量的滴定剂(2×10^{-6} mol·L^{-1})所呈现的微红色即表示终点到达。

三、主要试剂

主要实验试剂,如表 3-5 所示。

表 3-5　主要实验试剂表

试　剂	规　格	试　剂	规　格
$Na_2C_2O_4$	基准试剂	H_2SO_4	3 mol·L^{-1}
$KMnO_4$	0.02 mol·L^{-1}	$MnSO_4$	1 mol·L^{-1}
H_2O_2	AR;浓度约为 30%		

四、实验内容

1. $KMnO_4$ 溶液的配制

称取 $KMnO_4$ 固体约 1.60 g 溶于 500 mL 水中,盖上表面皿,加热至沸并保持微沸状态

1 h，冷却后，用微孔玻璃漏斗(3 号或 4 号过滤)。滤液贮存于清洁带塞的棕色试剂瓶中(最好将溶液在室温下静置 2～3 天后过滤备用)。

2. $KMnO_4$ 溶液的标定

准确称取 3 份已于 105～110 ℃烘干的 $Na_2C_2O_4$ 基准物质 0.15～0.20 g，分别置于 250 mL锥形瓶中，加入 60 mL 去离子水使之溶解，加入 15 mL 3 mol · L^{-1} H_2SO_4 溶液，水浴加热至 75～85 ℃(即开始冒蒸气时的温度)，趁热用 $KMnO_4$ 溶液滴定。开始滴定时反应速率较慢，因此，每滴 1 滴均要振荡一会，待溶液变为无色后，再继续滴加，当溶液中 Mn^{2+} 产生后，反应速率加快，滴定速率相应也可加快(但仍需逐滴滴入)，直到溶液呈微红色并持续 0.5 min 内不褪色，即为滴定终点(滴定结束时溶液的温度不应低于 60 ℃)。平行测定 3 次。

3. H_2O_2 含量的测定

用移液管移取 1.00 mL H_2O_2 试样，置于 250 mL 容量瓶中，加水稀释至刻度，充分摇匀后备用。

用移液管移取 25.00 mL 配制好的 H_2O_2 溶液，置于 250 mL 锥形瓶中，依次加入 10 mL 去离子水、15 mL 3 mol · L^{-1} H_2SO_4 溶液和 2～3 滴 1 mol · L^{-1} $MnSO_4$ 溶液，用 $KMnO_4$ 标准溶液滴定溶液呈微红色并持续 0.5 min 内不褪色，即为滴定终点。平行测定 3 次。

4. 实验数据记录与结果处理

$KMnO_4$ 溶液浓度的标定数据记入下表并对结果进行处理。

项　　目	1	2	3
$m_{Na_2C_2O_4}$/g			
滴定管初读数/mL	0.00	0.00	0.00
滴定管终读数/mL			
V_{KMnO_4}/mL			
c_{KMnO_4}/(mol · L^{-1})			
$\bar{c}_{KMnO_4}$/(mol · L^{-1})			
$\overline{d}_r$			

其中：

$$c_{KMnO_4}=\frac{2}{5}\times\frac{m_{Na_2C_2O_4}\times 10^3}{M_{Na_2C_2O_4}\times V_{KMnO_4}} \tag{3-4}$$

H_2O_2 含量的测定数据记入下表并对结果进行处理。

项　　目	1	2	3
滴定管初读数/mL	0.00	0.00	0.00
滴定管终读数/mL			
V_{KMnO_4}/mL			
$\rho_{H_2O_2}$/(g · L^{-1})			
$\bar{\rho}_{H_2O_2}$/(g · L^{-1})			
$\overline{d}_r$			

其中：

$$\rho_{H_2O_2}=\frac{\frac{5}{2}c_{KMnO_4}V_{KMnO_4}M_{H_2O_2}\times 10^{-3}}{\frac{25.00}{250.0}\times 1.00\times 10^{-3}} \tag{3-5}$$

五、思考题

(1) 标定 $KMnO_4$ 溶液浓度时，为什么第 1 滴 $KMnO_4$ 溶液加入后，红色褪去很慢，之后褪色较快？

(2) 用 $KMnO_4$ 法测定 H_2O_2 的含量时，为什么要在 H_2SO_4 介质中进行，能否用 HNO_3 或 HCl 来控制溶液的酸度？

(3) 滴定时，$KMnO_4$ 溶液为什么要放在酸式滴定管中？

(4) 用 $KMnO_4$ 法测定 H_2O_2 的含量时，为何不能通过加热来加速反应？

六、注意事项

(1) $KMnO_4$ 溶液的标定条件如下。

① 温度。

温度小于 60 ℃时，$KMnO_4$ 与 $C_2O_4^{2-}$ 反应速度缓慢，故加热能提高反应速度。但温度又不能过高，如温度大于 90 ℃，则有部分 $H_2C_2O_4$ 分解，反应方程式为

$$H_2C_2O_4 = CO_2\uparrow + CO\uparrow + H_2O$$

② 酸度。

酸度太高，$H_2C_2O_4$ 分解；酸度太低，MnO_4^- 转化为 $MnO(OH)_2$ 沉淀。控制 H_2SO_4 溶液浓度在 0.5～1 $mol\cdot L^{-1}$ 范围内。

③ 滴定速度。

慢→快→慢。如滴定速度过快，部分 $KMnO_4$ 来不及与 $Na_2C_2O_4$ 反应而在热的酸性溶液中发生如下反应。

$$4MnO_4^- + 4H^+ = 4MnO_2 + 3O_2\uparrow + 2H_2O$$

红色消失后再滴加 1 滴 $KMnO_4$ 溶液。否则 $KMnO_4$ 在热的酸性溶液中分解为 Mn^{2+}。

(2) $KMnO_4$ 溶液颜色较深，液面的弯月面下沿不易读出，读数时应以液面上沿最高线为准。

(3) $KMnO_4$ 的滴定终点不太稳定，主要是由于空气中含有还原性气体及尘埃等杂质，能使 $KMnO_4$ 缓慢分解，从而使微红色缓慢消失，故经过 0.5 min 不褪色即可认为已达滴定终点。

实验 22　$SnCl_2$-$TiCl_3$-$K_2Cr_2O_7$ 法测定铁矿石中铁的含量(无汞法)

一、实验目的

(1) 掌握重铬酸钾标准溶液的配制和使用。

(2) 掌握铁矿石试样的酸溶法和无汞法测定铁的原理及方法。

(3) 了解无汞法测定铁的绿色环保意义。

(4) 了解二苯胺磺酸钠的作用原理。

二、实验原理

经典的 $K_2Cr_2O_7$ 法测定铁的含量时，每 1 份试液需加入饱和 $HgCl_2$ 溶液 10 mL(20 ℃时 $HgCl_2$ 的溶解度为 6%～7%)，约有 480 mg 汞排入下水道，造成严重的环境污染，危害人体健康，无汞测铁法应运而生。无汞测铁法主要有 $K_2Cr_2O_7$ 滴定法、硫酸铈滴定法和 EDTA 滴定

法。以下介绍 $SnCl_2$-$TiCl_3$-$K_2Cr_2O_7$ 法测定铁矿石中铁含量的基本原理。

铁矿石试样经 HCl 溶液分解后，首先在热的浓 HCl 溶液中用 $SnCl_2$ 溶液将大部分Fe(Ⅲ)还原为 Fe(Ⅱ)，再用 $TiCl_3$溶液还原剩余的 Fe(Ⅲ)，当全部 Fe(Ⅲ)定量还原为 Fe(Ⅱ)后，稍过量的 $TiCl_3$溶液可使 Na_2WO_4 由无色还原为 W(Ⅴ)(蓝色，俗称钨蓝)。然后用少量的稀 $K_2Cr_2O_7$ 溶液将过量的钨蓝氧化，蓝色刚好褪去，从而指示预还原的终点，反应方程式为

$$2Fe^{3+}+SnCl_4{}^{2-}+2Cl^{-}=\!=\!=2Fe^{2+}+SnCl_6{}^{2-}$$

$$Fe^{3+}+Ti^{3+}+H_2O=\!=\!=Fe^{2+}+TiO^{2+}+2H^{+}$$

$$2Ti^{3+}+PW_{12}O_{40}{}^{3-}+2H_2O=\!=\!=2TiO^{2+}+PW_{12}O_{40}{}^{5-}+4H^{+}$$

预处理后，在硫-磷混酸介质中，以二苯胺磺酸钠为指示剂，用 $K_2Cr_2O_7$ 标准溶液滴定至溶液呈紫色即为滴定终点，反应方程式为

$$6Fe^{2+}+Cr_2O_7{}^{2-}+14H^{+}=\!=\!=6Fe^{3+}+2Cr^{3+}+7H_2O$$

定量还原 Fe^{3+}时，不能单独使用 $SnCl_2$，因为在此酸度下，$SnCl_2$ 不能很好地将 W(Ⅵ)还原为 W(Ⅴ)，溶液无明显颜色变化，无法指示预处理的终点。可采用 $SnCl_2$-$TiCl_3$联合还原 Fe^{3+}为 Fe^{2+}，过量 1 滴 $TiCl_3$与 Na_2WO_4 作用即显示“钨蓝”。单独使用 $TiCl_3$作还原剂也不好，尤其是试样中铁含量较高时，必然会导致溶液中引入较多的钛盐，当加水稀释试液时，易出现大量的四价钛沉淀，影响测定。

滴定过程生成的 Fe^{3+}呈黄色，影响滴定终点判断，可加入 H_3PO_4，使之与 Fe^{3+}生成无色的$[Fe(HPO_4)]^{+}$，减小 Fe^{3+}浓度，消除 $FeCl_3$ 的黄色，有利于终点的观察。同时，可降低 Fe(Ⅲ)/Fe(Ⅱ)电对的电极电位，使突跃范围扩大，指示剂的变色点落入其中，从而获得更好的滴定结果。

$SnCl_2$-$TiCl_3$-$K_2Cr_2O_7$ 无汞法测铁的含量，避免了有汞法对环境的污染，目前已列为铁矿石分析的国家标准方法，在测定合金、矿石、金属盐及硅酸盐等的含铁量时具有很大的实用价值。

三、主要试剂

主要实验试剂，如表 3-6 所示。

表 3-6　主要实验试剂表

试　　剂	规　　格	试　　剂	规　　格
$K_2Cr_2O_7$	基准试剂或优级纯	Na_2WO_4溶液	25%
硫-磷混酸溶液	自制	$SnCl_2$ 溶液	$50\ g\cdot L^{-1}$
浓 HCl	AR	$TiCl_3$溶液	$15\ g\cdot L^{-1}$
二苯胺磺酸钠指示剂	$2\ g\cdot L^{-1}$水溶液	铁矿石试样	工业级

注：① $K_2Cr_2O_7(s)$：140 ℃干燥 2 h，保存于干燥器中。

② 硫-磷混酸溶液：将 150 mL 浓 H_2SO_4 缓慢加入到 700 mL 去离子水中，冷却后再加入 150 mL 浓 H_3PO_4，充分搅拌均匀。

③ Na_2WO_4 25%水溶液：称取 25 g Na_2WO_4 溶于适量水中(若浑浊则应过滤)，加入 2～5 mL 浓 H_3PO_4，加水稀释至 100 mL。

④ $SnCl_2$ 溶液($50\ g\cdot L^{-1}$)：称取 5 g $SnCl_2\cdot 2H_2O$ 溶于 100 mL 1∶1 HCl 溶液中，使用前一天配制。

⑤ $TiCl_3$ 溶液($15\ g\cdot L^{-1}$)：量取 100 mL $150\ g\cdot L^{-1}$ $TiCl_3$ 溶液，与 200 mL 1∶1 HCl 溶液及 700 mL 水混合，储于棕色瓶中。

四、实验内容

1. 0.017 mol·L^{-1} $K_2Cr_2O_7$ 标准溶液的配制

准确称取 1.20～1.30 g $K_2Cr_2O_7$ 于 100 mL 烧杯中，加适量去离子水溶解后定量转移至 250 mL 容量瓶中，用去离子水稀释至刻度，摇匀。计算其准确浓度。

2. 矿样的溶解

准确称取 0.18～0.22 g 矿样 3 份，分别置于 250 mL 锥形瓶中，用少许去离子水湿润，加入 10 mL 浓 HCl，并滴加 8～10 滴 $SnCl_2$ 溶液助溶。盖上表面皿，在电热板上加热至微沸，并保持 20～30 min，至残渣变为白色(SiO_2)，表明矿样溶解完全，此时溶液呈橙黄色。用少量去离子水冲洗表面皿和锥形瓶内壁。

3. 预处理

趁热用滴管小心滴加 $SnCl_2$ 溶液，将大部分 Fe^{3+} 还原为 Fe^{2+}，边滴边摇，直至溶液由棕黄色变为浅黄色为止，表明大部分 Fe^{3+} 已被还原。加入 4 滴 Na_2WO_4 和 60 mL 水，加热。在摇动下逐滴加入 $TiCl_3$ 溶液至溶液出现稳定的浅蓝色，冲洗瓶壁，并用自来水冲洗锥形瓶外壁使溶液冷却至室温。小心滴加稀释 10 倍的 $K_2Cr_2O_7$ 标准溶液，至蓝色刚刚消失为止。

4. 铁含量的测定

将试液加水稀释至 150 mL，加入 15 mL 硫-磷混酸溶液，再加入 5～6 滴二苯胺磺酸钠指示剂，立即用 $K_2Cr_2O_7$ 标准溶液滴定 Fe^{2+}，溶液呈稳定的紫色即为滴定终点。平行测定 3 份，计算铁矿石中铁的质量分数和相对平均偏差。

5. 实验数据记录与结果处理

(1) 0.017 mol·L^{-1} $K_2Cr_2O_7$ 标准溶液的配制。

$$c_{K_2Cr_2O_7}=\frac{m_{K_2Cr_2O_7}}{M_{K_2Cr_2O_7}\times 0.2500} \tag{3-6}$$

式中：$m_{K_2Cr_2O_7}$ 为称取 $K_2Cr_2O_7$ 基准物质的质量(g)；$M_{K_2Cr_2O_7}$ 为 $K_2Cr_2O_7$ 的摩尔质量(g·mol^{-1})。

(2) 铁矿石试样中铁含量的测定 。

$$\omega_{Fe}=\frac{6\times c_{K_2Cr_2O_7}V_{K_2Cr_2O_7}\times 10^{-3}\times M_{Fe}}{m_s} \tag{3-7}$$

式中：$V_{K_2Cr_2O_7}$ 为滴定消耗 $K_2Cr_2O_7$ 标准溶液的体积(mL)；M_{Fe} 为 Fe 的摩尔质量(g·mol^{-1})；m_s 为称取铁矿石的质量(g)。

铁矿石试样中铁含量的测定数据记入下表并对结果进行处理。

项　　目	1	2	3
m_s/g			
滴定管初读数/mL	0.00	0.00	0.00
滴定管终读数/mL			
$V_{K_2Cr_2O_7}$/mL			
ω_{Fe}			
$\overline{\omega_{Fe}}$			
$\overline{d_r}$			

五、思考题

(1) 在预处理时为什么 $SnCl_2$ 溶液要趁热逐滴加入?

(2) 在预还原 Fe(Ⅲ)为 Fe(Ⅱ)时,为什么要用 $SnCl_2$ 和 $TiCl_3$ 两种还原剂? 只使用一种还原剂有什么弊端?

(3) 在滴定前加入硫-磷混酸溶液的作用是什么? 加入 H_3PO_4 后为什么要立即滴定?

六、注意事项

(1) 用 $SnCl_2$ 溶液还原 Fe^{3+} 时,溶液温度不能太低,否则反应速率慢,黄色褪去不易观察,易使 $SnCl_2$ 溶液过量。

(2) 用 $TiCl_3$ 溶液还原 Fe^{3+} 时,溶液温度不能太低,否则反应速率慢,黄色褪去不易观察,易使 $TiCl_3$ 溶液过量。

(3) 由于二苯胺磺酸钠指示剂也要消耗一定量的 $K_2Cr_2O_7$ 溶液,故不能多加。

(4) 在硫-磷混酸溶液中铁电对的电极电位降低,Fe^{2+} 容易被氧化,故不应放置而应立即滴定。

实验23 化学需氧量的测定

一、实验目的

(1) 初步了解环境分析的重要性及水样的采集和保存方法。

(2) 掌握酸性高锰酸钾法测定化学需氧量的原理及方法。

(3) 了解水样的化学需氧量与水体污染的关系。

二、实验原理

水样的需氧量大小是水质污染程度的主要指标之一,它分为生物需氧量(BOD)和化学需氧量(COD)。BOD是指水中有机物质发生生物过程时所需要氧的量;COD是指在特定条件下,用强氧化剂处理水样时,水样所消耗的氧化剂的量,常用每升水消耗 O_2 的量来表示($mg \cdot L^{-1}$)。水样的COD与测试条件有关,因此应严格控制反应条件,按规定的操作步骤进行测定。

测定COD的方法有酸性高锰酸钾法、碱性高锰酸钾法和重铬酸钾法。重铬酸钾法是指在强酸性条件下,向水样中加入过量的 $K_2Cr_2O_7$ 溶液,让其与水样中的还原性物质(主要是有机物质)充分反应,过量的 $K_2Cr_2O_7$ 溶液以邻二氮菲为指示剂,用硫酸亚铁铵标准溶液返滴定。根据所消耗 $K_2Cr_2O_7$ 物质的量,计算出水样的化学需氧量。Cl^- 干扰测定,可在回流前加 Ag_2SO_4 除去。该法适用于工业污水及生活污水等含有较多复杂污染物水样的测定。其滴定反应方程式为

$$Cr_2O_7^{2-} + 6Fe^{2+} + 14H^+ \xlongequal{} 2Cr^{3+} + 6Fe^{3+} + 7H_2O$$

酸性高锰酸钾法测定水样的COD是指在酸性条件下,向水样中加入过量的 $KMnO_4$ 溶液,并加热溶液让其充分反应,然后再向溶液中加入过量的 $Na_2C_2O_4$ 标准溶液还原过量的 $KMnO_4$,

剩余的 $Na_2C_2O_4$ 再用 $KMnO_4$ 溶液返滴定，根据所消耗 $KMnO_4$ 物质的量，计算出水样的化学需氧量。该法适用于污染不是十分严重的地面水和河水等的 COD 的测定。若水样中 Cl^- 含量较高，可加入 Ag_2SO_4 消除干扰，也可改用碱性高锰酸钾法进行测定。有关反应方程式为

$$4MnO_4^- + 5C + 12H^+ = 4Mn^{2+} + 5CO_2\uparrow + 6H_2O$$

$$2MnO_4^- + 5C_2O_4^{2-} + 16H^+ = 2Mn^{2+} + 10CO_2\uparrow + 8H_2O$$

$$O_2 + 4H^+ + 4e = 2H_2O$$

注：C 泛指水中的还原性物质或需氧物质，主要指有机物质。

$$\mathrm{COD} = \frac{\frac{5}{4}\left[c(V_1+V_2)_{MnO_4^-} - \frac{2}{5}(cV)_{C_2O_4^{2-}}\right]M_{O_2}\times 1000}{V_{水样}}$$

$$= \frac{\left[\frac{5}{4}c(V_1+V_2)_{MnO_4^-} - \frac{1}{2}(cV)_{C_2O_4^{2-}}\right]M_{O_2}\times 1000}{V_{水样}} \tag{3-8}$$

式中：V_1 为第 1 次加入 $KMnO_4$ 溶液的体积（mL）；V_2 为第 2 次加入 $KMnO_4$ 溶液的体积（mL）；$V_{水样}$ 为测试水样体积（mL）；$M_{O_2}=32\ g\cdot mol^{-1}$。

三、主要试剂

主要实验试剂，如表 3-7 所示。

表 3-7 主要实验试剂表

试　剂	规　格	试　剂	规　格
$KMnO_4$ 溶液	0.02 $mol\cdot L^{-1}$	H_2SO_4 溶液	6 $mol\cdot L^{-1}$
$KMnO_4$ 溶液	0.002 $mol\cdot L^{-1}$	待测水样	自制
$Na_2C_2O_4$ 标准溶液	约 0.005 $mol\cdot L^{-1}$		

注：① $KMnO_4$ 溶液（0.02 $mol\cdot L^{-1}$）：配制及标定方法见实验 21 $KMnO_4$ 法测定 H_2O_2 的含量。

② $KMnO_4$ 溶液（0.002 $mol\cdot L^{-1}$）：移取 25.00 mL 约 0.02 $mol\cdot L^{-1}$ $KMnO_4$ 标准溶液于 250 mL 容量瓶中，加去离子水稀释至刻度，摇匀即可。

③ $Na_2C_2O_4$ 标准溶液（约 0.005 $mol\cdot L^{-1}$）：准确称取 0.16～0.18 g 在 105 ℃烘干 2 h 并冷却的 $Na_2C_2O_4$ 基准试剂，置于烧杯中，用适量去离子水溶解后，定量转移至 250 mL 容量瓶中，加去离子水稀释至刻度，摇匀，计算其准确浓度。

四、实验内容

视水质污染程度取水样 10～100 mL 于 250 mL 锥形瓶中，加入 5 mL 6 $mol\cdot L^{-1}$ 的 H_2SO_4 溶液，再用滴定管或移液管准确加入 10.00 mL 0.002 $mol\cdot L^{-1}$ $KMnO_4$ 标准溶液，然后尽快加热溶液至沸，并准确煮沸 10 min（紫红色不应褪去，否则应增加 $KMnO_4$ 标准溶液的用量）。取下锥形瓶，冷却 1 min 后，准确加入 10.00 mL 约 0.005 $mol\cdot L^{-1}$ $Na_2C_2O_4$ 标准溶液，充分摇匀（此时溶液应为无色，否则应增加 $Na_2C_2O_4$ 的用量）。趁热用 0.002 $mol\cdot L^{-1}$ $KMnO_4$ 标准溶液滴定溶液呈微红色，记下 0.002 $mol\cdot L^{-1}$ $KMnO_4$ 标准溶液的体积，平行滴定 3 份。

另取 100 mL 去离子水代替水样进行空白实验，求空白值，计算 COD 时扣去空白值。

实验数据记录与结果处理如下。

(1) $KMnO_4$ 溶液的标定。

有关反应方程式为

$$2MnO_4^- + 5C_2O_4^{2-} + 16H^+ \longrightarrow 2Mn^{2+} + 10CO_2 \uparrow + 8H_2O$$

$$c_{KMnO_4} = \frac{2}{5} \times \frac{m_{Na_2C_2O_4} \times 10^3}{M_{Na_2C_2O_4} \times V_{KMnO_4}} \tag{3-9}$$

$KMnO_4$ 溶液浓度的标定数据记入下表并对结果进行处理。

项　　目	1	2	3
$m_{Na_2C_2O_4}$/g			
滴定管初读数/mL	0.00	0.00	0.00
滴定管终读数/mL			
V_{KMnO_4}/mL			
c_{KMnO_4}/(mol·L^{-1})			
$\bar{c}_{KMnO_4}$/(mol·L^{-1})			
$\overline{d_r}$			

(2) 水样 COD_{Mn}(mg·L^{-1})的测定。

水样 COD_{Mn}(mg·L^{-1})的测定数据记入下表并对结果进行处理。

项　　目	1	2	3
$V_{水样}$/mL			
V_{KMnO_4}/mL			
$V_{Na_2C_2O_4}$/mL			
COD/(mg·L^{-1})			
$\overline{COD}$/(mg·L^{-1})			
$\overline{d_r}$			
COD 空白值/(mg·L^{-1})			
校正后的 COD 值/(mg·L^{-1})			

五、思考题

(1) 水样中加入 $KMnO_4$ 溶液煮沸后，若紫红色褪去，说明什么？应如何处理？

(2) 水样中 Cl^- 含量较高时，为什么对测定结果有干扰？如何消除？

(3) 水样 COD 的测定有何意义？测定 COD 有哪些常用方法？

六、注意事项

(1) 水样采集后应尽快分析，若不能立即分析，应加入 H_2SO_4 溶液使水样 pH 小于 2，以抑制微生物繁殖。必要时在 0～5 ℃保存，并在 48 h 内测定。

(2) 取水样的量由外观可初步判断：洁净透明的水样取 100 mL；污染严重或混浊的水样取 10～30 mL，再补加去离子水至 100 mL。

实验 24　硫代硫酸钠溶液的配制与标定

一、实验目的

(1) 掌握 $Na_2S_2O_3$ 溶液的配制和保存方法。

(2) 掌握 $Na_2S_2O_3$ 溶液浓度标定的原理和方法。

(3) 理解碘量法的基本原理。

(4) 掌握间接碘量法的测定条件。

二、实验原理

结晶硫代硫酸钠($Na_2S_2O_3 \cdot 5H_2O$)一般含有少量的杂质,如 S、Na_2SO_3、Na_2SO_4、Na_2CO_3 和 NaCl 等,同时还容易风化和潮解,因此不能直接配制准确浓度的溶液。

$Na_2S_2O_3$ 溶液易受空气和微生物等作用而分解。

1. $Na_2S_2O_3$ 溶液与溶解的 CO_2 作用

$Na_2S_2O_3$ 在中性或碱性溶液中较稳定,当 $pH<4.6$ 时,极不稳定。溶液中含有的 CO_2 会促进 $Na_2S_2O_3$ 分解,反应方程式为

$$Na_2S_2O_3 + H_2O + CO_2 \xlongequal{} NaHSO_3 + NaHCO_3 + S\downarrow$$

2. $Na_2S_2O_3$ 溶液与空气中 O_2 的作用

$Na_2S_2O_3$ 溶液与空气中的 O_2 发生如下反应。

$$2Na_2S_2O_3 + O_2 \xlongequal{} 2Na_2SO_4 + 2S\downarrow$$

3. 微生物对 $Na_2S_2O_3$ 溶液的分解作用

这是 $Na_2S_2O_3$ 溶液分解的主要原因。

此外,水中微量的 Cu^{2+} 或 Fe^{3+} 等也能促进 $Na_2S_2O_3$ 溶液的分解。

因此,配制 $Na_2S_2O_3$ 溶液时,需要用新煮沸(减少溶解在水中的 CO_2 并杀死水中微生物)且冷却了的去离子水,并加入少量 Na_2CO_3 溶液(质量浓度>0.02%)使溶液呈弱碱性,以抑制细菌生长,防止 $Na_2S_2O_3$ 溶液分解。

日光能促进 $Na_2S_2O_3$ 溶液分解,因此 $Na_2S_2O_3$ 溶液应贮存于棕色瓶中,放置在阴暗处,经 8～14 天后再标定。

配制的 $Na_2S_2O_3$ 溶液也不宜长期保存,使用一段时间后要重新标定。如果发现溶液变混浊或析出硫,就应该过滤后再标定,或者另配溶液。

标定 $Na_2S_2O_3$ 标准溶液的基准物质有 $K_2Cr_2O_7$、KIO_3、$KBrO_3$ 和纯铜等。本实验用 $KBrO_3$ 作为基准物质标定 $Na_2S_2O_3$ 溶液的浓度,$KBrO_3$ 先与 KI 反应析出 I_2,析出的 I_2 再用 $Na_2S_2O_3$ 溶液滴定,有关反应方程式为

$$BrO_3^- + 6I^- + 6H^+ \xlongequal{} Br^- + 3I_2 + 3H_2O$$

$$I_2 + 2S_2O_3^{2-} \xlongequal{} S_4O_6^{2-} + 2I^-$$

三、主要试剂

主要实验试剂,如表 3-8 所示。

表 3-8 主要实验试剂表

试剂	规格	试剂	规格
$Na_2S_2O_3 \cdot 5H_2O$	AR	Na_2CO_3	2%
$KBrO_3$	AR 或优级纯	淀粉指示剂	0.2%
KI 溶液	20%	H_2SO_4 溶液	$3\ mol \cdot L^{-1}$

四、实验内容

1. $0.1\ mol \cdot L^{-1}$ $Na_2S_2O_3$ 溶液的配制

在洁净烧杯中加入 1L 去离子水和 10 mL 2% Na_2CO_3 溶液，用表面皿盖好并煮沸，冷却后备用。称取 25 g $Na_2S_2O_3 \cdot 5H_2O$ 溶于冷却后的沸水中。将配制好的 $Na_2S_2O_3$ 溶液倒入 1 L 的棕色试剂瓶中保存，在阴暗处放置 7～14 天后再进行测定。

2. $0.1\ mol \cdot L^{-1}$ $Na_2S_2O_3$ 溶液的标定

准确称取已烘干的 $KBrO_3$ 0.06～0.09 g 3 份，置于 250 mL 碘量瓶中，加入 50 mL 去离子水，再加入 10 mL 20%的 KI 溶液。加入约 10 mL 的 $3\ mol \cdot L^{-1}$ H_2SO_4 溶液，混匀后放在暗处5 min，取出再用水稀释至 100 mL。用 $Na_2S_2O_3$ 标准溶液滴定溶液呈浅黄色。加入 5 mL 0.2%淀粉指示剂，继续用 $Na_2S_2O_3$ 标准溶液滴定溶液由蓝色变成无色。用同样的方法滴定另外 2 份 $KBrO_3$。

3. 实验数据记录与结果处理

$0.1\ mol \cdot L^{-1}$ $Na_2S_2O_3$ 溶液浓度的标定数据记入下表并对结果进行处理。

项目	1	2	3
m_{KBrO_3}/g			
滴定管初读数/mL	0.00	0.00	0.00
滴定管终读数/mL			
$V_{Na_2S_2O_3}$/mL			
$c_{Na_2S_2O_3}/(mol \cdot L^{-1})$			
$\bar{c}_{Na_2S_2O_3}/(mol \cdot L^{-1})$			
$\overline{d_r}$			

五、思考题

(1) 如何配置和保存 $Na_2S_2O_3$ 标准溶液？

(2) 用 $KBrO_3$作为基准物质标定 $Na_2S_2O_3$ 溶液时，为什么要加入过量的 KI 溶液？

(3) 淀粉指示剂为什么一定要接近滴定终点时加入？加得太早或太迟有何影响？

六、注意事项

(1) $KBrO_3$与 KI 的反应很慢，不可能立即完成，在稀溶液中尤其如此，因此，只有等反应完成后(静置 5 min)再加去离子水进行稀释。若静置时间过长，I_2 会挥发，过剩的碘化物也会被氧化。有关反应方程式为

$$4I^- + 4H^+ + O_2 = 2I_2 + 2H_2O$$

(2) 滴定后的溶液放置后会重新变蓝。如果不是很快变成蓝色(经 5～10 min),这是由于空气中的 O_2 氧化 KI 所致。如果很快变蓝色了,说明滴定前 $KBrO_3$ 和 KI 的反应没有进行完全溶液就被稀释了,如出现此种情况,应重做实验。

实验 25　直接碘量法测定维生素 C 的含量

一、实验目的

(1) 掌握碘标准溶液的配制和标定方法。
(2) 了解直接碘量法测定抗坏血酸的原理和方法。

二、实验原理

维生素 C 又称抗坏血酸,分子式为 $C_6H_8O_6$。它是一种水溶性维生素,具有强还原性,可被具有氧化性的 I_2 定量氧化,因而可用 I_2 标准溶液直接滴定,反应方程式为

$$C_6H_8O_6 + I_2 \longrightarrow C_6H_6O_6 + 2HI$$

直接碘量法可测定药片、注射液、饮料、蔬菜和水果等试样中的维生素 C 含量。

由于维生素 C 的还原性很强,较易被溶液和空气中的 O_2 氧化,在碱性介质中这种氧化作用更强,因此滴定宜在酸性介质中进行,以减少副反应的发生。考虑到 I^- 在强酸性溶液中也易被氧化,故一般选在 pH＝3～4 的弱酸性溶液(稀 HAc 溶液、稀 H_2SO_4 溶液和稀 HPO_3 溶液等)中进行滴定。

三、实验用品

1. 仪器与器材

烧杯(1 L);表面皿;棕色试剂瓶(1 L);碘量瓶(250 mL)。

2. 实验试剂

主要实验试剂,如表 3-9 所示。

表 3-9　主要实验试剂表

试　剂	规　格	试　剂	规　格
I_2溶液	约 0.05 $mol \cdot L^{-1}$	$Na_2S_2O_3 \cdot 5H_2O$	AR
Na_2CO_3 溶液	2%	$KBrO_3$	AR 或优级纯
KI 溶液	20%	HAc 溶液	2 $mol \cdot L^{-1}$
H_2SO_4 溶液	3 $mol \cdot L^{-1}$	淀粉指示剂	0.2%
维生素 C 试样或维生素 C 片剂	固体		

注:I_2 溶液(约 0.05 $mol \cdot L^{-1}$):称取 3.30 g I_2 和 5.00 g KI,置于研钵中,加少量去离子水,在通风橱中研磨。待 I_2 全部溶解后,将溶液转移至棕色试剂瓶中,加去离子水稀释至 250 mL,充分摇匀,放暗处保存。

四、实验内容

1. 0.1 $mol \cdot L^{-1}$ $Na_2S_2O_3$ 溶液的配制

见实验 24 硫代硫酸钠溶液的配制与标定。

2. 0.1 mol·L^{-1} $Na_2S_2O_3$ 溶液的标定

见实验 24 硫代硫酸钠溶液的配制与标定。

3. I_2 标准溶液的标定

用移液管移取 20.00 mL $Na_2S_2O_3$ 标准溶液于 250 mL 锥形瓶中，加 50 mL 去离子水和 5 mL 0.2%淀粉指示剂，然后用待标定的 I_2 溶液滴定溶液呈浅蓝色，30 s 内不褪色即为滴定终点。平行标定 3 份，计算 I_2 标准溶液的浓度。

4. 维生素 C 药片中维生素 C 含量的测定

准确称取约 0.20 g 研碎了的维生素 C 药片，置于 250 mL 锥形瓶中，加入 100 mL 新煮沸并冷却的去离子水、10 mL 2 mol·L^{-1} HAc 溶液和 5 mL 0.2%淀粉指示剂，立即用 I_2 标准溶液滴定至出现稳定的浅蓝色为止，且在 30 s 内不褪色即为滴定终点，记下消耗的 I_2 标准溶液的体积。平行滴定 3 份，计算试样中抗坏血酸的质量分数。

5. 实验数据记录与结果处理

(1) 0.1 mol·L^{-1} $Na_2S_2O_3$ 溶液的标定。

0.1 mol·L^{-1} $Na_2S_2O_3$ 溶液浓度的标定数据记入下表并对结果进行处理。

项　　目	1	2	3
m_{KBrO_3}/g			
滴定管初读数/mL	0.00	0.00	0.00
滴定管终读数/mL			
$V_{Na_2S_2O_3}$/mL			
$c_{Na_2S_2O_3}$/(mol·L^{-1})			
$\bar{c}_{Na_2S_2O_3}$/(mol·L^{-1})			
$\overline{d_r}$			

(2) I_2 标准溶液的标定。

$$c_{I_2}=\frac{\frac{1}{2}c_{Na_2S_2O_3}V_{Na_2S_2O_3}}{V_{I_2}} \tag{3-10}$$

约 0.05 mol·L^{-1} I_2 标准溶液的标定数据记入下表并对结果进行处理。

项　　目	1	2	3
$V_{Na_2S_2O_3}$/mL	20.00	20.00	20.00
滴定管初读数/mL	0.00	0.00	0.00
滴定管终读数/mL			
V_{I_2}/mL			
c_{I_2}/(mol·L^{-1})			
$\bar{c}_{I_2}$/(mol·L^{-1})			
$\overline{d_r}$			

(3) 维生素 C 药片中维生素 C 含量的测定。

$$\omega_{C_6H_8O_6}=\frac{c_{I_2}V_{I_2}\times10^{-3}\times M_{C_6H_8O_6}}{m_s} \tag{3-11}$$

$$M_{C_6H_8O_6}=176.1\ g\cdot mol^{-1}$$

维生素 C 药片中维生素 C 含量的测定数据记入下表并对结果进行处理。

项　　目	1	2	3
m_s/g			
滴定管初读数(mL)	0.00	0.00	0.00
滴定管终读数/mL			
V_{I_2}/mL			
$\omega_{C_6H_6O_6}$			
$\overline{\omega_{C_6H_6O_6}}$			
$\overline{d_r}$			

五、思考题

(1) 维生素 C 固体试样溶解时为何要加入新煮沸并冷却的去离子水?

(2) 碘量法的误差来源有哪些? 应采取哪些措施减小误差?

六、注意事项

(1) I_2 具有挥发性,取完后应立即盖好瓶塞。I_2 在水中溶解度很小(0.035 g/100 mL, 25 ℃),且具有挥发性,故在配制 I_2 标准溶液时常加入大量 KI 溶液,使形成可溶性、不易挥发的 I_3^- 配离子。

(2) 碘易受有机物质影响,不可与软木塞、橡皮等接触,标定 I_2 标准溶液时应用酸式滴定管进行滴定。

(3) 维生素 C 易被空气氧化而引入误差,所以不要 3 份同时溶解。

(4) 滴定近终点时应充分振摇,并放慢滴定速度。

实验 26　水的硬度测定

一、实验目的

(1) 了解水的硬度测定意义和常用硬度的表示方法。

(2) 掌握 EDTA 标准溶液的配制与标定方法。

(3) 掌握用配位滴定法测定自来水总硬度的原理和方法。

(4) 了解掩蔽干扰离子的条件和方法。

二、实验原理

通常将含较多量 Ca^{2+}、Mg^{2+} 的水称为硬水,水的总硬度是指水中 Ca^{2+}、Mg^{2+} 的总量,它包括暂时硬度和永久硬度,水中 Ca^{2+}、Mg^{2+} 以酸式碳酸盐形式存在的称为暂时硬度,遇热即成碳酸盐沉淀。反应方程式如下。

$$Ca(HCO_3)_2 \xrightarrow{\triangle} CaCO_3(\text{完全沉淀}) + H_2O + CO_2\uparrow$$

$$Mg(HCO_3)_2 \xrightarrow{\triangle} MgCO_3(\text{不完全沉淀}) + H_2O + CO_2\uparrow$$

$$\downarrow +H_2O$$

$$Mg(OH)_2\downarrow + CO_2\uparrow$$

若以硫酸盐、硝酸盐和氯化物形式存在的称为永久硬度，再加热亦不产生沉淀（但在锅炉运行温度下，溶解度低的可析出成锅垢）。

水的硬度是表示水质的一个重要指标，对工业用水关系极大。水的硬度是锅垢形成和影响产品质量的重要因素。因此，水的总硬度，即水中 Ca^{2+}、Mg^{2+} 总量的测定，为确定用水质量和进行水的处理提供了依据。

由 Mg^{2+} 形成的硬度称为“镁硬”，由 Ca^{2+} 形成的硬度称为“钙硬”。

水的总硬度测定：一般采用配位滴定法，在 pH≈10 的氨性缓冲溶液中，以铬黑 T(EBT)为指示剂，用 EDTA 标准溶液直接测定 Ca^{2+}、Mg^{2+} 的总量。由于 $K_{CaY} > K_{MgY} > K_{Mg\cdot EBT} > K_{Ca\cdot EBT}$，铬黑 T 先与部分 Mg^{2+} 配位为 Mg·EBT(红色)。当 EDTA 滴入时，EDTA 与 Ca^{2+}、Mg^{2+} 配位，滴定终点时 EDTA 夺取 Mg·EBT 的 Mg^{2+}，将 EBT 置换出来，溶液由红色突变为蓝色，即为滴定终点。由 EDTA 溶液的浓度和用量，可计算出水的总硬度。

有关化学反应方程式如下。

滴定前：

$$Mg^{2+} + HIn^{2-}(\text{蓝色}) \rightleftharpoons MgIn^{-}(\text{红色}) + H^{+}$$

滴定开始至化学计量点前：

$$Mg^{2+} + HY^{3-} = MgY^{2-} + H^{+}$$

$$Ca^{2+} + HY^{3-} = CaY^{2-} + H^{+}$$

化学计量点：

$$MgIn^{-}(\text{红色}) + H_2Y^{2-} = MgY^{2-} + HIn^{2-}(\text{蓝色}) + H^{+}$$

钙硬度的测定：另取等量水样加 NaOH 溶液调节溶液 pH 为 12～13，使 Mg^{2+} 生成 $Mg(OH)_2$ 沉淀，加入钙指示剂用 EDTA 滴定，测定水中 Ca^{2+} 的含量。

镁硬度的测定：总硬度减去钙硬度即为镁硬度。

滴定时，Fe^{3+}、Al^{3+} 的干扰可用三乙醇胺掩蔽，Cu^{2+}、Pb^{2+} 和 Zn^{2+} 等重金属离子可用 KCN、Na_2S 予以掩蔽。

三、主要试剂

主要实验试剂，如表 3-10 所示。

表 3-10　主要实验试剂表

试　剂	规　格	试　剂	规　格
乙二胺四乙酸二钠	AR	$MgCl_2$	AR
$CaCO_3$	AR	HCl 溶液	6 mol·L^{-1}
NH_3-NH_4Cl 缓冲溶液	pH≈10	镁溶液	自制
钙指示剂	1%	NaOH 溶液	6 mol·L^{-1}
$CaCl_2$	AR	铬黑 T 指示剂	0.5%

注：① 镁溶液：溶解 1.00 g $MgSO_4\cdot 7H_2O$ 于水中，稀释至 200 mL。

② 自制硬水水样：分别称取 0.90 g $MgCl_2$ 和 1.60 g $CaCl_2$ 溶于 1L 自来水中备用。

四、实验内容

1. EDTA 标准溶液的配制与标定

(1) 0.01 mol·L^{-1}EDTA 标准溶液的配制。

称取 2.00 g 乙二胺四乙酸二钠($Na_2H_2Y \cdot 2H_2O$,M_r=372.24)于 500 mL 烧杯中,加 200 mL 去离子水,温热使其完全溶解,转入至聚乙烯瓶中,用去离子水稀释至 500 mL,摇匀备用。

(2) 以 $CaCO_3$ 为基准物质标定 EDTA

① 0.01 mol·L^{-1}钙标准溶液的配制。

准确称取 120 ℃干燥过的 $CaCO_3$ 0.25～0.30 g 于 100 mL 烧杯中,用少量水湿润,盖上表面皿,由烧杯嘴沿杯壁慢慢滴加 5 mL 6mol·L^{-1} HCl 溶液,如反应剧烈可间断滴加,滴加完后,按住表面皿转动烧杯,使其完全溶解,再加少量去离子水稀释,定量转移至 250 mL 容量瓶中,最后稀释至刻度,摇匀,计算其准确浓度。

② 0.01 mol·L^{-1}EDTA 标准溶液浓度的标定。

用移液管移取 25.00 mL 0.01 mol·L^{-1}钙标准溶液于 250 mL 锥形瓶中,加入约 25 mL 去离子水、2 mL 镁溶液、2～3 mL 6mol·L^{-1}NaOH 溶液和少量 1%钙指示剂(约 0.01 g,米粒大小),摇匀至钙指示剂溶解,用 EDTA 标准溶液滴定溶液由红色恰变为蓝色,即为滴定终点。平行滴定 3 份,计算 EDTA 标准溶液的浓度,要求相对平均偏差不大于 0.2%。

2. 水的总硬度测定

用移液管移取水样 10.00 mL 于 250 mL 锥形瓶中,加 40 mL 去离子水和 5 mL NH_3-NH_4Cl 缓冲溶液,摇匀。再加入 1～2 滴铬黑 T 指示剂,摇匀。用 0.01 mol·L^{-1} EDTA 标准溶液滴定溶液刚好由红色变为蓝色,即为滴定终点,记录 V_Y。平行测定 3 份。

3. 水的钙硬度测定

用移液管移取水样 10.00 mL 于 250 mL 锥形瓶中,加 40 mL 去离子水和 4 mL 6 mol·L^{-1} NaOH 溶液,摇匀。再加入少量 1%钙指示剂(约 0.01 g,米粒大小),摇匀。用 0.01 mol·L^{-1} EDTA 标准溶液滴定溶液刚好由红色变为蓝色,即为滴定终点,记录 V_Y。平行测定 3 份。

4. 实验数据记录与结果处理

(1) 0.01 mol·L^{-1}EDTA 标准溶液的标定。

0.01 mol·L^{-1}EDTA 标准溶液的标定数据记入下表并对结果进行处理。

项　目	1	2	3
滴定管初读数/mL	0.00	0.00	0.00
滴定管终读数/mL			
V_Y/mL			
c_Y/(mol·L^{-1})			
$\bar{c}_Y$/(mol·L^{-1})			
$\overline{d_r}$			

(2) 水的总硬度测定。

水的总硬度由下式计算。

$$水的总硬度=\frac{c_{Y}V_{Y}M_{CaCO_3}}{V_{水样}} \tag{3-12}$$

水的总硬度测定数据记入下表并对结果进行处理。

项　　目	1	2	3
$V_{水样}$/mL	10.00	10.00	10.00
滴定管初读数/mL	0.00	0.00	0.00
滴定管终读数/mL			
V_{Y}/mL			
水的总硬度[mg($CaCO_3$)·L^{-1}]			
水的平均总硬度[mg($CaCO_3$)·L^{-1}]			

(3) 水的钙硬度测定。

水的钙硬度测定数据记入下表并对结果进行处理。

项　　目	1	2	3
$V_{水样}$/mL	10.00	10.00	10.00
滴定管初读数/mL			
滴定管终读数/mL			
V_{Y}/mL			
$c_{Ca^{2+}}$/(mmol·L^{-1})			
$\bar{c}_{Ca^{2+}}$/(mmol·L^{-1})			
$\overline{d_r}$			

五、思考题

(1) 测定自来水的总硬度时,哪些离子有干扰,如何消除?

(2) 当水中 Mg^{2+} 含量较低时,以铬黑 T 为指示剂测定水中 Ca^{2+}、Mg^{2+} 总量的终点不明显,可否在水中先加入少量 MgY^{2-} 配合物,再用 EDTA 滴定?

实验 27　Bi^{3+}、Pb^{2+}混合溶液中铋含量的连续滴定

一、实验目的

(1) 了解酸度对 EDTA 溶液选择性的影响。

(2) 掌握用 EDTA 溶液进行连续滴定的方法。

(3) 掌握二甲酚橙指示剂的使用条件和它在终点时的变色情况。

二、实验原理

Bi^{3+}、Pb^{2+} 均能与 EDTA 形成稳定的 1∶1 螯合物,它们的 $\lg K$ 值分别为 27.94 和 18.04,由于两者的 $\lg K$ 值相差很大($\Delta\lg K=9.9>6$),满足混合离子分步滴定的条件。因此,可以用

控制酸度的方法在同1份试液中连续滴定 Bi^{3+} 和 Pb^{2+}。在pH为1左右时滴定 Bi^{3+}，在pH为5～6时滴定 Pb^{2+}。

先将 Bi^{3+}、Pb^{2+} 混合溶液的pH调为1左右，以二甲酚橙为指示剂，用EDTA标准溶液滴定 Bi^{3+}。此酸性条件下，Bi^{3+} 与指示剂形成紫红色配合物，但 Pb^{2+} 与指示剂不形成紫红色配合物，当溶液由紫红色变为亮黄色时，即为 Bi^{3+} 的滴定终点（Pb^{2+} 不被滴定）。

在滴定 Bi^{3+} 后的溶液中，加入六次甲基四胺溶液，调节溶液pH为5～6，此时 Pb^{2+} 与二甲酚橙形成紫红色配合物，溶液再次呈现紫红色，然后用EDTA标准溶液继续滴定，至溶液颜色由紫红色变为亮黄色为止，即为 Pb^{2+} 的滴定终点。

三、主要试剂

主要实验试剂，如表3-11所示。

表3-11　主要实验试剂表

试　剂	规　格	试　剂	规　格
EDTA溶液	0.01 mol·L^{-1}	六次甲基四胺溶液	20%
金属锌粒	99.9%以上	HCl	6 mol·L^{-1}
HNO_3	0.1 mol·L^{-1}	Bi^{3+}、Pb^{2+} 混合溶液	自制
二甲酚橙	0.2%水溶液		

注：Bi^{3+}、Pb^{2+} 混合溶液（含 Bi^{3+}、Pb^{2+} 各约为0.01 mol·L^{-1}）：称取4.85 g $Bi(NO_3)_3\cdot5H_2O$ 和33.00 g $Pb(NO_3)_2$，加入10 mL浓 HNO_3，微热溶解后稀释至1L。

四、实验内容

1. 0.01 mol·L^{-1} EDTA **标准溶液的配制**

见实验26水的硬度测定。

2. Zn^{2+} **标准溶液的配制**

准确称取0.15～0.20 g基准锌片于50 mL洁净的烧杯中，加入约5 mL 1∶1的HCl溶液，盖上表面皿，待锌片完全溶解后，以少量去离子水冲洗表面皿，将溶液定量转移至250 mL容量瓶中，用少量去离子水冲洗烧杯2～3次，一并转入容量瓶中，用去离子水稀释至刻度，摇匀，计算 Zn^{2+} 标准溶液的浓度。

3. 0.01 mol·L^{-1} EDTA **标准溶液的标定**

用移液管准确移取25.00 mL Zn^{2+} 标准溶液于250 mL锥形瓶中，加入1～2滴0.2%二甲酚橙指示剂，滴加20%六次甲基四胺溶液至溶液呈现稳定的紫红色后，再过量滴加5 mL，用EDTA标准溶液滴定溶液由紫红色变为亮黄色即为滴定终点，计算EDTA标准溶液的准确浓度。

4. Bi^{3+}、Pb^{2+} **混合溶液中铋含量的连续滴定**

用移液管移取25.00 mL Bi^{3+}、Pb^{2+} 混合溶液3份，分别置于250 mL锥形瓶中，各滴加1～2滴二甲酚橙指示剂，用EDTA标准溶液滴定溶液由紫红色变为亮黄色，平行滴定3份，记录所消耗EDTA标准溶液的体积，计算混合溶液中 Bi^{3+} 的含量（以g·L^{-1}表示）。

向滴定 Bi^{3+} 后的溶液中滴加20%六次甲基四胺溶液（约滴加5 mL），至呈现稳定的紫红色后，再滴加 5 mL 20% 六次甲基四胺溶液和 1 滴 0.2%二甲酚橙指示剂(此时溶液 pH 值约为 5～6)，继续用 EDTA 标准溶液滴定溶液由紫红色变为亮黄色，即为 Pb^{2+} 的滴定终点，平行滴定 3 份，记录所消耗 EDTA 标准溶液的体积，计算混合溶液中 Pb^{2+} 的含量(以 $g \cdot L^{-1}$ 表示)。

5. 实验数据记录与结果处理

(1) 0.01 $mol \cdot L^{-1}$ EDTA 标准溶液的标定。

$$c_Y = \frac{\frac{m_{Zn}}{M_{Zn}} \times \frac{25.00}{250.0}}{V_Y} \times 1000 \tag{3-13}$$

$$M_{Zn} = 65.38\ g \cdot mol^{-1}$$

0.01 $mol \cdot L^{-1}$ EDTA 标准溶液的标定数据记入下表并对结果进行处理。

项　　目	1	2	3
m_{Zn}/g			
滴定管初读数/mL	0.00	0.00	0.00
滴定管终读数/mL			
V_Y/mL			
$c_Y/(mol \cdot L^{-1})$			
$\bar{c}_Y/(mol \cdot L^{-1})$			
$\overline{d_r}$			

(2) Bi^{3+}、Pb^{2+} 混合溶液中铋含量的连续滴定。

$$c_{Bi^{3+}} = \frac{(cV)_Y M_{Bi}}{25.00} \tag{3-14}$$

$$M_{Bi} = 209.0\ g \cdot mol^{-1}$$

$$c_{Pb^{2+}} = \frac{(cV')_Y M_{Pb}}{25.00} \tag{3-15}$$

$$M_{Pb} = 207.2\ g \cdot mol^{-1}$$

Bi^{3+}、Pb^{2+} 混合溶液中铋含量的连续滴定数据记入下表并对结果进行处理。

项　　目	1	2	3
Bi^{3+}、Pb^{2+} 混合溶液的体积/mL	25.00	25.00	25.00
第一滴定终点所消耗 EDTA 标准溶液的体积 $V_{Y,1}/mL$			
第二滴定终点所消耗 EDTA 标准溶液的体积 $V_{Y,2}/mL$			
$c_{Bi^{3+}}/(g \cdot L^{-1})$			
$\bar{c}_{Bi^{3+}}/(g \cdot L^{-1})$			
$\overline{d_r}$			
$c_{Pb^{2+}}/(g \cdot L^{-1})$			
$\bar{c}_{Pb^{2+}}/(g \cdot L^{-1})$			
$\overline{d_r}$			

五、思考题

(1) 描述连续滴定 Bi^{3+}、Pb^{2+} 过程中，锥形瓶中颜色的变化情况，以及颜色变化的原因。

(2) 滴定 Pb^{2+} 时要调节溶液 pH 为 5～6，为什么加入六次甲基四胺溶液而不加入 NaAc 溶液、NaOH 溶液或者 $NH_3 \cdot H_2O$?

六、注意事项

(1) 滴定 Bi^{3+} 时，滴定前和滴定初期，不要多用水冲洗锥形瓶口，以防 Bi^{3+} 水解。

(2) Bi^{3+} 与 EDTA 标准溶液反应速度较慢，故临近滴定终点时滴定速度不宜过快，且要剧烈摇动。

实验 28　可溶性氯化物中氯含量的测定(莫尔法)

一、实验目的

(1) 掌握 $AgNO_3$ 标准溶液的配制和标定方法。

(2) 掌握莫尔法的滴定原理和实验操作。

二、实验原理

莫尔法是测定可溶性氯化物中氯含量的常用方法。此法是在中性或弱碱性溶液中，以 K_2CrO_4 溶液为指示剂，用 $AgNO_3$ 标准溶液进行滴定。由于 AgCl 沉淀的溶解度比 Ag_2CrO_4 小，因此，溶液中首先析出 AgCl 沉淀。当 AgCl 定量沉淀后，过量的 $AgNO_3$ 溶液即与 $CrO_4{}^{2-}$ 反应生成砖红色 Ag_2CrO_4 沉淀，指示到达滴定终点。有关反应方程式如下。

$$Ag^+ + Cl^- \xlongequal{} AgCl\downarrow(白色),\quad K_{sp}=1.8\times10^{-10}$$

$$2Ag^+ + CrO_4{}^{2-} \xlongequal{} Ag_2CrO_4\downarrow(砖红色),\quad K_{sp}=2.0\times10^{-12}$$

滴定必须在中性或弱碱性溶液中进行，最适宜的 pH 为 6.5～10.5。如果有铵盐存在，溶液的 pH 需控制在 6.5～7.2。

指示剂的用量对滴定有影响，一般 K_2CrO_4 溶液浓度以 5×10^{-3} mol · L^{-1} 为宜(指示剂必须定量加入)。溶液较稀时，要做指示剂的空白校正。凡是能与 Ag^+ 生成难溶化合物或配合物的阴离子均干扰测定，如 $PO_4{}^{3-}$、$AsO_4{}^{3-}$、S^{2-}、$SO_3{}^{2-}$、$CO_3{}^{2-}$ 和 $C_2O_4{}^{2-}$ 等，其中 H_2S 可加热煮沸除去，$SO_3{}^{2-}$ 可氧化成 $SO_4{}^{2-}$ 以消除干扰。大量 Cu^{2+}、Ni^{2+} 和 Co^{2+} 等有色离子影响滴定终点观察。凡是能与指示剂 K_2CrO_4 生成难溶化合物的阳离子也干扰测定，如 Ba^{2+} 和 Pb^{2+} 等。Ba^{2+} 的干扰可加入过量的 Na_2SO_4 消除。Al^{3+}、Fe^{3+}、Bi^{3+} 和 Sn^{4+} 等高价金属离子因在中性或弱碱性溶液中易水解产生沉淀，也会干扰测定。

三、主要试剂

主要实验试剂，如表 3-12 所示。

表 3-12 主要实验试剂表

试剂	规格	试剂	规格
NaCl	AR	$AgNO_3$	AR
K_2CrO_4 溶液	$50\ g\cdot L^{-1}$	待测氯化物	自制

注：NaCl(AR)：在 500～600 ℃ 高温炉中灼烧 30 min 后，于干燥器中冷却。

四、实验内容

1. 0.1 mol·L^{-1} $AgNO_3$ 溶液的配制

准确称取 4.6 g $AgNO_3$ 于 50 mL 洁净烧杯中，用适量去离子水溶解后，将溶液转移至棕色试剂瓶中，用去离子水稀释至 250 mL 左右，摇匀，置暗处避光保存。

2. 0.1 mol·L^{-1} $AgNO_3$ 溶液的标定

准确称取 0.5～0.65 g NaCl 基准试剂于烧杯中，用去离子水溶解后，定量转入 100 mL 容量瓶中，用去离子水稀释至刻度，摇匀。

准确移取 25.00 mL NaCl 标准溶液 3 份于 250 mL 锥形瓶中，加入 25 mL 去离子水，用吸量管加入 1 mL 50 g·L^{-1} K_2CrO_4 溶液，不断用力摇动下，用待标定的 $AgNO_3$ 溶液滴定溶液呈现砖红色即为滴定终点，计算 $AgNO_3$ 溶液的浓度。

3. 试样分析

准确称取氯化物试样 1.8～2 g 于洁净烧杯中，加去离子水溶解后，定量转移至 250 mL 容量瓶中，用去离子水稀释至刻度，摇匀。用移液管移取 25.00 mL 试液于 250 mL 锥形瓶中，加入 25 mL 去离子水，用吸量管加入 1 mL 50 g·L^{-1} K_2CrO_4 溶液，不断用力摇动下，用 $AgNO_3$ 溶液滴定溶液呈现砖红色即为滴定终点。平行测定 3 份，计算试样中 Cl^- 含量。

必要时进行空白测定，即取 25.00 mL 去离子水按上述方法进行同样操作测定，计算时应扣除空白测定所耗 $AgNO_3$ 标准溶液的体积。

4. 实验数据记录与结果处理

(1) 0.1 mol·L^{-1} $AgNO_3$ 溶液的标定。

$$c_{AgNO_3}=\frac{m_{NaCl}\times\frac{25.00}{100.0}}{M_{NaCl}V_{AgNO_3}}\times 1000 \tag{3-16}$$

$$M_{NaCl}=58.44\ g\cdot mol^{-1}$$

0.1 mol·L^{-1} $AgNO_3$ 溶液的标定数据记入下表并对结果进行处理。

项目	1	2	3
m_{NaCl}/g			
滴定管初读数/mL	0.00	0.00	0.00
滴定管终读数/mL			
V_{AgNO_3}/mL			
c_{AgNO_3}/(mol·L^{-1})			
$\bar{c}_{AgNO_3}$/(mol·L^{-1})			
$\overline{d_r}$			

（2）试样分析。

$$\omega_{Cl}=\frac{c_{AgNO_3}V_{AgNO_3}\times10^{-3}\times M_{Cl}}{m_s\times\frac{25.00}{250.0}} \tag{3-17}$$

$$M_{Cl}=35.45\ g\cdot mol^{-1}$$

可溶性氯化物中氯含量的测定数据记入下表并对结果进行处理。

项　　目	1	2	3
$m_{试样}$/g			
滴定管初读数/mL	0.00	0.00	0.00
滴定管终读数/mL			
V_{AgNO_3}/mL			
ω_{Cl}			
$\bar{\omega}_{Cl}$			
$\overline{d_r}$			

五、思考题

（1）用莫尔法测氯时，为什么溶液的 pH 需控制在 6.5～10.5？

（2）以 K_2CrO_4 溶液作指示剂时，其浓度太大或太小对测定有何影响？

六、注意事项

（1）$AgNO_3$ 见光析出金属银，故需保存在棕色试剂瓶中；$AgNO_3$ 若与有机物接触，则起还原作用，加热颜色变黑，故勿使 $AgNO_3$ 与皮肤接触。有关反应方程式为

$$2AgNO_3 \xlongequal{光} 2Ag+2NO_2\uparrow+O_2\uparrow$$

（2）实验结束后，盛装 $AgNO_3$ 溶液的滴定管应先用去离子水冲洗 2～3 次，再用自来水冲洗，以免产生 AgCl 沉淀，难以洗净。银为贵金属，含银废液应予以回收，不可随意倒入水槽。

实验 29　邻二氮菲分光光度法测定微量铁

一、实验目的

（1）了解分光光度计的构造，掌握分光光度计的使用方法。

（2）了解朗伯-比尔定律的应用。

（3）学会正确绘制吸收曲线和标准曲线。

（4）掌握分光光度法测定被测物含量的方法。

二、实验原理

邻二氮菲（phen）分光光度法是测定微量铁的一种较好方法，具有准确度高、重现性好、配

合物稳定等特点。Fe^{2+} 和邻二氮菲在 pH 为 2～9 的溶液中，生成一种稳定的橙红色配合物 $[Fe(phen)_3]^{2+}$，其 $\lg K_{稳}=21.3$，摩尔吸光系数 $\kappa_{510}=1.1\times10^4$。反应方程式如下。

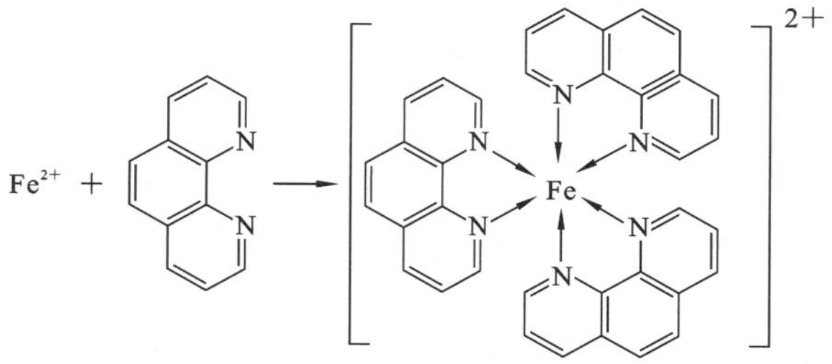

邻二氮菲与 Fe^{3+} 也生成 3∶1 的淡蓝色配合物，其 $\lg K_{稳}=14.0$，在显色前应用盐酸羟胺或抗坏血酸将 Fe^{3+} 全部还原为 Fe^{2+}，然后再加入邻二氮菲，并调节溶液酸度至适宜的显色酸度范围(pH 为 4.5～5)。有关反应方程式为

$$2Fe^{3+}+2NH_2OH\cdot HCl = 2Fe^{2+}+N_2\uparrow+2H_2O+4H^++2Cl^-$$

橙红色配合物的最大吸收峰在 510 nm 波长处。本方法的选择性很高，相当于 Fe^{2+} 含量 40 倍的 Sn^{2+}、Al^{3+}、Ga^{2+}、Mg^{2+}、Zn^{2+} 和 $SiO_3{}^{2-}$，20 倍的 Cr^{3+}、Mn^{2+}、V(Ⅴ)和 $PO_4{}^{3-}$，5 倍的 Co^{2+} 和 Cu^{2+} 等均不干扰测定。

三、实验用品

1. 仪器与器材

分光光度计；容量瓶(1 L)1 个，容量瓶(50 mL)8 个；移液管(1 mL、2 mL、5 mL 各 1 支)；洗耳球。

2. 实验试剂

主要实验试剂，如表 3-13 所示。

表 3-13　主要实验试剂表

试　剂	规　格	试　剂	规　格
$NH_4Fe(SO_4)_2\cdot12H_2O$	AR	含铁试样溶液	自制
邻二氮菲	0.15%，新制	盐酸羟胺	10%水溶液，现配
NaAc 溶液	1 mol·L^{-1}	HCl 溶液	6 mol·L^{-1}

四、实验内容

1. 溶液配制

(1) 铁标准溶液(含铁 100 μg·mL^{-1})的配制。

准确称取 0.8634 g $NH_4Fe(SO_4)_2\cdot12H_2O$，置于洁净烧杯中，用 20 mL 6 mol·$L^{-1}$ HCl 溶液和适量去离子水溶解后，定量转移至 1L 容量瓶中，用去离子水稀释至刻度，振荡均匀后备用。

(2) 显色标准溶液的配制。

在已编号的 7 个 50 mL 容量瓶中，用吸量管分别加入 0.00、0.20、0.40、0.60、0.80、1.00、2.00 mL 铁标准溶液和 1 mL 10% 盐酸羟胺溶液，振荡均匀后放置 2 min，再分别加入 2 mL 0.15%邻二氮菲溶液和 5 mL 1 mol·L^{-1} NaAc 溶液，用去离子水稀释至刻度，振荡均匀后备用。

2. 吸收曲线的绘制和 λ_{max} 的选择

在分光光度计上，选用 1 cm 比色皿，以试剂空白溶液（1 号）为参比溶液，在 440～560 nm 内，每隔 10 nm 测定 1 次待测溶液（5 号）的吸光度 A，以波长为横坐标，吸光度为纵坐标绘制吸收曲线，从而选择测定铁的最大吸收波长 λ_{max}。

3. 标准曲线的绘制

在分光光度计上，选用 1 cm 比色皿，以试剂空白溶液（1 号）为参比溶液，在选定 λ_{max} 下测定 2～7 号各显色标准溶液的吸光度。以铁的浓度为横坐标，相应的吸光度为纵坐标，绘制标准曲线。

4. 试样中铁的含量测定

吸取未知铁含量试样溶液 5.00 mL 于 50 mL 容量瓶（8 号）中，加入 1 mL 10% 盐酸羟胺溶液，振荡均匀后放置 2 min，再分别加入 2 mL 0.15% 邻二氮菲溶液和 5 mL 1 mol · L^{-1} NaAc 溶液，用去离子水稀释至刻度，振荡均匀后在 λ_{max} 处，用 1 cm 比色皿，以试剂空白溶液（1 号）为参比溶液，测定其吸光度，然后从标准曲线上查得试样溶液的含铁浓度（μg · mL^{-1}），从而计算出 5.00 mL 试样溶液中所含铁的微克数（μg）。

5. 实验数据记录与结果处理

（1）吸收曲线的绘制和 λ_{max} 的选择。

吸收曲线的绘制数据记入下表并对结果进行处理。

λ/nm	440	450	460	470	480	490	500	510	520	530	540	550	560
吸光度 A													

（2）标准曲线的绘制。

标准曲线的绘制（λ_{max} = 　nm）数据记入下表并对结果进行处理。

容量瓶编号	2	3	4	5	6	7
c_{Fe}/（μg · mL^{-1}）						
吸光度 A						

（3）试样中铁的含量测定。

试样中铁的含量测定（λ_{max} = 　nm）数据记入下表并对结果进行处理。

容量瓶编号	8
试样体积 $V_{试样}$/mL	5.00
吸光度 A	
c_{Fe}/（μg · mL^{-1}）	
铁的含量/μg	

五、思考题

（1）配制铁标准溶液时，为什么要加入 6 mol · L^{-1} HCl 溶液？

（2）显色前为什么要加入盐酸羟胺溶液？如测定一般铁盐的总铁量，是否需要加入盐酸羟胺溶液？

(3) 实验中所加的哪些试剂体积要比较准确？哪些试剂体积不需要很准确？为什么？

实验 30 钢铁中硅的测定

一、实验目的

(1) 掌握钢铁中硅的测定原理及方法。

(2) 理解参比溶液的特点和作用。

二、实验原理

试样用稀酸溶解后，使硅转化为可溶性硅酸。加入 $KMnO_4$ 氧化碳化物，再加 $NaNO_2$ 还原过量的 $KMnO_4$，在弱酸性溶液中，加入钼酸，使其与 H_4SiO_4 反应生成氧化型的黄色硅钼杂多酸（硅钼黄），在草酸的作用下，用硫酸亚铁铵将其还原为硅钼蓝，有关反应方程式为

$$3FeSi + 16HNO_3 = 3Fe(NO_3)_3 + 3H_4SiO_4 + 7NO\uparrow + 2H_2O$$

$$FeSi + H_2SO_4 + 4H_2O = H_4SiO_4 + FeSO_4 + 3H_2\uparrow$$

$$H_4SiO_4 + 12H_2MoO_4 = H_8[Si(Mo_2O_7)_6] + 10H_2O$$

$$H_8[Si(Mo_2O_7)_6] + 2H_2SO_4 + 4FeSO_4 = 2Fe_2(SO_4)_3 + 2H_2O + H_8\left[Si\begin{matrix} \diagup Mo_2O_5 \\ \diagdown (Mo_2O_7)_5 \end{matrix}\right]$$

在波长 810 nm 处测定硅钼蓝的吸光度。本法适用于铁、碳钢、低合金钢中 0.03%～1.00%酸溶硅含量的测定。

三、实验用品

1. 仪器与器材

721 型紫外可见分光光度计；比色皿。

2. 实验试剂

主要实验试剂，如表 3-14 所示。

表 3-14 主要实验试剂表

试剂	规格	试剂	规格
待测含硅铁粉或铁屑	自制	草酸-硫酸混合液	自制
硝酸	1∶3(体积比)	硫酸亚铁铵溶液	6%
钼酸铵溶液	5%	硅标准溶液	$0.5\ mg\cdot mL^{-1}$

注：① 钼酸铵溶液(5%)：量取 60 mL 去离子水于 100 mL 锥形瓶中，在电热板上加热至 60～70 ℃，加钼酸铵 25 g 振荡溶解，冷却后倒入试剂瓶中，用水稀释至 500 mL。

② 草酸-硫酸混合液：量取 400 mL 去离子水于烧杯中，加 16 g 草酸，缓缓加入 22 mL 浓硫酸，待草酸溶解后，用去离子水稀释至 500 mL。

③ 硫酸亚铁铵溶液(6%)：量取 400 mL 去离子水于烧杯中，依次加入 2.5 mL 浓硫酸，30 g 硫酸亚铁铵，溶解后用去离子水稀释至 500 mL。

④ 硅标准溶液($0.5\ mg\cdot mL^{-1}$)：称取 5 g $Na_2SiO_3\cdot 9H_2O$ 溶于适量去离子水中，然后转移至 1000 mL 容量瓶中，振荡后稀释至刻度，再转移至塑料瓶中储存备用。

四、实验内容

1. 试样溶解

称取试样 0.2000 g 于 250 mL 锥形瓶中，加 15 mL 硝酸，加热溶解(加热时，温度稍低一些为好)，然后煮沸去除氮的氧化物，冷却，转移至 100 mL 容量瓶中，振荡后稀释至刻度。

2. 显色液的配制

取 10.00 mL 试液于 50 mL 容量瓶中，加 5 mL 钼酸铵溶液，在沸水浴上加热 30 s，冷却后，加 10 mL 草酸溶液，振荡均匀后加入 10 mL 硫酸亚铁铵溶液，再次振荡均匀后稀释至刻度。

3. 空白液的配制

取 10.00 mL 试液于 50 mL 容量瓶中，加 10 mL 草酸溶液，5 mL 钼酸铵溶液，10 mL 硫酸亚铁铵溶液，振荡均匀后稀释至刻度。

4. 样品测量

以 1 cm 比色皿为吸收池，以空白液为参比溶液，在 680 nm 波长处测量其吸光度，并从标准曲线上查得试样的含硅量。

5. 标准曲线的绘制

称取 0.2000 g 纯铁或已知含低硅的试样若干份，溶解后，依次加入硅标准溶液 0.00、0.50、1.00、2.00、3.00、4.00 mL，稀释至 100 mL。分别取 10.00 mL 溶液 1 份，按上述方法显色，测定吸光度，并绘制标准曲线。每毫升硅标准溶液含相当于 500 μg 硅。

6. 实验数据记录与结果处理

以 10 mL 溶液中含硅量(μg)为横坐标(x 轴)，即横坐标分别为 0、25、50、100、150、200，以每份标准溶液显色后的吸光度为纵坐标(y 轴)，在数据处理软件(Excel 或 Origin)中进行绘图，得到 6 个点，进行线性拟合，得到线性方程 $y=kx+b$。将待测溶液显色后的吸光度代入线性方程，即可求得 10 mL 待测溶液的含硅量(μg)。含硅量也可用质量分数(ω_{Si})表示。

$$\omega_{Si}=\frac{m_1\times10^{-6}}{m\times\dfrac{V_1}{V}}\times100 \tag{3-18}$$

式中：m_1 为从标准曲线上查得试样的含硅量(μg)；V_1 为移取试验溶液的体积(mL)；V 为试验溶液的总体积(mL)。

标准曲线的绘制数据记入下表并对结果进行处理。

加入硅标准溶液的体积/mL	0.00	0.50	1.00	2.00	3.00	4.00
取样体积 V_1/mL	10.00	10.00	10.00	10.00	10.00	10.00
吸光度 A						
试样中含硅量 m_1/μg						
含硅量(ω_{Si})						

待测溶液中含硅量的测定数据记入下表并对结果进行处理。

试样体积 $V_{试样}$/mL	10.00
吸光度 A	
试样中含硅量 m_1/μg	
含硅量(ω_{Si})	

五、思考题

(1) 如何控制钢铁中硅的测定条件?

(2) 参比溶液采用的类型及优点是什么?

六、注意事项

(1) 本方法适用于含硅量不大于0.7%的试样,用硝酸溶解含硅量高的试样时容易脱水,导致结果偏低。当试样中含硅量达0.7%~1.2%时可改称0.1 g,测得结果按上述标准曲线加倍计算含硅量,如改用30 mL硫酸(体积比为5∶95)溶解试样,按同样方法操作,可允许测定含硅量稍高的试样。

(2) 如果采用室温显色,在显色时需适当降低酸度,所以在加钼酸铵溶液前先加水15 mL,加入钼酸铵溶液放置10 min,室温低于10 ℃时放置30 min以上。

(3) 测定范围:含硅量0.1%~1.0%。

实验31 离子选择性电极法测定牙膏中总氟含量

一、实验目的

(1) 掌握直接电位法的基本原理和实验操作技能。

(2) 了解离子选择性电极的类型及其应用,学习pHS-2F型pH计的使用方法。

(3) 了解总离子强度调节缓冲溶液的意义和作用。

(4) 掌握测定牙膏中F^-浓度的方法(标准曲线法)。

二、实验原理

氟是最活泼的非金属元素,自然界中不存在单质氟。氟也是人体必不可少的微量元素之一,适量氟对人体有益,成年人平均每人每天安全和适宜的氟摄入量为3.0~4.5 mg,过多或过少都可能引起疾病。氟摄入量过低会引发龋齿,但是摄入量长期超过正常需要,将导致地方性氟病。我国允许每克含氟牙膏中氟的含量为0.5~1.5 mg。

测定F^-的常用方法之一是氟离子选择性电极法(FISE)。氟离子选择性电极(一种电化学传感器)是一种晶体均相膜电极,也是一种对F^-具有特异性识别的敏感电极,由LaF_3单晶制成,它将溶液中待测离子的活度转换成相应的电位,以饱和甘汞电极为参比电极,氟离子选择性电极为指示电极,插入待测溶液中组成原电池,具有电极结构简单、灵敏度和精密度高、响应速度快、抗色泽干扰能力强、携带方便、操作简单等优点,因而广泛应用于科研、教学和生产实际等诸多方面。

当控制测定体系的离子强度为一定值时,电池的电动势与F^-活度的对数值呈线性关系,即

$$E=K_1-\frac{2.303RT}{F}\lg\alpha_{F^-} \tag{3-19}$$

当测量温度为25 ℃,F^-活度(浓度)在10^{-6}~10^{-1} mol·L^{-1},且溶液总离子强度及溶接电位条件一定时,电池的电动势与F^-浓度的负对数值呈线性关系,即

$$E=K_2+0.059pF \tag{3-20}$$

测定 pH 值控制在 5～7 最为适宜，可采用标准曲线法和标准加入法进行测定。

三、实验用品

1. 仪器与器材

pHS-2F 型 pH 计；氟离子选择性电极；饱和甘汞电极；电磁搅拌器；分析天平；快速定量滤纸。

2. 实验试剂

主要实验试剂，如表 3-15 所示。

表 3-15　主要实验试剂表

试　剂	规　格	试　剂	规　格
NaF	AR	NaCl	AR
$Na_3C_6H_5O_7 \cdot 2H_2O$	AR	冰醋酸	AR
NaOH	6 mol · L^{-1}	溴甲酚绿	指示剂
HCl	浓；6 mol · L^{-1}	牙膏	商品级

注：① 1.0×10^{-3} mol · L^{-1} F^- 标准溶液：称取 NaF（烘干 2 h，温度 120 ℃）0.0420 g 于烧杯中，用去离子水溶解，定量转移至 1 L 容量瓶中，用水稀释至刻度，贮存于聚乙烯瓶中，备用。

② 总离子强度调节缓冲溶液（TISAB）：在 1000 mL 洁净烧杯中，加入准确称取的 58 g NaCl、12 g 柠檬酸钠（$Na_3C_6H_5O_7 \cdot 2H_2O$）和准确量取的 57 mL 冰醋酸，用去离子水搅拌溶解，将烧杯放在冷水中，缓慢加入 6 mol · L^{-1} NaOH 溶液，调节溶液 pH 为 5.0～5.5（约 25 mL，用 pH 试纸检验），冷至室温，再转移至 1000 mL 容量瓶中，加水稀释至刻度。

四、实验内容

1. 氟离子选择性电极的准备

打开 pHS-2F 型 pH 计的电源开关，仪器预热 20 min，校正仪器，调节仪器零点。将氟离子选择性电极接仪器负极（即玻璃电极插孔），饱和甘汞电极接仪器正极，将测量选择开关旋转到"mV"挡，将两电极插入装有去离子水和搅拌子的烧杯中，开动电磁搅拌器，反复清洗电极至空白电位大于 300 mV，如电极电位变化太慢，可更换烧杯中的去离子水。

2. 试样预处理

称取约 1.0 g 牙膏（含氟）试样置于烧杯中，加入 10 mL 热浓盐酸，充分搅拌约 20 min，用快速定量滤纸过滤，热水充分洗涤。之后往滤液中加 1～2 滴溴甲酚绿指示剂（呈黄色），先用 6 mol · L^{-1} NaOH 溶液中和至溶液颜色刚好变蓝，再用 6 mol · L^{-1} 盐酸调至溶液颜色刚好变黄（pH=6），最后转移至 100 mL 容量瓶中，加水稀释至刻度，备用。

3. 标准曲线的绘制

用移液管分别量取 0.50 mL、1.00 mL、5.00 mL、10.00 mL 的 1.0×10^{-3} mol · L^{-1} F^- 标准溶液于 4 个 100 mL 容量瓶中，加入 20.00 mL TISAB，用去离子水稀释至刻度，即得 c_{F^-} 分别为 5.0×10^{-6} mol · L^{-1}、1.0×10^{-5} mol · L^{-1}、5.0×10^{-5} mol · L^{-1} 和 1.0×10^{-4} mol · L^{-1} 的标准系列溶液。将标准系列溶液由低浓度到高浓度依次转入洁净的烧杯中，放入搅拌子，将电极插入被测试液，开动电磁搅拌器 5～8 min 后，停止搅拌，读取各自稳定的平衡电位值，测

定结束，上移电极，并用滤纸吸干附着在电极上的溶液。

在表 3-16 中记录标准系列溶液的相应电位值，在坐标纸上绘制 E-pF 标准曲线图。

表 3-16　E-pF 标准曲线数值表

F^- 标准溶液的浓度/($mol \cdot L^{-1}$)	1.0×10^{-3}			
V_{F^-} /mL	0.50	1.00	5.00	10.00
c_{F^-} /($mol \cdot L^{-1}$)				
pF				
E/mV				

4. 牙膏中含氟量的测定

用移液管准确移取制得的牙膏滤样 10.00 mL 于 100 mL 容量瓶中，加 20.00 mL TISAB，用去离子水稀释至刻度，再将溶液转入洁净的烧杯中，在与制作标准曲线相同的实验条件下测量电位 E 值，从标准曲线上查出 c_x，计算牙膏中的含氟量。牙膏中含氟量的测定表，如表 3-17 所示。

表 3-17　牙膏中含氟量的测定表

牙膏品牌	
牙膏质量 m_s/g	
$V_{牙膏滤样}$ /mL	100.0
E/mV	
c_{F^-} /($mol \cdot L^{-1}$)	
ω_{F^-} /($mg \cdot g^{-1}$)	

5. 实验数据记录与结果处理

(1) 标准曲线的绘制。

(2) 牙膏中含氟量的测定。

从标准曲线上查出被测溶液含 F^- 浓度为 c_x，则牙膏试样中 F^- 浓度为

$$c_{F^-} = \frac{c_x \times 100.0}{10.00}\ mol \cdot L^{-1} \tag{3-21}$$

或

$$\omega_{F^-} = \frac{c_{F^-} \times 100.0 \times 10^{-3}}{m_s} \times 19.0 \times 10^3\ mg \cdot g^{-1} \tag{3-22}$$

五、思考题

(1) 实验中使用总离子强度调节缓冲溶液的目的是什么？

(2) 用氟离子选择性电极测定 F^- 浓度的原理是什么？

(3) 为什么此实验中要控制待测溶液 pH 为 5～7？

六、注意事项

(1) 氟离子选择性电极在使用前宜在纯水中浸泡数小时，或在 $1.0\times10^{-3}\ mol \cdot L^{-1}$ NaF 标准溶液中活化 1～2h，再用去离子水清洗至空白电位(电极在不含 F^- 的去离子水中的电位值为 180～250 mV)恒定为止，连续使用时的间隙可将其浸泡在水中，长期不用则烘干保存。

(2) 试样预处理时，要不停地搅拌溶液，尽量使牙膏溶解。

(3)测定时应按溶液浓度从低到高依次进行，避免发生迟滞效应而影响测量精度。

(4) 电位平衡时间随 F^- 浓度减小而延长，在同一数量级内测定，一般几分钟可达平衡，测定过程中，如平衡电位在 2 min 内无明显变化即可读数。

(5) 理论上标准曲线的斜率 $S=2.303RT/F$(25 ℃时，$S=59\ \mathrm{mV}/pc_{F^-}$)，与实际测定值可能有不同，最好实际测定以免产生误差。

实验 32　石墨炉原子吸收光谱法测定锌含量

一、实验目的

(1) 了解石墨炉原子化器的工作原理和使用方法。

(2) 了解原子吸收光谱仪的基本构造及使用方法。

(3) 理解用标准曲线法进行元素定量分析的基本原理。

二、实验原理

高温石墨炉原子吸收光谱法是一种非火焰原子吸收光谱法，其原理是利用高温石墨炉使试样完全蒸发，充分原子化，高温石墨管使试样利用率高达 100%，自由原子在吸收区停留时间长，故灵敏度比火焰法高 100～1000 倍(检出限达 10^{-14} g)。其试样用量仅为 5～100 μL，而且可以直接分析悬浮液和固体样品，缺点是干扰严重，必须进行背景扣除，且操作比火焰法复杂。

原子吸收光谱法进行定量分析的依据：在使用锐线光源的条件下，原子蒸气的吸光度与峰值吸收成正比，即

$$A=\lg(I_0/I)=0.4343K^0L \tag{3-23}$$

式中：A 为中心频率处的吸光度；L 为原子蒸气的厚度。

由式(3-23)可知：只要测定吸光度并固定 L，就可求得 K^0，而 K^0 与原子蒸气中的原子浓度成正比。并且在稳定的测定条件下，被测定试样中待测元素的浓度与原子蒸气中的原子浓度也成正比。因此，吸光度与试样中待测元素的浓度 c 也成正比，即

$$A=KcL \tag{3-24}$$

其中：K 包含了所有常数。式(3-24)为原子吸收光谱法进行定量分析的理论基础。

三、实验用品

1. 仪器与器材

TAS-990 原子吸收分光光度计；锌空心阴极灯；冷却水泵。

2. 实验试剂

1 mg · mL^{-1} Zn^{2+} 储备液。

四、实验内容

1. 系列标准溶液的配制

(1) 把 1 mg · mL^{-1} Zn^{2+} 储备液稀释成 50 μg · mL^{-1} Zn^{2+} 标准溶液。

(2) 用移液管分别移取 50 μg·mL^{-1} Zn^{2+} 标准溶液 0.00、1.00、2.00、5.00、10.00、20.00 mL 于 6 个 50 mL 容量瓶中，用 20%乙醇的超纯水溶液稀释至刻度，振荡均匀后备用。

2. 样品溶液的配制

用量筒量取 50 μg·mL^{-1} Zn^{2+} 标准溶液 1～20 mL，用 20%乙醇的超纯水溶液稀释至刻度。

3. 仪器准备

(1) 去掉仪器罩，放置锌空心阴极灯。

(2) 打开抽风设备。

(3) 打开冷却水泵。

(4) 打开冷却气源，调节氩气输出气压约为 1.5～2 个 atm(0.5 MPa)。

(5) 打开原子吸收光谱仪的主机电源，打开自动进样器电源；打开计算机电源，进入桌面，双击原子吸收控制程序“AAWin”图标；选择“联机”，单击“确定”，进入仪器自检画面，等待仪器各项自检确定后，进行测量。

4. 样品准备

用去离子水洗涤 7 支样品管，分别用 1～6 号标准溶液润洗后加入适量标准溶液，插入自动进样器 ST00～05 号位；用样品溶液润洗第 7 支样品管，加入适量样品溶液，插入自动进样器 S001 号位。

5. 仪器参数设定

(1) 选择“工作灯”和“预热灯”，设置波长为 213.9 nm。

(2) 调节光路：单击“仪器”→“原子化器位置”，调节炉体前后位置，或者旋转炉体底部圆盘来调节炉体上下高度，观察能量值，使能量值达到相对最大化；单击“能量”，选择“能量自动平衡”，调节能量为 100%。

(3) 标准溶液及样品溶液设置：单击“样品”，进入“样品设置向导”，选择标准曲线法；根据所配溶液设置标准溶液与样品溶液的数量及浓度；单击“下一步”，进入辅助参数选项，可以直接单击“下一步”，单击“完成”以结束设置。

6. 测量

标准溶液测量：单击“测量”按钮，进入测量画面。同一个样品测量的重复次数与参数设置有关，一般一个样品测量 2～3 次后，再测量下一个样品。

样品溶液测量：单击“测量”按钮，进入测量画面。

7. 关机

(1) 单击右上角的关闭按钮，退出程序。

(2) 关闭原子吸收光谱仪的主机电源，罩上仪器罩。

(3) 关闭计算机电源和稳压器电源。

(4) 15 min 后关闭抽风设备，关闭实验室总电源，完成测量工作。

8. 实验数据记录与结果处理

将标准溶液及样品溶液浓度与吸光度的值填于表 3-18 中，以浓度为横坐标，吸光度为纵坐标，制作标准曲线，从标准曲线上，由样品溶液的吸光度查出样品溶液的浓度，计算样品溶液的锌含量。

表 3-18　原子吸收光谱法测定锌含量

溶液	标准溶液					样品溶液
浓度/($\mu g \cdot mL^{-1}$)						
吸光度 A						

五、思考题

(1) 简要写出原子吸收光谱法测定锌含量的测定步骤(使用自动进样器进样)。

(2) 解释用标准曲线法进行元素定量分析的原理。

六、注意事项

(1) 实验前应仔细了解仪器的构造及操作,以便实验能顺利进行。

(2) 实验前应检查通风是否良好,确保实验中产生的废气能排出室外。

(3) 检查冷却循环水及保护气。

(4) 不同的分析参数会影响石墨管的使用寿命。石墨管性能差时,出峰异常,灵敏度下降,结果漂移甚至石墨炉冒烟。石墨管更换或维护时应关闭仪器,等待几分钟,以冷却石墨炉。

(5) 注意用气、用电安全,严格按教师指导进行实验。

实验 33　气相色谱法定性和定量分析苯系物

一、实验目的

(1) 学习气相色谱仪的基本结构和基本操作。

(2) 了解气相色谱法的原理、优点和应用。

(3) 掌握采用气相色谱法进行定性和定量分析的基本方法。

二、实验原理

气相色谱法是利用试样中各组分在气相和固定液相间的分配系数不同,将混合物分离和测定的仪器分析方法。当汽化后的试样被载气带入色谱柱中运行时,组分就在其中的两相(流动相与固定相)间进行多次分配,由于固定相对各组分的吸附、溶解和分配等能力不同,因此各组分在色谱柱中的保留时间不同,经过一定的柱长后,便彼此分离,按流出顺序离开色谱柱进入检测器被检测,在记录器上绘制出各种组分的色谱峰-流出曲线。气相色谱法特别适用于分析含量少的气体和易挥发的液体。

色谱定性分析的任务:确定各色谱峰所代表的化合物。当色谱条件一定时,任何一种物质都有确定的保留值,如保留时间、保留体积及相对保留值等。因此保留值可作为一种定性指标。在相同的色谱操作条件下,通过比较已知纯物质和未知物的保留值,即可初步确定未知物为何种物质。

色谱定量分析的任务:求出混合样品中各组分的质量分数。色谱定量分析的依据是,当操作条件一致时,被测组分的质量(或浓度)与检测器给出的响应信号成正比,即

$$m_i = F_i \cdot A_i \tag{3-25}$$

式中：m_i 为被测组分 i 的质量；A_i 为被测组分 i 的峰面积；F_i 为被测组分 i 的校正因子。

常用的定量计算方法有归一化法、外标法和内标法。归一化法是气相色谱中常用的一种定量方法。应用该方法的前提条件是试样中各组分必须全部流出色谱柱，并在色谱图上都出现色谱峰。当测量参数为峰面积时，设试样中有 n 个组分，各组分的量分别为 m_1、m_2、m_3、…、m_n，则被测组分的质量分数 ω_i 为

$$\omega_i = \frac{m_i}{m_1 + m_2 + m_3 + \cdots + m_n} = \frac{f_i A_i}{\sum_{i=1}^{n} f_i A_i} \tag{3-26}$$

式中：f_i 为被测组分 i 的相对校正因子；A_i 为被测组分 i 的峰面积。

三、实验用品与色谱条件

1. 仪器与器材

Skyray GC 5400 气相色谱仪（配备氢火焰离子化检测器，色谱柱）；微量注射器（5 μL）。

2. 色谱条件

色谱柱：SE 54（30 m × 0.25 mm × 0.33 μm）；柱箱温度：110 ℃；进样口温度：200 ℃；检测器温度：200 ℃；载气：30 $mL \cdot min^{-1}$；燃气（H_2）：30 $mL \cdot min^{-1}$；助燃器（空气）：300 $mL \cdot min^{-1}$。

3. 实验试剂

丙酮（AR）；苯（AR）；甲苯（AR）；乙苯（AR）。

四、实验内容

1. 标准溶液的配制

标准样品：取丙酮 5 mL，加入 1 滴苯，混匀，制得苯标准溶液。用相同方法分别配制甲苯和乙苯标准溶液，备用。

混合样：取丙酮 5 mL，分别加入苯、甲苯和乙苯各 1 滴，混匀，备用。

2. 开机步骤

（1）打开载气钢瓶，调节压力为 0.3 MPa。

（2）打开电源开关，设置柱箱温度、汽化室温度和检测器温度。

（3）打开氢气钢瓶，调节压力为 0.1 MPa，打开空气钢瓶，调节压力为 0.2 MPa。

（4）打开色谱工作站，待基线稳定后设置方法。

（5）设置 A 路点火开关：ON。

3. 进样

进混合样 1.0 μL；进 3 种标准试样各 1.0 μL。

4. 实验数据记录与结果处理

（1）定性分析。

根据标准试样色谱图中的调整保留时间数据，找到混合样色谱图中相应组分的色谱峰，将各组分调整保留时间填于表 3-19。

表 3-19　各组分调整保留时间

组　分	苯	甲苯	乙苯
t'_R/min			

(2) 定量分析。

记录混合样各组分的峰面积，并用归一化法计算未知试液中各组分的质量分数，各组分的相对校正因子 f_i 值，如表 3-20 所示。

表 3-20　定量分析实验数据记录与结果处理表

组　分	苯	甲苯	乙苯
f_i	1.00	1.04	1.09
A_i			
ω			

五、思考题

(1) 用气相色谱法进行定性和定量分析的依据分别是什么？

(2) 气相色谱仪由哪些系统构成，简述其工作流程。

六、注意事项

(1) 微量注射器在使用前后都要用石油醚等溶剂清洗。用微量注射器取液体试样，应先用少量试样洗涤多次，再慢慢抽入试样，抽入试样量稍多于需要量。如内有气泡则将针头朝上，将气泡排出，再将过量的试样排出，用滤纸吸去针头外所沾试样。

(2) 关闭气源时，先关减压阀，后关钢瓶阀门，再开减压阀，排出减压阀内气体，最后松开调节螺杆。

实验 34　绿茶饮料中咖啡因和茶碱含量的测定(HPLC 法)

一、实验目的

(1) 了解高效液相色谱仪的基本结构，学习高效液相色谱仪的基本操作方法。

(2) 理解高效液相色谱法的原理和应用。

(3) 掌握用 HPLC 法进行定性和定量分析的依据。

二、实验原理

绿茶饮料是一种以绿茶粉末或浓缩液为原料的饮料，以其好的口感，成为大众喜爱的饮品之一。绿茶饮料中含有茶多酚、咖啡因、茶碱、单丁酸和蔗糖等多种成分。咖啡因和茶碱是绿茶饮料中重要的生物活性物质，具有刺激中枢神经系统、强心和利尿等作用，因此，大量饮用绿茶饮料也会对人体造成一定程度的损害。咖啡因和茶碱均属于天然的黄嘌呤类衍生物，其化学名称分别为 1,3,7-三甲基黄嘌呤和 1,3-二甲基黄嘌呤。定量测定咖啡因和茶碱的传统方法是滴定法和紫外-可见分光光度法。本实验采用 HPLC 法对绿茶饮料中的咖啡因和茶碱进行定量分析。

高效液相色谱仪由流动相储罐、泵、进样器、色谱柱、检测器和记录仪等几部分组成。其工作过程为：分析前，选择适当的色谱柱和流动相，开泵，冲洗柱子，待柱子达到平衡且基线平稳后，用微量注射器把样品注入进样口，进而被流动相载入色谱柱内；由于样品中的溶质在固定相和流动相之间分配系数不同，且做相对运动，经过多次的交换和分配过程，各组分在移动速度上会产生较大的差异，从而被分离成单个组分并依次从色谱柱内流出，当通过检测器时，样品浓度被转换成电信号从而传输到记录仪。

当色谱条件一定时，任何物质都有确定的保留时间。因此，在相同的色谱操作条件下，通过比较已知纯物质和未知物的保留参数或在固定相上的位置，即可确定未知物。测量峰高或峰面积，采用外标法、内标法或归一化法，可确定待测组分的质量分数。本实验采用外标法，外标法也称为校准曲线法。就是标准样不加入到要测定的样品中，而是在与要测定样品相同的色谱条件下，用标准物单独进行色谱测定，用得到的结果和被测未知样品进行比较。外标法包括标准样法、用纯物质作标准样法和检量线法（标准曲线法）。检量线法要求：测定样品时的操作条件与绘制标准曲线时的条件完全一致，首先测定出不同浓度样品组分与峰高或峰面积的对应关系，绘制成曲线。或编制成浓度与峰高或峰面积的对应表。测定样品时，把未知物色谱上得到的峰高或峰面积，在标准线（或由它计算出的峰高或峰面积与浓度对应表）上找到对应的未知样品中某一成分的浓度或质量分数。

三、实验用品

1. 仪器与器材

Skyray 液相色谱仪（配备紫外检测器）；微量注射器（50 μL）；色谱柱：ODS（C_{18}）柱（150 mm×4.6 mm，粒径 5 μm）。

2. 实验试剂

咖啡因和茶碱标准试剂；流动相：70％水＋30％甲醇；待测绿茶饮料。

四、实验内容

1. 咖啡因和茶碱标准储备液的配制

准确称取 10 mg 咖啡因，用配制的流动相溶解，转入 100 mL 容量瓶中，稀释、定容，即得咖啡因标准储备液。按照同样方法配制茶碱标准储备液。

2. 咖啡因和茶碱标准溶液的配制

准确移取 0.1 mL 咖啡因标准储备液于 10 mL 容量瓶中，用流动相定容至刻度，即得咖啡因标准溶液。按照同样的方法配制茶碱标准溶液。

3. 混合标准溶液的配制

分别准确移取 0.10 mL、0.20 mL、0.30 mL、0.40 mL 和 0.50 mL 咖啡因标准储备液和等体积的茶碱标准储备液于 10 mL 容量瓶中，用流动相定容至刻度。所得混合标准溶液的质量浓度分别为：1 $\mu g \cdot mL^{-1}$、2 $\mu g \cdot mL^{-1}$、3 $\mu g \cdot mL^{-1}$、4 $\mu g \cdot mL^{-1}$和 5 $\mu g \cdot mL^{-1}$。

启动 Skyray 液相色谱仪，打开软件操作界面，设置下列各项参数。

流动相：70%水+30%甲醇；流速：1.0 mL·min^{-1}；检测波长：272 nm，紫外灯开。

打开 Purge 阀排气泡，平衡色谱柱，观察基线。

清洗并润洗微量进样器，吸取约 40 μL 咖啡因标准溶液，待基线平稳后注入定量环进行检测，记录保留时间。清洗并润洗微量进样器，吸取约 40 μL 茶碱标准溶液，待基线平稳后注入定量环进行检测，记录保留时间。再按照浓度从低到高的顺序进混合标准溶液，记录咖啡因与茶碱的峰面积。

绿茶饮料的处理：绿茶饮料经超声脱气 10 min 后用 0.45 μm 滤膜过滤，用流动相稀释 50 倍待用。

实验结束后，检查仪器是否正常，采用梯度洗脱对色谱柱进行清洗，清洗完毕后，关闭仪器。

4. 实验数据记录与结果处理

(1) 根据标准试样色谱图中的保留时间（见表 3-21），找到色谱图中相应咖啡因和茶碱的色谱峰。

表 3-21　咖啡因和茶碱的保留时间(t_R)

时　　间	咖啡因	茶碱
保留时间 t_R		

(2) 用标准试样的峰面积和待测物的质量浓度 ρ（见表 3-22）分别绘制咖啡因和茶碱的工作曲线。

表 3-22　咖啡因和茶碱的峰面积和待测物的质量浓度

待测物的质量浓度 $\rho/(\mu g \cdot mL^{-1})$	峰面积（咖啡因）	峰面积（茶碱）
1		
2		
3		
4		
5		

(3) 由绿茶饮料样品中咖啡因和茶碱的峰面积从工作曲线上求得咖啡因和茶碱的质量浓度。

五、思考题

(1) 高效液相色谱法如何进行定性和定量分析？

(2) 解释色谱图中咖啡因与茶碱保留时间不同的原因。

六、注意事项

(1) 绿茶饮料试样必须经过脱气和过滤处理，不能直接进样，否则影响色谱柱的使用寿命。

（2）试样和标准溶液需要冷藏保存。

（3）色谱柱在不使用时，应用甲醇冲洗，取下后紧密封闭两端保存。

（4）微量注射器是易碎器械，使用时应多加小心，不用时要洗净放入盒内，不要随便玩弄，来回空抽。

第4章　无机化学习题

习题1　气体

一、单项选择题(请将正确选项填在下表中相应位置上)

题号	1	2	3	4	5	6	7	8	9	10
答案										

1. 某气体AB,在高温下建立下列平衡:$AB(g) \rightleftharpoons A(g)+B(g)$,若把1.00 mol此气体在$T=300$ K,$p=101$ kPa下放在某密闭容器中,加热到600 K时,有25.0%解离,此时体系的内部压力(kPa)为(　　)。

A. 253　　B. 101　　C. 50.5　　D. 126

2. 一敞口烧瓶在7 ℃时盛满某种气体,欲使1/3的气体逸出烧瓶,需加热到(　　)。

A. 100 ℃　　B. 693 ℃　　C. 420 ℃　　D. 147 ℃

3. 实际气体和理想气体更接近的条件是(　　)。

A. 高温高压　　B. 低温高压　　C. 高温低压　　D. 低温低压

4. A、B两种气体在容器中混合,容器体积为V,在温度T下测得压力为p,V_A、V_B分别为两气体的分体积,p_A、p_B为两气体的分压,下列算式中不正确的是(　　)。

A. $pV_A=n_ART$　　B. $p_AV_A=n_ART$

C. $p_AV=n_ART$　　D. $p_A(V_A+V_B)=n_ART$

5. 某容器中加入相同物质量的NO和Cl_2,在一定温度下发生反应:$NO(g)+1/2Cl_2 \rightleftharpoons NOCl(g)$。平衡时,各物种分压的结论肯定错误的是(　　)。

A. $p(NO)=p(Cl_2)$　　B. $p(NO)=p(NOCl)$

C. $p(NO)<p(Cl_2)$　　D. $p(NO)>p(NOCl)$

6. 在一定温度下,某容器中充有质量相同的下列气体,其中分压最小的气体是(　　)。

A. $N_2(g)$　　B. $CO_2(g)$　　C. $O_2(g)$　　D. $He(g)$

7. 在某温度下,某容器中充有2.0 mol $O_2(g)$、3.0 mol $N_2(g)$和1.0 mol Ar(g)。如果混合气体的总压为a kPa,则$O_2(g)$的分压为(　　)。

A. $a/3$ kPa　　B. $a/6$ kPa　　C. a kPa　　D. $a/2$ kPa

8. 在1000 ℃时,98.7 kPa压力下硫蒸气的密度为0.5977 $g\cdot L^{-1}$,则硫的分子式为(　　)。

A. S_8　　B. S_6　　C. S_4　　D. S_2

9. 将C_2H_4充入温度为T、压力为p的有弹性的密闭容器中。设容器原来的体积为V,然后使C_2H_4恰好与足量的O_2混合,并按

$$C_2H_4(g)+3O_2(g) = 2CO_2(g)+2H_2O(g)$$

完全反应,再让容器恢复到原来的温度和压力。则容器的体积为(　　)。

A. 1 V　　B. 4/3 V　　C. 4 V　　D. 2 V

10. 27 ℃ 101.0 kPa 的 $O_2(g)$恰好和 4 L、127 ℃、50.5 kPa 的 NO(g)反应生成$NO_2(g)$，则 $O_2(g)$的体积为(　　)。

A. 1.5 L　　B. 3 L　　C. 0.75 L　　D. 0.2 L

二、是非题(请将"√"和"×"填在下表中相应的位置上)

题号	1	2	3	4	5	6	7	8	9	10
答案										

1. 与理想气体相比，真实气体的相互作用力偏小。(　　)

2. 总压为 100 kPa 含气体 A 和 B 的某混合气体，A 的摩尔分数为 0.20，则 B 的分压为 80 kPa。(　　)

3. 理想气体状态方程仅在足够低的压力和较高的温度下才适合于真实气体。(　　)

4. 理想气体的假想情况之一是认定气体分子本身的体积很小。(　　)

5. 理想气体混合物中，某组分的体积分数等于其摩尔分数。(　　)

6. 常压下将 1 dm^3 气体的温度从 0 ℃升到 273 ℃，其体积将变为 1 dm^3。(　　)

7. 如果某水合盐的蒸气压低于相同温度下水的蒸气压，则该盐可能发生了潮解。(　　)

8. 气体的两个基本特性是扩散性和可压缩性。(　　)

9. 在国际单位制中，当 p 以 Pa、V 以 m^3、T 以 K 为单位时，摩尔气体常数 $R=$ 0.08206 $atm \cdot L \cdot mol^{-1} \cdot K^{-1}$。(　　)

10. 用理想气体状态方程处理某些真实气体时，将产生 1%～2%的偏差，分子小的非极性分子偏差小，极性强的分子偏差小。(　　)

三、填空题

1. 将 N_2 和 H_2按 1∶3 的体积比装入一密闭容器中，在 400 ℃ 和 10 MPa 下 达到平衡时，NH_3的体积分数为 39%，这时 $p(NH_3)=$______ MPa，$p(N_2)=$______ MPa，$p(H_2)=$______ MPa。

2. 在温度 T 时，在容积为 a L 的真空容器中充入氮气和氩气使容器内压力为 b kPa，若 $p(N_2)=c$ kPa，则 $p(Ar)=$______ kPa，N_2 的分体积为______ L。

3. 丁烷(C_4H_{10})是一种易液化的气体燃料，则 23 ℃、90.6 kPa 下，丁烷气体的密度为______。

4. 一钢瓶 N_2 体积为 40.0 L，在 298 K 下使用。使用前压力为 1.26×10^4 kPa，使用后降为 1.01×10^4 kPa，由计算可知共使用了 N_2 ______ mol。

5. 已知 20 ℃水的饱和蒸气压为 2.34 kPa。在 20 ℃、99.3kPa 的气压下，用排水集气法收集 $N_2$150 mL，则纯氮气的分压为______ kPa；若该气体在标准状况下经干燥，则此时 N_2 的体积为______ mL。

6. 已知 23 ℃水的饱和蒸气压为 2.81 kPa。在 23 ℃、106.66 kPa 的压力下，用排水集气法收集 O_2 500 mL，则纯 O_2 的分压为______ kPa；且 O_2 的物质的量 n 为______ mol。若该气体在标准状况下经干燥，则此时 O_2 的体积为______ mL。

7. 某气体在 293 K 和 9.97×10^4 Pa 时占有体积 0.19 dm^3，质量为 0.132 g。则该气体的摩尔质量约等于______，该气体可能是______。

8. 某广场上空有一气球，假定气压在一日内基本不变，早晨气温 15 ℃时，气球体积为 25.0 L；中午气温为 30 ℃，气球体积为______ L；若下午的气温为 25 ℃，气球体积为______ L。

9. 温度为 T(K)时，在容器为 V(L)的真空容器中充入 N_2(g)和 Ar(g)，容器内压力为 a kPa。已知：N_2(g)的分压为 b kPa，则 Ar(g)的分压为______ kPa；N_2(g)和 Ar(g)的分体积分别为______和______；N_2(g)和 Ar(g)物质的量分别为______和______。

10. 某容器中充有 m_1(g) N_2(g)和 m_2(g) CO_2(g)，在温度 T(K)下混合气体总压为 p(kPa)，则 N_2(g)的分压为______ kPa，容器的体积为______ L。

四、计算题

1. 某容器中含有 NH_3、O_2、N_2 等气体的混合物。取样分析后，其中 $n(NH_3)=0.320$ mol、$n(O_2)=0.180$ mol、$n(N_2)=0.700$ mol。混合气体的总压 $p=133.0$ kPa。试计算各组分气体的分压。

2. 313 K 时 $CHCl_3$ 的饱和蒸气压为 49.3 kPa，于此温度和 98.6 kPa 的压强下，将 4.00 dm^3 空气缓缓通过 $CHCl_3$，致使每个气泡均为 $CHCl_3$ 所饱和。求：

(1) 通过 $CHCl_3$ 后，空气和 $CHCl_3$ 混合气体的体积；

(2) 被空气所带走的 $CHCl_3$ 的质量。

习题 2　热化学

一、单项选择题(请将正确选项填在下表中相应位置上)

题号	1	2	3	4	5	6	7	8	9	10
答案										
题号	11	12	13	14	15					
答案										

1. 在下列反应中,$Q_p=Q_V$ 的反应为(　　)。

A. $CaCO_3(s) \longrightarrow CaO(s)+CO_2(g)$　　B. $N_2(g)+3H_2(g) \longrightarrow 2NH_3(g)$

C. $C(s)+O_2(g) \longrightarrow CO_2(g)$　　D. $2H_2(g)+O_2(g) \longrightarrow 2H_2O(l)$

2. 下列各反应的 $\Delta_r H_m^\ominus(298)$值中,恰为化合物标准摩尔生成焓的是(　　)。

A. $2H(g)+1/2O_2(g) \longrightarrow H_2O(l)$　　B. $2H_2(g)+O_2(g) \longrightarrow 2H_2O(l)$

C. $N_2(g)+3H_2(g) \longrightarrow 2NH_3(g)$　　D. $1/2N_2(g)+3/2H_2(g) \longrightarrow NH_3(g)$

3. 按通常规定,标准生成焓为零的物质有(　　)。

A. C(石墨)　　B. $Br_2(g)$　　C. $H_2O(g)$　　D. 红磷

4. 由下列数据确定 $CH_4(g)$的 $\Delta_f H_m^\ominus$ 为(　　)。

(1) C(石墨)$+O_2(g) \xlongequal{} CO_2(g)$,$\Delta_r H_m^\ominus(1)=-393.5\ kJ \cdot mol^{-1}$。

(2) $H_2(g)+1/2O_2(g) \xlongequal{} H_2O(l)$,$\Delta_r H_m^\ominus(2)=-285.8\ kJ \cdot mol^{-1}$。

(3) $CH_4(g)+2O_2(g) \xlongequal{} CO_2(g)+2H_2O(l)$,$\Delta_r H_m^\ominus(3)=-890.3\ kJ \cdot mol^{-1}$。

A. $211\ kJ \cdot mol^{-1}$　　B. $-74.8 kJ \cdot mol^{-1}$

C. $890.3\ kJ \cdot mol^{-1}$　　D. 缺条件,无法计算

5. 已知:

(1) $C(s)+1/2O_2(g) \longrightarrow CO(g)$,$\Delta_r H_m^\ominus(1)=-110.5\ kJ \cdot mol^{-1}$。

(2) $C(s)+O_2(g) \longrightarrow CO_2(g)$,$\Delta_r H_m^\ominus(2)=-393.5\ kJ \cdot mol^{-1}$。

则在标准状态下 25 ℃时,1000 L 的 CO 的发热量是(　　)。

A. 504 kJ　　B. 383 kJ　　C. 22500 kJ　　D. 1.16×10^4 kJ

6. 某系统由 A 态沿途径 Ⅰ 到 B 态放热 100 J,同时得到 50 J 的功;当系统由 A 态沿途径 Ⅱ 到 B 态做功 80 J 时,Q 为(　　)。

A. 70 J　　B. 30 J　　C. −30 J　　D. −70 J

7. 体系在某一过程中,吸热 $Q=83.0$ J,对外做功 $W=28.8$ J,则环境的热力学能的变化 $\Delta U_{环}$ 为(　　)。

A. 111.8 J　　B. 54.2 J　　C. −54.2J　　D. −111.8 J

8. 环境对系统作 10kJ 的功,而系统失去 5kJ 的热量给环境,则系统的内能变化为(　　)。

A. −15 kJ　　B. 5 kJ　　C. −5 kJ　　D. 15 kJ

9. 表示 CO_2 生成热的反应是(　　)。

A. $CO(g)+1/2O_2(g) \xlongequal{} CO_2(g)$,$\Delta_r H_m^\ominus=-238.0\ kJ \cdot mol^{-1}$

B. C(金刚石)$+O_2(g) \xlongequal{} CO_2(g)$,$\Delta_r H_m^\ominus=-395.4\ kJ \cdot mol^{-1}$

C. 2C(金刚石)+$2O_2$(g)$=\!=\!=$$2CO_2$(g),$\Delta_r H_m^\ominus=-787.0$ kJ·mol^{-1}

D. C(石墨)+O_2(g)$=\!=\!=$$CO_2$(g),$\Delta_r H_m^\ominus=-393.5$ kJ·mol^{-1}

10. 已知键能数据:C＝C(E/kJ·mol^{-1}＝610)、C—C(E/kJ·mol^{-1}＝346)、C—H(E/kJ·mol^{-1}＝413)、H—H(E/kJ·mol^{-1}＝435),则反应 C_2H_4(g)+H_2(g)$=\!=\!=$$C_2H_6$(g)的 $\Delta_r H_m^\ominus$ 为(　　)。

A. 127 kJ·mol^{-1}　　B. −127 kJ·mol^{-1}

C. 54 kJ·mol^{-1}　　D. 172 kJ·mol^{-1}

11. 已知 $\Delta_c H_m^\ominus$(C,石墨)=−393.7 kJ·mol^{-1}、$\Delta_c H_m^\ominus$(C,金刚石)=−395.6 kJ·mol^{-1},则 $\Delta_f H_m^\ominus$(C,金刚石)为(　　)。

A. −789.5 kJ·mol^{-1}　　B. 1.9 kJ·mol^{-1}

C. −1.9 kJ·mol^{-1}　　D. 789.5 kJ·mol^{-1}

12. 盖斯定律认为:化学反应的热效应与途径无关,这是因为反应处在(　　)。

A. 可逆条件下进行　　B. 恒压无非体积功条件下进行

C. 恒容无非体积功条件下进行　　D. 以上 B 和 C 都正确

13. 已知在 298K 时反应 $2N_2$(g)+O_2(g)$=\!=\!=$$2N_2O$(g)的 $\Delta_r U_m^\ominus$ 为 166.5 kJ·mol^{-1},则该反应的 $\Delta_r H_m^\ominus$ 为(　　)。

A. 164 kJ·mol^{-1}　　B. 328 kJ·mol^{-1}

C. 146 kJ·mol^{-1}　　D. 82 kJ·mol^{-1}

14. 已知 $\Delta_f H_m^\ominus(NH_3,g)=-46$ kJ·mol^{-1},$E_{H-H}=435$ kJ·mol^{-1},$E_{N\equiv N}=941$ kJ·mol^{-1},则 N—H 平均键能 E_{N-H}为(　　)kJ·mol^{-1}。

A. 390　　B. −390　　C. 1169　　D. −1169

15. 反应 3/2 H_2(g)+1/2 N_2(g)$=\!=\!=$$NH_3$(g),当 $\xi=1/2$ mol 时,下列叙述中正确的是(　　)。

A. 消耗掉 1/2 mol N_2　　B. 消耗掉 3/2 mol H_2

C. 生成 1/4 mol NH_3　　D. 消耗掉 N_2、H_2 共 1 mol

二、是非题(请将"√"和"×"填在下表中相应的位置上)

题号	1	2	3	4	5	6	7	8	9	10
答案										

1. 碳酸钙的生成焓等于 CaO(s)+CO_2(g)$=\!=\!=$$CaCO_3$(s)的反应焓。(　　)

2. Q 与 W 不是状态函数,ΔH 是状态函数。(　　)

3. 某反应体系从状态 A 变为状态 B 后又经另一途径返回状态 A,此过程中体系内能不变。(　　)

4. $\Delta U=\Delta H-p\Delta V$,这个关系式适用于任何体系,任何条件。(　　)

5. 石墨、金刚石和臭氧都是单质,它们的标准生成焓都为零。(　　)

6. 同一体系的不同状态,有可能具有相同的热力学函数。(　　)

7. 由于反应焓变的单位为 kJ·mol^{-1},所以热化学方程式的系数不影响反应的焓变值。(　　)

8. H_2O 的生成热就是 H_2 的燃烧热。(　　)

9. 聚集状态相同的物质混在一起，一定是单相体系。　（　）

10. 密闭系统既没有物质交换也没有能量交换。　（　）

三、填空题

1. 25 ℃下在恒容量热计中测得：1 mol 液态 C_6H_6 完全燃烧生成液态 H_2O 和气态 CO_2 时，放热 3263.9 kJ，则 ΔU 为______ $kJ \cdot mol^{-1}$，若在恒压条件下，1 mol 液态 C_6H_6 完全燃烧时的热效应 $\Delta_r H_m^\ominus$ 为______ $kJ \cdot mol^{-1}$。

2. 已知 $H_2O(l)$的标准生成焓 $\Delta_f H_m^\ominus = -286\ kJ \cdot mol^{-1}$，则反应 $H_2O(l) \longrightarrow H_2(g) + 1/2O_2(g)$，在标准状态下的反应热效应=______ $kJ \cdot mol^{-1}$，氢气的标准摩尔燃烧焓=______ $kJ \cdot mol^{-1}$。

3. 已知乙醇的标准摩尔燃烧焓 $\Delta_c H_m^\ominus(C_2H_5OH, 298\ K) = -1366.95\ kJ \cdot mol^{-1}$，则乙醇的标准摩尔生成焓 $\Delta_f H_m^\ominus(298)$=______ $kJ \cdot mol^{-1}$。

4. 反应 $H_2O(l) \longrightarrow H_2(g) + 1/2O_2(g)$的 $\Delta_r H_m^\ominus = 285.83\ kJ \cdot mol^{-1}$，则 $\Delta_f H_m^\ominus(H_2O, l)$为______ $kJ \cdot mol^{-1}$；每生成 1.00 g $H_2(g)$时的 $\Delta_r H_m^\ominus$ 为______ $kJ \cdot mol^{-1}$；当反应系统吸热 1.57 kJ 时，可生成______ g $H_2(g)$和______ g $O_2(g)$。

5. 已知反应 $HCN(aq) + OH^-(aq) = CN^-(aq) + H_2O(l)$的 $\Delta_r H_{m,1}^\ominus = -12.1\ kJ \cdot mol^{-1}$；反应 $H^+(aq) + OH^-(aq) = H_2O(l)$的 $\Delta_r H_{m,2}^\ominus = -55.6\ kJ \cdot mol^{-1}$。则 HCN(aq)在水中的解离方程式为____________，该反应的 $\Delta_r H_m^\ominus$ 为______ $kJ \cdot mol^{-1}$。

6. 已知反应 2C(石墨)$+ O_2(g) = 2CO(g)$的 $\Delta_r H_m^\ominus = -221.05\ kJ \cdot mol^{-1}$，反应 $CO(g) + 1/2\ O_2(g) = CO_2(g)$的 $\Delta_r H_m^\ominus = -282.984\ kJ \cdot mol^{-1}$，则 $\Delta_f H_m^\ominus(CO, g)$=______ $kJ \cdot mol^{-1}$、$\Delta_f H_m^\ominus(CO_2, g)$=______ $kJ \cdot mol^{-1}$。

7. 已知 $\Delta_f H_m^\ominus(SO_3, g) = -395.72\ kJ \cdot mol^{-1}$，与其相应的反应方程式为________。若 $\Delta_f H_m^\ominus(SO_2, g) = -322.98\ kJ \cdot mol^{-1}$，则反应 $SO_2(g) + 1/2\ O_2(g) = SO_3(g)$的 $\Delta_r H_m^\ominus$=______ $kJ \cdot mol^{-1}$。

8. 在 100 ℃，恒压条件下水的汽化热为 2.26 kJ/g，1 mol 水在 100 ℃时气化，则该过程的 Q=______ kJ，ΔH=______ $kJ \cdot mol^{-1}$。

9. 1 mol 液态的苯完全燃烧生成 $CO_2(g)$和 $H_2O(l)$，则该反应的 Q_p 与 Q_V 的差值为______ $kJ \cdot mol^{-1}$(温度 25 ℃)。

10. 下列反应在相同的温度和压力下进行。

(1) 4 P(红)$+ 5\ O_2(g) = P_4O_{10}(l)$，$\Delta_r H_m^\ominus(1)$。

(2) 4 P(白)$+ 5\ O_2(g) = P_4O_{10}(S)$，$\Delta_r H_m^\ominus(2)$。

(3) 4 P(红)$+ 5\ O_2(g) = P_4O_{10}(S)$，$\Delta_r H_m^\ominus(3)$。

则三个反应的 $\Delta_r H_m^\ominus$ 由大到小排列顺序为______________。

四、名词解释

1. 状态与状态函数。

2. 热和功。

3. 焓与热力学能。

4. 反应进度与化学计量数。

5. 标准状态与标准状况。

五、计算题

1. 已知：$CO(g)+1/2O_2 \longrightarrow CO_2(g)$。由 $\Delta_f H_m^{\ominus}$ 数据计算反应的 $\Delta_r H_m^{\ominus}$、$p\Delta V$ 和 ΔU 值。

2. 已知：液态甲醇氧化生成气态甲醛的反应焓变为$-155.4\ kJ \cdot mol^{-1}$，气态甲醛恒容燃烧热为$568.2\ kJ \cdot mol^{-1}$，$\Delta_f H_m^{\ominus}(CO_2(g))=-393.5\ kJ \cdot mol^{-1}$，$\Delta_f H_m^{\ominus}(H_2O(l))=-285.8\ kJ \cdot mol^{-1}$。试求：(1) 甲醇的燃烧热；(2) 甲醇的生成热。

（主要化学反应方程式：$CH_3OH(l)+1/2O_2(g)=\!=\!=HCHO(g)+H_2O(l)$）

3. 有一种名为投弹手的甲虫，能用由尾部喷射出来的爆炸性排泄物进行防卫，其化学原理是氢醌被 H_2O_2 氧化生成醌和水，有

$$C_6H_4(OH)_2(aq)+H_2O_2(aq)\longrightarrow C_6H_4O_2(aq)+2H_2O(l)$$

根据下列热化学方程式计算该反应的 $\Delta_r H_m^{\ominus}$。

(1) $C_6H_4(OH)_2(aq)\longrightarrow C_6H_4O_2(aq)+H_2(g)$，$\Delta_r H_m^{\ominus}(1)=177.4\ kJ \cdot mol^{-1}$。

(2) $H_2(g)+O_2(g)\longrightarrow H_2O_2(aq)$，$\Delta_r H_m^{\ominus}(2)=-191.2\ kJ \cdot mol^{-1}$。

(3) $H_2(g)+1/2O_2(g)\longrightarrow H_2O(g)$，$\Delta_r H_m^{\ominus}(3)=-241.8\ kJ \cdot mol^{-1}$。

(4) $H_2O\ (g)\longrightarrow H_2O(l)$，$\Delta_r H_m^{\ominus}(4)=-44.0\ kJ \cdot mol^{-1}$。

习题 3　化学动力学基础

一、单项选择题(请将正确选项填在下表中相应位置上)

题号	1	2	3	4	5	6	7	8	9	10
答案										
题号	11	12	13	14	15	16	17	18	19	20
答案										

1. 某反应,无论反应物初始浓度为多少,在相同时间和温度时,反应物消耗的浓度为定值,此反应是(　　)。

A. 负级数反应　B. 一级反应　C. 零级反应　D. 二级反应

2. 温度对反应速率的影响很大,温度变化主要改变(　　)。

A. 活化能　B. 指前因子　C. 物质浓度或分压　D. 速率常数

3. 关于活化控制,下面的说法中正确的是(　　)。

A. 在低温区,活化能大的反应为主

B. 在高温区,活化能小的反应为主

C. 升高温度,活化能小的反应的速率常数增加大

D. 升高温度,活化能大的反应的速率常数增加大

4. 下列哪种说法不正确的是(　　)。

A. 催化剂不改变反应热　B. 催化剂不改变化学平衡

C. 催化剂具有选择性　D. 催化剂不参与化学反应

5. 某反应速率方程为 $r=kc_A^x c_B^y$,当 c_A 减少 50%时,r 降至原来的 1/4,当 c_B 增大到 2 倍时,r 增大到 1.41 倍,则 x,y 分别为(　　)。

A. $x=0.5,y=1$　B. $x=2,y=0.7$　C. $x=2,y=0.5$　D. $x=2,y=2$

6. 某放射性同位素的半衰期为 5 天,则经 15 天后所剩的同位素的物质的量是原来同位素的物质的量的(　　)。

A. 1/3　B. 1/4　C. 1/8　D. 1/16

7. 若反应速率常数 k 的单位为 $mol \cdot L^{-1} \cdot s^{-1}$,则该反应为(　　)。

A. 三级反应　B. 二级反应　C. 一级反应　D. 零级反应

8. 若某反应的活化能为 $80\ kJ \cdot mol^{-1}$,则反应温度由 20 ℃增加到 30 ℃,其反应速率常数约为原来的(　　)。

A. 2 倍　B. 3 倍　C. 4 倍　D. 5 倍

9. 反应速率常数随温度变化的阿仑尼乌斯经验式适用于(　　)。

A. 元反应　B. 元反应和大部分非元反应

C. 非元反应　D. 所有化学反应

10. 对于一个化学反应,下列说法正确的是(　　)。

A. $\Delta_r S_m^\ominus$ 越小,反应速率越快　B. $\Delta_r H_m^\ominus$ 越小,反应速率越快

C. 活化能越大,反应速率越快　D. 活化能越小,反应速率越快

11. 某化学反应的计量方程为 1/2A＋B ⟶ R＋1/2S，其速率方程为 $r=-2\mathrm{d}c_A/\mathrm{d}t=2c_A{}^{1/2}c_B$ 若将计量方程改写为 A＋2B ⟶ 2R＋S，则此反应的速率方程为(　　)。

A. $r=-\mathrm{d}c_A/\mathrm{d}t=4c_Ac_B^2$　　B. $r=-\mathrm{d}c_A/\mathrm{d}t=2c_Ac_B^2$

C. $r=-\mathrm{d}c_A/\mathrm{d}t=c_A^{1/2}c_B$　　D. A、B、C 都不对

12. 一个反应的活化能可通过下列哪对物理量作图所获得的斜率来确定(　　)。

A. $\ln k$ 对 T　　B. $\ln k/T$ 对 T　　C. $\ln k$ 对 $1/T$　　D. $\ln k/T$ 对 $1/T$

13. 任一等容化学反应 A＋B ══ C，E^+ 为正反应的表观活化能，E^- 为逆反应的表观活化能，则(　　)。

A. $E^+-E^-=\Delta U$　　B. $E^+-E^-=-\Delta H$

C. $E^+-E^-=-\Delta U$　　D. 以上均不对

14. 对于反应 aA＋bB ⟶ cC＋dD，用 r 表示反应速率，下列各式正确的是(　　)。

A. $r=\dfrac{\mathrm{d}c_A}{a\mathrm{d}t}$　　B. $r=-\dfrac{\mathrm{d}c_A}{a\mathrm{d}t}$　　C. $r=-\dfrac{\mathrm{d}c_C}{c\mathrm{d}t}$　　D. $r=-\dfrac{\mathrm{d}c_D}{d\mathrm{d}t}$

15. 由反式 1,2-二氯乙烯变成顺式 1,2-二氯乙烯(异构化)的活化能为 231.2 kJ·mol^{-1}，且 ΔH 为 4.2 kJ·mol^{-1}，则该反应逆过程活化能为(　　)kJ·mol^{-1}。

A. 235.4　　B. －231.2　　C. 227.0　　D. 231.2

16. 当反应 $A_2+B_2=2AB$ 的速率方程为 $v=kc_{A_2}c_{B_2}$ 时，则此反应(　　)。

A. 一定是基元反应　　B. 一定是非基元反应

C. 不能肯定是否是基元反应　　D. 反应为一级反应

17. 在某温度下平衡 A＋B ══ G＋F 的 $\Delta H<0$，升高温度平衡逆向移动的原因是(　　)。

A. v(正)减小，v(逆)增大　　B. k(正)减小，k(逆)增大

C. v(正)和 v(逆)都减小　　D. v(正)增加的倍数小于 v(逆)增加的倍数

18. 下列势能-反应历程图中，属放热反应的是(　　)。

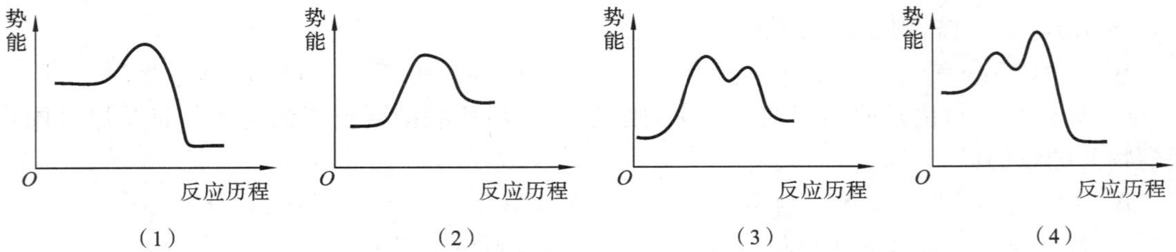

A. (1)和(3)　　B. (2)和(3)　　C. (1)和(4)　　D. (2)和(4)

19. 下列叙述中正确的是(　　)。

A. 溶液中的反应一定比气相中的反应速率要大

B. 其他条件相同，反应活化能越小，反应速率越大

C. 增大系统压强，反应速率一定增大

D. 加入催化剂，使正反应活化能和逆反应活化能减小相同倍数

20. 下列叙述不正确的是(　　)。

A. 催化剂只能缩短反应达到平衡的时间而不能改变平衡状态

B. 要测定 $H_2O_2(aq)$ ══ $H_2O(l)+1/2O_2(g)$ 反应速率可选择的方法是测定 $O_2(g)$ 体积随时间的变化

C. 反应级数越高，反应速率越大

D. 加入催化剂不能实现热力学上不可能进行的反应

二、填空题

1. 某反应在温度 20℃升至 30℃时，反应速率恰好增加 1 倍，则该反应的活化能为______ $kJ \cdot mol^{-1}$。

2. 基元反应 $A+2B \longrightarrow 3C$，其速率方程表达式为______；如$-d[B]/dt=1.0\ mol \cdot min^{-1} \cdot L^{-1}$，则______；若以 C 表示反应速率时，其速率方程表达式应为______。

3. 在化学反应中，加入催化剂可以加快反应速率，主要是因为______了反应活化能，活化分子______增加，速率常数 k ______。

4. 对于可逆反应，当升高温度时，其反应速率常数 k(正)将______，k(逆)将______。当反应为______热反应时，标准平衡常数______将增大。

5. 反应 $A(g)+2B(g) \rightleftharpoons C(g)$ 的速率方程为：$v=kc_A \cdot c_B^2$，该反应______是基元反应。温度为 T 时，当 B 的浓度增加 2 倍，反应速率将增大______倍；当反应容器的体积增大到原体积的 3 倍时，反应速率将为原来的______倍。

6. 已知各基元反应的活化能如下表：

序号	A	B	C	D	E
正反应的活化能/$kJ \cdot mol^{-1}$	70	16	40	20	20
逆反应的活化能/$kJ \cdot mol^{-1}$	20	35	45	80	30

在相同的温度时：

(1) 正反应是吸热反应的是______；

(2) 放热最多的反应是______；

(3) 正反应速率常数最大的反应是______；

(4) 正反应的速率常数 k 随温度变化最大的是______。

7. 基元反应 $H\cdot + Cl_2 \longrightarrow HCl + Cl\cdot$ 的反应分子数是______。

8. 对元反应 $A \xrightarrow{k} 2Y$，则 $dc_Y/dt=$______，$-dc_A/dt=$______。

9. 对反应 $A \longrightarrow P$，实验测得反应物的半衰期与初始浓度 $c_{A,0}$ 成反比，则该反应为______级反应。

10. 对反应 $A \longrightarrow P$，反应物浓度的对数 $\ln c_A$ 与时间 t 呈线性关系，则该反应为______级反应。

11. 质量作用定律只适用于______反应。

12. 某化合物与水相作用时，该化合物初始浓度为 $1\ mol \cdot dm^{-3}$，1 h 后其浓度为 $0.8\ mol \cdot dm^{-3}$，2 h 后其浓度为 $0.6\ mol \cdot dm^{-3}$，则此反应的反应级数为______，此反应的反应速率常数 $k=$______。

13. 气相基元反应 $2A \xrightarrow{k} B$ 在一恒定的容器中进行，p_0 为 A 的初始压力，p_t 为时间 t 时反应体系的总压力，此反应的速率方程 $dp_t/dt=$______。

14. 某化学反应在 800 K 时加入催化剂后，其反应速率常数增至 500 倍，如果指前因子不因加入催化剂而改变，则其活化能减少______。

15. 对于______反应，其反应级数一定等于反应物计量数______。速率常数的单位由

______决定。若反应速率常数单位为 $mol^{-2} \cdot L^{2} \cdot s^{-1}$，则该反应的反应级数是______。

三、计算题

1. 对反应 $A(g)+B(g)=2C(g)$，已知如下动力学实验数据：

实验编号	$c_A/(mol \cdot L^{-1})$	$c_B/(mol \cdot L^{-1})$	$r/(mol \cdot L^{-1} \cdot s^{-1})$
1	0.20	0.30	4.0×10^{-4}
2	0.20	0.60	7.9×10^{-4}
3	0.40	0.60	1.1×10^{-3}

试分别推导出反应对于 A 和 B 的反应级数，写出反应的速率方程，并求出速率常数。

2. 考古学者从古墓中取出的纺织品，经取样分析其 ^{14}C 含量为动植物活体的 85%。若放射性核衰变符合一级反应速率方程且已知 ^{14}C 的半衰期为 5720 年，试估算该纺织品年龄。

习题 4　化学平衡——熵和 Gibbs 函数

一、单项选择题(请将正确选项填在下表中相应位置上)

题号	1	2	3	4	5	6	7	8	9	10
答案										
题号	11	12	13	14	15					
答案										

1. 反应 $N_2(g)+3H_2(g)$ ══ $2NH_3(g)$ 的 $\Delta G=a$，则 $NH_3(g)$ ══ $1/2N_2(g)+3/2H_2(g)$ 的 ΔG 为(　　)。

A. a^2　　B. $1/a$　　C. $1/a^2$　　D. $-a/2$

2. 在某温度下，反应 $1/2N_2(g)+3/2H_2(g)$ ══ $NH_3(g)$ 的平衡常数 $K=a$，上述反应若写成 $2NH_3(g)$ ══ $N_2(g)+3H_2(g)$，则在相同温度下反应的平衡常数为(　　)。

A. $a/2$　　B. $2a$　　C. a^2　　D. $1/a^2$

3. 已知反应 $2A(g)+B(s)$ ══ $2C(g)$ 且 $\Delta_r H^\ominus>0$，要提高 A 的转化率，可采用(　　)。

A. 增加总压　　B. 加入催化剂　　C. 增大 A 的浓度　　D. 升高温度

4. 已知下列反应的平衡常数(　　)。

$$H_2(g)+S(s) ══ H_2S(g),K_1$$

$$S(s)+O_2(g) ══ SO_2(g),K_2$$

则反应 $H_2(g)+SO_2(g)$ ══ $O_2(g)+H_2S(g)$ 的平衡常数为(　　)。

A. K_1+K_2　　B. K_1-K_2　　C. K_1K_2　　D. K_1/K_2

5. 若可逆反应，当温度由 T_1 升高至 T_2 时，标准平衡常数 $K_2^\ominus>K_1^\ominus$，此反应的等压热效应 $\Delta_r H_m^\ominus$ 的数值将(　　)。

A. 大于零　　B. 小于零　　C. 等于零　　D. 无法判断

6. 下列各组参数，属于状态函数的是(　　)。

A. Q_p,G,V　　B. Q_V,V,G　　C. V,S,W　　D. G,U,H

7. 298 K 时，某反应的 $K_p^\ominus=3.0\times10^5$，则该反应的 $\Delta_r G_m^\ominus=$(　　)$kJ\cdot mol^{-1}$($\lg3=0.477$)。

A. 31.2　　B. -31.2　　C. -71.8　　D. 71.8

8. 298 K 时，$S_m^\ominus(N_2,g)=191.50\ J\cdot K^{-1}\cdot mol^{-1}$，$S_m^\ominus(H_2,g)=130.57\ J\cdot K^{-1}\cdot mol^{-1}$，$S_m^\ominus(NH_3,g)=192.34\ J\cdot K^{-1}\cdot mol^{-1}$，反应为 $N_2(g)+3H_2(g)$ ══ $2NH_3(g)$，则 $\Delta_r S_m^\ominus=$(　　)$J\cdot K^{-1}\cdot mol^{-1}$。

A. -135.73　　B. 135.73　　C. -198.53　　D. 198.53

9. 298K 时，反应 $MgCO_3(s)$ ══ $MgO(s)+CO_2(g)$ 的 $\Delta_r H_m^\ominus=100.8\ kJ\cdot mol^{-1}$，$\Delta_r S_m^\ominus=174.8\ J\cdot K^{-1}\cdot mol^{-1}$，则 598 K 时反应的 $\Delta_r G_m^\ominus=$(　　)$kJ\cdot mol^{-1}$。

A. -3.73　　B. 105.3　　C. -1.04×10^5　　D. 3.73

10. 下列方法能使平衡 $2NO(g)+O_2(g)$ ══ $2NO_2(g)$ 向左移动的是(　　)。

A. 增大压力　　B. 增大 p_{NO}　　C. 减小 p_{NO}　　D. 减小压力

11. 下列物理量中，属于状态函数的是(　　)。

A. G　B. Q　C. ΔH　D. ΔG

12. 下列反应中 $\Delta_r S_m^\ominus$ 值最大的是(　　)。

A. $PCl_5(g) \longrightarrow PCl_3(g) + Cl_2(g)$　B. $2SO_2(g) + O_2(g) \longrightarrow 2SO_3(g)$

C. $3H_2(g) + N_2(g) \longrightarrow 2NH_3(g)$　D. $C_2H_6(g) + 3.5O_2(g) \longrightarrow 2CO_2(g) + 3H_2O(l)$

13. 反应 $CaCO_3(s) \longrightarrow CaO(s) + CO_2(g)$ 在高温下正反应能自发进行，而在 298 K 时是不自发的，则逆反应的 $\Delta_r H_m^\ominus$ 和 $\Delta_r S_m^\ominus$ 是(　　)。

A. $\Delta_r H_m^\ominus > 0$ 和 $\Delta_r S_m^\ominus > 0$　B. $\Delta_r H_m^\ominus < 0$ 和 $\Delta_r S_m^\ominus > 0$

C. $\Delta_r H_m^\ominus > 0$ 和 $\Delta_r S_m^\ominus < 0$　D. $\Delta_r H_m^\ominus < 0$ 和 $\Delta_r S_m^\ominus < 0$

14. 下列热力学函数的数值等于零的是(　　)。

A. $S_m^\ominus(O_2, g, 298\ K)$　B. $\Delta_f G_m^\ominus(I_2, g, 298\ K)$

C. $\Delta_f G_m^\ominus$(白磷 P_4, s, 298 K)　D. $\Delta_f H_m^\ominus$(金刚石, s, 298 K)

15. 如果某反应的 $K^\ominus \geqslant 1$，则它的(　　)。

A. $\Delta_r G_m^\ominus \geqslant 0$　B. $\Delta_r G_m^\ominus \leqslant 0$　C. $\Delta_r G_m^\ominus \geqslant 0$　D. $\Delta_r G_m^\ominus \leqslant 0$

二、是非题(请将“√”和“×”填在下表中相应的位置上)

题号	1	2	3	4	5	6	7	8	9	10
答案										
题号	11	12	13	14	15					
答案										

1. 某一可逆反应，当 $J > K^\ominus$ 时，反应自发地向逆方向进行。(　　)

2. 化学反应的 $\Delta_r G$ 越小，反应进行的趋势就越大，反应速率就越快。(　　)

3. 对于可逆反应，平衡常数越大，反应速率越快。(　　)

4. 等温等压不做非体积功条件下，凡是 $\Delta_r G_m > 0$ 的化学反应都不能自发进行。(　　)

5. $Fe(s)$ 和 $Cl_2(l)$ 的 $\Delta_f H_m^\ominus$ 都为零。(　　)

6. 一个化学反应的 $\Delta_r G_m^\ominus$ 的值越负，其自发进行的倾向越大。(　　)

7. 体系与环境无热量交换的变化过程为绝热过程。(　　)

8. 将固体 NH_4NO_3 溶于水中，溶液变冷，则该过程的 ΔG、ΔH、ΔS 的符号依次为－、＋、＋。(　　)

9. 乙醇溶于水的过程中 $\Delta G = 0$。(　　)

10. $CO_2(g)$ 的生成焓等于石墨的燃烧热。(　　)

11. 室温下，稳定状态的单质的标准摩尔熵为零。(　　)

12. 如果一个反应的 $\Delta_r H_m^\ominus < 0$、$\Delta_r S_m^\ominus > 0$，则此反应在任何温度下都是非自发的。(　　)

13. 平衡常数的数值是反应进行程度的标志，故对可逆反应而言，不管是正反应还是逆反应其平衡常数均相同。(　　)

14. 某一反应平衡后，再加入些反应物，在相同的温度下再次达到平衡，则两次测得的平衡常数相同。(　　)

15. 在某温度下，密闭容器中反应 $2NO(g) + O_2(g) \xlongequal{} 2NO_2(g)$ 达到平衡，当保持温度和体积不变充入惰性气体时，总压将增加，平衡向气体分子数减少即生成 NO_2 的方向移动。(　　)

三、填空题

1. 冬天公路上撒盐可使冰融化，此时的 ΔG 值符号为______，ΔS 值的符号为______。

2. 用吉布斯自由能的变量 $\Delta_r G$ 来判断反应的方向，必须在______条件下；当 $\Delta_r G<0$ 时，反应将______进行。

3. $\Delta_r H_m^{\ominus}>0$ 的可逆反应 $C(s)+H_2O(g)$ ══ $CO(g)+H_2(g)$ 在一定条件下达到平衡后：加入 $H_2O(g)$，则 $H_2(g)$ 的物质的量将______；升高温度，$H_2(g)$ 的物质的量将______；增大总压，$H_2(g)$ 的物质的量将______；加入催化剂 $H_2(g)$ 的物质的量将______。

4. 标准状态时，$H_2O(l, 100\ ℃) \rightleftharpoons H_2O(g, 100\ ℃)$ 过程中，$\Delta_r H_m^{\ominus}$ ______零，$\Delta_r S_m^{\ominus}$ ______零，$\Delta_r G_m^{\ominus}$ ______零。（填>、=、<=）

5. 反应 $2MnO_4^-(aq)+5H_2O_2(aq)+6H^+(aq)$ ══ $2Mn^{2+}(aq)+5O_2(g)+8H_2O(l)$ 的标准平衡常数 $K^{\ominus}$ 的表达式为________________。

6. 在一定温度下，CS_2 能被 O_2 氧化，其反应方程式与标准平衡常数如下：

(1) $CS_2(g)+3O_2$ ══ $CO_2(g)+2SO_2(g)$，$K_1^{\ominus}$。

(2) $1/3CS_2(g)+O_2(g)$ ══ $1/3CO_2(g)+2/3SO_2(g)$，$K_2^{\ominus}$。

则 $K_1^{\ominus}$ 和 $K_2^{\ominus}$ 的数量关系为______。

7. 不查表，由大到小排列下列各组物质的熵值顺序。

(1) $O_2(l)$、$O_3(g)$、$O_2(g)$ 的顺序为：____________________。

(2) $NaCl(s)$、$Na_2O(s)$、$Na_2CO_3(s)$、$NaNO_3(s)$、$Na(s)$ 的顺序为：

____________________。

(3) $H_2(g)$、$F_2(g)$、$Br_2(g)$、$Cl_2(g)$、$I_2(g)$ 的顺序为：

____________________。

8. 在一定温度下，可逆反应 $C(s)+CO_2(g)$ ══ $2CO(g)$ 的 $K^{\ominus}=2.0$；当 $CO_2(g)$ 与 $CO(g)$ 的分压皆为 100kPa 时，则该反应在同样温度时自发进行的方向为______。

9. 可逆反应 $Cl_2(g)+3F_2(g) \rightleftharpoons 2ClF_3(g)$ 的 $\Delta_r H_m^{\ominus}(298K)=-326.4\ kJ \cdot mol^{-1}$，为提高 $F_2(g)$ 的转化率，应采用______压______温的反应条件。当定温定容，系统组成一定时，加入 He(g)，$\alpha(F_2)$ 将______。

10. 已知 $K_{sp}^{\ominus}(Ag_2S)=6.3\times10^{-50}$、$K_f^{\ominus}(Ag(CN)_2^-)=2.5\times10^{20}$，则反应 $2[Ag(CN)_2]^-(aq)+S^{2-}(aq) \rightleftharpoons Ag_2S(s)+4CN^-(aq)$ 的 $K^{\ominus}=$______。

四、计算题

1. 已知 $\Delta_f H_m^{\ominus}[C_6H_6, l, 298\ K]=49.10\ kJ \cdot mol^{-1}$，$\Delta_f H_m^{\ominus}[C_2H_2, l, g, 298\ K]=226.73\ kJ \cdot mol^{-1}$；$S_m^{\ominus}[C_6H_6, l, 298\ K]=173.40\ J \cdot mol^{-1} \cdot K^{-1}$，$S_m^{\ominus}[C_2H_2\ l, g, 298\ K]=200.94\ J \cdot mol^{-1} \cdot K^{-1}$。试判断：反应 $C_6H_6(l)$ ══ $3C_2H_2(g)$ 在 298.15 K，标准态下正向反应能否自发进行？并估算最低反应温度。

2. 已知下列反应 $2SbCl_5(g)$══$2SbCl_3(g)+2Cl_2(g)$在 298 K 时的 $\Delta_r H_m^\ominus=80.7$、$K^\ominus=1.58\times10^{-6}$，试求 800 K 时此反应的 $K^\ominus$（假设温度对此反应 $\Delta_r H_m^\ominus$ 的影响可以忽略）。

3. 光气（又称为碳酰氯）的合成反应为：$CO(g)+Cl_2(g)$══$COCl_2(g)$，100 ℃下该反应的 $K^\ominus=1.50\times10^8$。若反应开始时，在 1.00 L 容器中，$n_0(CO)=0.035$ mol、$n_0(Cl_2)=0.027$ mol、$n_0(COCl_2)=0$ mol，并计算 100 ℃平衡时各物种的分压和 CO 的平衡转化率。

习题 5　酸碱平衡

一、单项选择题(请将正确选项填在下表中相应位置上)

题号	1	2	3	4	5	6	7	8	9	10
答案										
题号	11	12	13	14	15	16	17	18	19	20
答案										

1. 对于弱电解质,下列说法中正确的是(　　)。

A. 弱电解质的解离常数只与温度有关而与浓度无关

B. 溶液的浓度越大,达平衡时解离出的离子浓度越高,它的解离度越大

C. 两弱酸,解离常数越小的,达平衡时其 pH 值越大酸性越弱

D. 一元弱电解质的任何系统均可利用稀释定律计算其解离度

2. 已知 313 K 时,水的 $K_w^\ominus = 3.8 \times 10^{-14}$,此时 $c(H^+) = 1.0 \times 10^{-7}\ mol \cdot L^{-1}$ 的溶液是(　　)。

A. 酸性　　B. 中性　　C. 碱性　　D. 缓冲溶液

3. 下列化合物中,同浓度的水溶液,pH 值最高的是(　　)。

A. NaCl　　B. $NaHCO_3$　　C. Na_2CO_3　　D. NH_4Cl

4. 1 L 0.8 $mol \cdot L^{-1}$ HNO_2 溶液,要使解离度增加 1 倍,若不考虑活度变化,应将原溶液稀释到(　　)L?

A. 2　　B. 3　　C. 4　　D. 4.5

5. 使 0.05 $mol \cdot L^{-1}$ HCl 溶液的浓度变为 0.1 $mol \cdot L^{-1}$,则(　　)。

A. 解离常数增大　　B. 离子平均活度系数减小

C. 解离度增大　　D. 三者均不是

6. 0.1 $mol \cdot L^{-1}$ MOH 溶液 pH=10.00,则该碱的 $K_b^\ominus$ 为(　　)。

A. 1.0×10^{-3}　　B. 1.0×10^{-19}

C. 1.0×10^{-13}　　D. 1.0×10^{-7}

7. 中性溶液严格地说是指(　　)。

A. pH=7.0 的溶液　　B. pOH=7.0 的溶液

C. pH+pOH=14.0 的溶液　　D. $c(H^+) = c(OH^-)$ 的溶液

8. 对于关系式 $\frac{c^2(H^+) \times c(S^{2-})}{c(H_2S)} = K_{a1}^\ominus \times K_{a2}^\ominus = 1.23 \times 10^{-20}$ 来说,下列叙述中不正确的是(　　)。

A. 此式表示了氢硫酸在溶液中按下式解离:$H_2S \Longleftrightarrow 2H^+ + S^{2-}$

B. 此式说明了平衡时,H^+、S^{2-} 和 H_2S 三者浓度之间的关系

C. 由于 H_2S 的饱和溶液通常为 0.1 $mol \cdot L^{-1}$,所以由此式可看出 S^{2-} 离子浓度受 H^+ 离子浓度的控制

D. 此式表明，通过调节 $c(H^+)$ 可以调节 S^{2-} 离子浓度

9. 有体积相同的 K_2CO_3 溶液和 $(NH_4)_2CO_3$ 溶液，其浓度 $a\ mol\cdot L^{-1}$ 和 $b\ mol\cdot L^{-1}$。现测得两种溶液中所含 $CO_3{}^{2-}$ 的浓度相等，a 与 b 相比较，其结果是(　　)。

A. $a=b$　　B. $a>b$　　C. $a<b$　　D. 以上都不对

10. 欲配制 pH=9 的缓冲溶液，应选用下列何种弱酸或弱碱和它们的盐来配制(　　)。

A. $HNO_2(K_a^\ominus=5\times10^{-4})$　　B. $NH_3\cdot H_2O(K_b^\ominus=1\times10^{-5})$

C. $HAc(K_a^\ominus=1\times10^{-5})$　　D. $HCOOH(K_a^\ominus=1\times10^{-4})$

11. HCN 的解离常数表达式为 $K_a^\ominus=\dfrac{c(H^+)\times c(CN^-)}{c(HCN)}$，下列哪种说法是正确的(　　)。

A. 加 HCl，$K_a^\ominus$ 变大　　B. 加 NaCN，$K_a^\ominus$ 变大

C. 加 HCN，$K_a^\ominus$ 变小　　D. 加 H_2O，$K_a^\ominus$ 不变

12. 下列阴离子的水溶液，若量浓度相同，则碱性最强的是(　　)。

A. $CN^-[K_a^\ominus(HCN)=6.2\times10^{-10}]$

B. $S^{2-}[K_{a1}^\ominus(H_2S)=1.3\times10^{-7},K_{a2}^\ominus(H_2S)=7.1\times10^{-15}]$

C. $CH_3COO^-[K_a^\ominus(CH_3COOH)=1.8\times10^{-5}]$

D. $F^-[K_a^\ominus(HF)=3.5\times10^{-4}]$

13. 在 1.0LH_2S 饱和溶液中加入 0.10 mL 0.010 $mol\cdot L^{-1}$ HCl，则下列式子错误的是(　　)。

A. $c(H_2S)\approx0.10\ mol\cdot L^{-1}$　　B. $c(HS^-)<c(H^+)$

C. $c(H^+)=2c(S^{2-})$　　D. $(H^+)=\sqrt{0.10\times K_{a1}^\ominus(H_2S)}$

14. 在下述各组相应的酸碱组分中，组成共轭酸碱关系的是(　　)。

A. $H_2AsO_4{}^--AsO_4{}^{3-}$　　B. $H_2CO_3-CO_3{}^{2-}$

C. $NH_4{}^+-NH_3$　　D. $H_2PO_4{}^--PO_4{}^{3-}$

15. H_2O 作为溶剂，对下列各组物质有区分效应的是(　　)。

A. HCl，HAc，NH_3，H_2SO_4　　B. HI，$HClO_4$，$NH_4{}^+$，Ac^-

C. HNO_3，NaOH，$Ba(OH)_2$，H_3PO_4　　D. NH_3，N_2H_4，CH_3NH_2，NH_2OH

16. 下列各种盐在水溶液中水解不生成沉淀的是(　　)。

A. $SnCl_2$　　B. $SbCl_3$　　C. $Sb(NO_3)_3$　　D. $NaNO_2$

17. 根据酸碱电子理论，下列物质不可作为 Lewis 碱的是(　　)。

A. Cl^-　　B. NH_3　　C. Fe^{3+}　　D. CO

18. 下列溶液中，pH 约等于 7 的是(　　)。

A. HCOONa　　B. NaAc　　C. NH_4Ac　　D. $(NH_4)SO_4$

19. 反应 $HS^-+H_2O \rightleftharpoons H_2S+OH^-$，强酸和弱碱分别是(　　)。

A. H_2S 和 OH^-　　B. H_2S 和 HS^-

C. H_2O 和 HS^-　　D. H_2S 和 H_2O

20. 将 pH=5.00 的强酸与 pH=13.00 的强碱溶液等体积混合，则混合溶液的 pH 为(　　)。

A. 9.00　　B. 8.00　　C. 12.70　　D. 5.00

二、是非题(请将“√”和“×”填在下表中相应的位置上)

题号	1	2	3	4	5	6	7	8	9	10
答案										

1. 浓度均为 0.01 $mol \cdot L^{-1}$ 的 HCl、H_2SO_4、NaOH 和 NH_4Ac 四种水溶液，其 H^+ 和 OH^- 离子浓度的乘积均相等。（　）

2. 将 10 mL 0.1 $mol \cdot L^{-1}$ $NH_3.H_2O$ 溶液稀释至 100 mL，则 $NH_3 \cdot H_2O$ 的解离度增大，OH^- 离子浓度也增大。（　）

3. 水的离子积在 18 ℃时为 6.4×10^{-15}，25 ℃时为 1.00×10^{-14}，即在 18 ℃时水的 pH 值大于 25 ℃时的 pH 值。（　）

4. 浓度为 1.0×10^{-7} $mol \cdot L^{-1}$ 的盐酸溶液的 pH=7.0。（　）

5. 物质的量浓度相等的一元酸和一元碱反应后，其水溶液呈中性。（　）

6. 在多元弱酸中，由于第一级解离出来的 H^+ 对第二级解离有同离子效应，因此 $K_{a1}^{\ominus} < K_{a2}^{\ominus}$。（　）

7. $(NH_4)_2CO_3$ 中含有氢，故水溶液呈酸性。（　）

8. 由于 $pH = pK_a^{\ominus} + \lg \dfrac{c(A^-)}{c(HA)}$，因此将缓冲溶液无论怎样稀释，其 pH 值不变。（　）

9. 按酸碱质子理论，HCN-CN^- 为共轭酸碱对，HCN 是弱酸，CN^- 是强碱。（　）

10. 酸碱反应实际上是质子转移的过程，因此，其共轭酸与共轭碱分别得到与失去的质子数一定相等。（　）

三、填空题

1. 根据酸碱质子理论，${CO_3}^{2-}$ 是______，其共轭______是______；${H_2PO_4}^-$ 是______，它的共轭酸是______，共轭碱是______；$Fe(H_2O)_6{}^{3+}$ 的共轭碱是______。在水中能够存在的最强碱是______，最强酸是______。

2. 在相同体积、相同浓度的 HAc(aq)和 HCl(aq)中，所含的 $c(H^+)$______；用相同浓度的 NaOH 溶液分别完全中和这两种酸溶液时，所消耗的 NaOH 溶液的体积______，恰好中和时两溶液的 pH ______，前者的 pH 比后者的______。

3. 0.10 $mol \cdot L^{-1}$ Na_2CO_3 溶液中的物种有________________________；该溶液的 pH ______ 7，$c(Na^+)$______ $c({CO_3}^{2-})$；$c({CO_3}^{2-})$约为______。

4. 已知：$K_a^{\ominus}(HNO_2) = 7.2\times10^{-4}$，当 HNO_2 溶液的解离度为 20%时，其浓度为______ $mol \cdot dm^{-3}$，$c(H^+)$=______ $mol \cdot dm^{-3}$。

5. 浓度为 0.010 $mol \cdot dm^{-3}$ 的某一元弱碱（$K_b^{\ominus} = 1.0\times10^{-8}$）溶液，其 pH=______，此碱的溶液与等体积的水混合后，pH=______。

6. 在 0.10 $mol \cdot dm^{-3}$ HAc 溶液中加入固体 NaAc 后，HAc 的浓度______，电离度______，pH 值______，解离常数______。

7. 物质（H_2SO_4、$HClO_4$、C_2H_5OH、NH_3、${NH_4}^+$、${HSO_4}^-$）在水溶液中的酸性由强到弱排列的顺序为____________________________________。

8. 已知 18 ℃时水的 $K_w^{\ominus} = 6.4\times10^{-15}$，此时中性溶液中 $c[H^+]$为______，pH 为______。

9. 现有浓度相同的 4 种溶液 HCl 溶液、HAc 溶液（$K_a^\ominus=1.8\times10^{-5}$）、NaOH 溶液和 NaAc 溶液，欲配制 pH=4.44 的缓冲溶液，可有三种配法，每种配法所用的两种溶液及其体积比分别为____________；____________；____________。

10. 已知 H_2S 的 $K_{a1}^\ominus=5.7\times10^{-8}$，$K_{a2}^\ominus=1.2\times10^{-15}$，则反应 $S^{2-}+H_2O \rightleftharpoons HS^-+OH^-$ 的平衡常数 $K^\ominus$=______，共轭酸碱对为______。

四、计算题

1. 已知 $K_{HAc}^\ominus=1.8\times10^{-5}$，计算 0.10 mol·L^{-1} NaAc 溶液的 pH 值。

2. 已知 0.10 mol·L^{-1} HAc 溶液的 H^+ 浓度为 1.3×10^{-3} mol·L^{-1}，解离度为 1.3%，pH 为 2.89。在其中加入固体 NaAc，使其浓度为 0.10 mol·L^{-1}，求此混合溶液中 H^+ 浓度、HAc 的解离度及溶液的 pH 值。

3. 有 50 mL 含有 0.10 mol·L^{-1} HAc 和 0.10 mol·L^{-1} NaAc 的缓冲溶液，求：

(1) 该缓冲溶液的 pH 值；

(2) 加入 1.0 mol·L^{-1}的 HCl 溶液 0.1 mL 后，溶液的 pH 值。

习题6　沉淀溶解平衡

一、单项选择题(请将正确选项填在下表中相应位置上)

题号	1	2	3	4	5	6	7	8	9	10
答案										
题号	11	12	13	14	15	16	17	18	19	20
答案										

1. 在 NaCl 饱和溶液中通入 HCl(g)时,NaCl(s)能沉淀析出的原因是(　　)。

A. HCl 是强酸,任何强酸都导致沉淀

B. 共同离子 Cl^- 使平衡移动,生成 NaCl(s)

C. 酸的存在降低了 $K_{sp}^{\ominus}$(NaCl)的数值

D. $K_{sp}^{\ominus}$(NaCl)不受酸的影响,但增加 Cl^- 离子浓度,能使 $K_{sp}^{\ominus}$(NaCl)减小

2. 对于 A、B 两种难溶盐,若 A 的溶解度大于 B 的溶解度,则必有(　　)。

A. $K_{sp}^{\ominus}(A)>K_{sp}^{\ominus}(B)$　　B. $K_{sp}^{\ominus}(A)<K_{sp}^{\ominus}(B)$

C. $K_{sp}^{\ominus}(A)\approx K_{sp}^{\ominus}(B)$　　D. 不一定

3. 已知 $CaSO_4$ 的溶度积为 2.5×10^{-5},如果用 0.01 $mol\cdot L^{-1}$ 的 $CaCl_2$ 溶液与等量的 Na_2SO_4 溶液混合,若要产生硫酸钙沉淀,则混合前 Na_2SO_4 溶液的浓度至少应为(　　) $mol\cdot L^{-1}$。

A. 5.0×10^{-3}　　B. 2.5×10^{-3}　　C. 1.0×10^{-2}　　D. 5.0×10^{-2}

4. 已知 $K_{sp}^{\ominus}(Ag_2SO_4)=1.8\times10^{-5}$、$K_{sp}^{\ominus}(AgCl)=1.8\times10^{-10}$、$K_{sp}^{\ominus}(BaSO_4)=1.8\times10^{-10}$,将等体积 0.0020 $mol\cdot L^{-1}$ Ag_2SO_4 与 2.0×10^{-6} $mol\cdot L^{-1}$ $BaCl_2$ 溶液混合,将会出现(　　)。

A. $BaSO_4$ 沉淀　　B. AgCl 沉淀　　C. AgCl 和 $BaSO_4$ 沉淀　　D. 无沉淀

5. 下列有关分步沉淀的叙述中正确的(　　)。

A. 溶度积小者一定先沉淀出来

B. 沉淀时所需沉淀试剂浓度小者先沉淀出来

C. 溶解度小的物质先沉淀出来

D. 被沉淀离子浓度大的先沉淀

6. 向饱和 AgCl 溶液中加水,下列叙述中正确的是(　　)。

A. AgCl 的溶解度增大　　B. AgCl 的溶解度、$K_{sp}^{\ominus}$均不变

C. AgCl 的 $K_{sp}^{\ominus}$增大　　D. AgCl 溶解度增大

7. 微溶化合物 AB_2C_3 在溶液中的解离平衡是:$AB_2C_3 \Longleftrightarrow A+2B+3C$。今用一定方法测得 C 浓度为 3.0×10^{-3} $mol\cdot L^{-1}$,则该微溶化合物的溶度积是(　　)。

A. 2.91×10^{-15}　　B. 1.16×10^{-14}　　C. 1.1×10^{-16}　　D. 6×10^{-9}

8. 不考虑各种副反应,微溶化合物 M_mA_n 在水中溶解度的一般计算式是(　　)。

A. $\sqrt{\dfrac{K_{sp}^{\ominus}}{m+n}}$　　B. $\sqrt{\dfrac{K_{sp}^{\ominus}}{m^m+n^n}}$　　C. $\sqrt{\dfrac{K_{sp}^{\ominus}}{m^m\cdot n^n}}$　　D. $\sqrt[m+n]{\dfrac{K_{sp}^{\ominus}}{m^m\cdot n^n}}$

9. 微溶化合物 Ag_2CrO_4 在 0.0010 $mol\cdot L^{-1}$ $AgNO_3$ 溶液中的溶解度比在 0.0010

$mol \cdot L^{-1} K_2CrO_4$ 溶液中的溶解度

A. 大　　B. 小　　C. 相等　　D. 大一倍

10. 下列叙述中，正确的是(　　)。

A. 由于 AgCl 水溶液的导电性很弱，所以它是弱电解质

B. 难溶电解质溶液中离子浓度的乘积就是该物质的溶度积

C. 溶度积大者，其溶解度就大

D. $K_{sp}^{\ominus}$的大小反映了难溶电解质的溶解程度，其值与温度有关，与浓度无关

11. 已知 AgCl、Ag_2CrO_4、$Ag_2C_2O_4$ 和 AgBr 的溶度积常数分别为 1.56×10^{-10}、1.1×10^{-12}、3.4×10^{-11} 和 5.0×10^{-13}。在下列难溶银盐的饱和溶液中，Ag^+ 离子浓度最大的是(　　)。

A. AgCl　　B. Ag_2CrO_4　　C. $Ag_2C_2O_4$　　D. AgBr

12. 下列叙述中正确的是(　　)。

A. 混合离子的溶液中，能形成溶度积小的沉淀者一定先沉淀

B. 某离子沉淀完全，是指其完全变成了沉淀

C. 凡溶度积大的沉淀一定能转化成溶度积小的沉淀

D. 当溶液中有关物质的离子积小于其溶度积时，该物质就会溶解

13. 在含有同浓度的 Cl^- 和 $CrO_4{}^{2-}$ 的混合溶液中，逐滴加入 $AgNO_3$溶液，会发生的现象是(　　)。

A. AgCl 先沉淀　　B. Ag_2CrO_4 先沉淀

C. AgCl 和 Ag_2CrO_4 同时沉淀　　D. 以上都错

14. 设 AgCl 在水中、在 $0.01\ mol \cdot L^{-1}\ CaCl_2$ 中、在 $0.01\ mol \cdot L^{-1}$ NaCl 中，以及在 $0.05\ mol \cdot L^{-1}\ AgNO_3$ 中的溶解度分别为 S_0、S_1、S_2、S_3，这些数据之间的正确关系应是(　　)。

A. $S_0>S_1>S_2>S_3$　　B. $S_0>S_2>S_1>S_3$

C. $S_0>S_1=S_2>S_3$　　D. $S_0>S_2>S_3>S_1$

15. 在沉淀反应中，加入易溶电解质会使沉淀的溶解度增加，该现象称为(　　)。

A. 同离子效应　　B. 盐效应　　C. 酸效应　　D. 配位效应

16. 在配制 $FeCl_3$溶液时，为防止溶液产生沉淀，应采取的措施是(　　)。

A. 加碱　　B. 加酸　　C. 多加水　　D. 加热

17. AgCl 固体在下列哪一种溶液中的溶解度最大？(　　)。

A. $1\ mol \cdot L^{-1}$ 氨水　　B. $1\ mol \cdot L^{-1}$ NaCl

C. 纯水　　D. $1\ mol \cdot L^{-1}\ AgNO_3$

18. 已知 $PbCl_2$、PbI_2和 PbS 的溶度积常数各为 1.6×10^{-5}、8.3×10^{-9} 和 7.0×10^{-29}。欲依次看到白色的 $PbCl_2$、黄色的 PbI_2 和黑色的 PbS 沉淀，往 Pb^{2+} 溶液中滴加试剂的次序是(　　)。

A. Na_2S、NaI、NaCl　　B. NaCl、NaI、Na_2S

C. NaCl、Na_2S、NaI　　D. NaI、NaCl、Na_2S

19. 已知 $K_{sp}^{\ominus}(AB_2)=4.2\times10^{-8}$、$K_{sp}^{\ominus}(AC)=3.0\times10^{-15}$。在 AB_2、AC 均饱和的混合溶液中，测得 $c(B^-)=1.6\times10^{-3}\ mol \cdot L^{-1}$，则溶液中 $c(C^-)$为(　　)。

A. $1.8\times10^{-13}\ mol \cdot L^{-1}$　　B. $7.3\times10^{-13}\ mol \cdot L^{-1}$

C. $2.3\ mol \cdot L^{-1}$　　D. $3.7\ mol \cdot L^{-1}$

20. 欲使 $CaCO_3$ 在水溶液中溶解度增大，可采用的方法是(　　)。

A. 加入 1.0 $mol \cdot L^{-1}$ Na_2CO_3　　B. 加入 2.0 $mol \cdot L^{-1}$ NaOH

C. 加入 0.10 $mol \cdot L^{-1}$ $CaCl_2$　　D. 降低溶液的 pH 值

二、是非题(请将"√"和"×"填在下表中相应的位置上)

题号	1	2	3	4	5	6	7	8	9	10
答案										

1. $CaCO_3$ 和 PbI_2 的溶度积非常接近，皆约为 10^{-8}，故两者饱和溶液中，Ca^{2+} 及 Pb^{2+} 离子的浓度近似相等。(　　)

2. 用水稀释 AgCl 的饱和溶液后，AgCl 的溶度积和溶解度都不变。(　　)

3. 只要溶液中 I^- 和 Pb^{2+} 的浓度满足 $[c(I^-)/c^\ominus]^2 \cdot [c(Pb^{2+})/c^\ominus] \geqslant K_{sp}^\ominus(PbI_2)$，则溶液中必定会析出 PbI_2 沉淀。(　　)

4. 在常温下，Ag_2CrO_4 和 $BaCrO_4$ 的溶度积分别为 2.0×10^{-12} 和 1.6×10^{-10}，前者小于后者，因此 Ag_2CrO_4 要比 $BaCrO_4$ 难溶于水。(　　)

5. MnS 和 PbS 的溶度积分别为 1.4×10^{-15} 和 3.4×10^{-28}，欲使 Mn^{2+} 与 Pb^{2+} 分离开，只要在酸性溶液中适当控制 pH 值，通入 H_2S。(　　)

6. 为使沉淀损失减小，洗涤 $BaSO_4$ 沉淀时不用蒸馏水，而用稀 H_2SO_4。(　　)

7. $CaCO_3$ 的溶度积为 2.9×10^{-9}，这意味着所有含 $CaCO_3$ 的溶液中，$c(Ca^{2+}) = c(CO_3{}^{2-})$，且 $[c(Ca^{2+})/c^\ominus][c(CO_3{}^{2-})/c^\ominus] = 2.9\times10^{-9}$。(　　)

8. 同类型的难溶电解质，$K_{sp}^\ominus$ 较大者可以转化为 $K_{sp}^\ominus$ 较小者，如二者 $K_{sp}^\ominus$ 差别越大，转化反应就越完全。(　　)

9. 一定温度下，AgCl 的饱和水溶液中，$[c(Ag^+)/c^\ominus]$ 和 $[c(Cl^-)/c^\ominus]$ 的乘积是一个常数。(　　)

10. 已知 $K_{sp}^\ominus(ZnCO_3) = 1.4\times10^{-11}$、$K_{sp}^\ominus(Zn(OH)_2) = 1.2\times10^{-17}$，则在 $Zn(OH)_2$ 饱和溶液中的 $c(Zn^{2+})$ 小于 $ZnCO_3$ 饱和溶液中的 $c(Zn^{2+})$。(　　)

三、填空题

1. $PbSO_4$ 和 $K_{sp}^\ominus$ 为 1.8×10^{-8}，在纯水中其溶解度为______ $mol \cdot L^{-1}$；在浓度为 1.0×10^{-2} $mol \cdot L^{-1}$ 的 Na_2SO_4 溶液中达到饱和时其溶解度为______ $mol \cdot L^{-1}$。

2. 在 AgCl、$CaCO_3$、$Fe(OH)_3$、MgF_2、ZnS 这些物质中，溶解度不随 pH 值变化的是______。

3. 同离子效应使难溶电解质的溶解度______；盐效应使难溶电解质的溶解度______；同离子效应较盐效应______得多。

4. AgCl、AgBr、AgI 在 2.0 $mol \cdot L^{-1}$ $NH_3 \cdot H_2O$ 的溶解度由大到小的顺序为______。

5. $2[Ag(CN)_2](aq) + S^{2-}(aq) \longrightarrow Ag_2S(s) + 4CN^-(aq)$ 的标准平衡常数 $K^\ominus$ 值为______。(已知：$[Ag(CN^-)_2]$ 的 $K_f^\ominus = 2.48\times10^{20}$，$Ag_2S$ 的 $K_{sp}^\ominus = 6.3\times10^{-50}$)

6. 已知 $La_2(C_2O_4)_3$ 的饱和溶液的浓度为 1.1×10^{-6} $mol \cdot L^{-1}$，其溶度积常数为______。

7. 欲使沉淀的溶解度增大，可采取______、______、______、______等措施。

8. 已知 PbF_2 的 $K_{sp}^\ominus = 3.3\times10^{-8}$，则在 PbF_2 饱和溶液中，$c(F^-) =$ ______ $mol \cdot L^{-1}$，溶解度为______ $mol \cdot L^{-1}$。

9. 向含有固体 AgI 的饱和溶液中：

(1) 加入固体 $AgNO_3$，则 $c(I^-)$变______。

(2) 若改变更多的 AgI，则 $c(Ag^+)$将______。

(3) 若改加 AgBr 固体，则 $c(I^-)$变______，而 $c(Ag^+)$______。

10. 已知 $K_{sp}^{\ominus}$：$BaSO_4$ 为 1.1×10^{-10}、$BaCO_3$ 为 2.6×10^{-9}。溶液中 $BaSO_4$ 转化为 $BaCO_3$ 反应的 $K^{\ominus}$ 为______。

四、计算题

1. 计算 CaF_2 在下列溶液中的溶解度(已知 $K_{sp}^{\ominus}(CaF_2)=3.4\times10^{-11}$，$K_a^{\ominus}(HF)=6.6\times10^{-4}$)。

(1) 在纯水中(忽略水解)。

(2) 在 $0.01\ mol\cdot L^{-1}$ $CaCl_2$ 的溶液中。

2. 在 $1.0\ mol\cdot L^{-1}$ Co^{2+} 溶液中，含有少量 Fe^{3+} 杂质。问应如何控制 pH 值，才能达到除去 Fe^{3+} 杂质的目的？($K_{sp}^{\ominus}(Co(OH)_2)=1.09\times10^{-15}$，$K_{sp}^{\ominus}(Fe(OH)_3)=4.0\times10^{-38}$)

习题 7　氧化还原反应——电化学基础

一、单项选择题(请将正确选项填在下表中相应位置上)

题号	1	2	3	4	5	6	7	8	9	10
答案										
题号	11	12	13	14	15					
答案										

1. 下列物质中,不能与 $FeCl_3$ 溶液反应的是(　　)。

A. Fe　　B. Cu　　C. KI　　D. $SnCl_4$

2. 在半反应 $MnO_4^- + 8H^+ + (\quad) \longrightarrow Mn^{2+} + 4H_2O$ 的括号中填入(　　)。

A. $3e^-$　　B. $5e^-$　　C. $2e^-$　　D. $8e^-$

3. 向原电池(－)Zn | Zn^{2+}(1 mol/L) ‖ Cu^{2+}(1 mol/L) | Cu(＋)的正极中通入 H_2S 气体,则电池的电动势将(　　)。

A. 增大　　B. 减小　　C. 不变　　D. 无法判断

4. 根据 $E^\ominus(AgI/Ag) = -0.151$ V、$E^\ominus(AgBr/Ag) = 0.095$ V,则金属银可自发溶于(　　)。

A. 盐酸　　B. 氢溴酸　　C. 氢碘酸　　D. 氢氟酸

5. 已知:$E_A^\ominus(V)$＝$O_2 - H_2O_2 - H_2O$ (0.69/1.76)、$E_B^\ominus(V)$＝$O_2 - H_2O_2 - OH^-$ (－0.07/0.87),说明 H_2O_2 的歧化反应(　　)。

A. 无论酸、碱介质都不能发生　　B. 只在酸性介质中发生

C. 无论酸、碱介质都能发生　　D. 只在碱性介质中发生

6. 下列有关 Cu-Zn 原电池的叙述中错误的是(　　)。

A. 盐桥中的电解质可保持两个半电池中的电荷平衡

B. 盐桥用于维持氧化还原反应的进行

C. 盐桥中的电解质不能参与电池反应

D. 电子通过盐桥流动

7. 下列电对中,$E^\ominus$ 值最小的是(　　)。

A. Ag^+/Ag　　B. AgCl/Ag　　C. AgBr/Ag　　D. AgI/Ag

8. 已知:$E^\ominus(Sn^{4+}/Sn^{2+}) = 0.15$ V、$E^\ominus(Fe^{3+}/Fe^{2+}) = 0.77$ V,则此两电对中,最强的还原剂是(　　)。

A. Sn^{4+}　　B. Sn^{2+}　　C. Fe^{3+}　　D. Fe^{2+}

9. NH_4NO_2 中 N 的氧化数是(　　)。

A. ＋1,－1　　B. ＋1,＋5　　C. －3,＋5　　D. －3,＋3

10. $E^\ominus(Cu^{2+}/Cu^+) = 0.158$ V、$E^\ominus(Cu^+/Cu) = 0.522$ V,则反应 $2Cu^+ \rightleftharpoons Cu^{2+} + Cu$ 的 $K^\ominus$ 为(　　)。

A. 6.93×10^{-7}　　B. 1.98×10^{12}　　C. 1.4×10^6　　D. 4.8×10^{-13}

11. 已知 $E^\ominus(Cl_2/Cl^-) = +1.36$ V,在下列电极反应中标准电极电势为＋1.36 V 的电极反应是(　　)。

A. Cl_2+2e^- ══ $2Cl^-$　　B. $2Cl^- -2e^-$ ══ Cl_2

C. $1/2Cl_2+e^-$ ══ Cl^-　　D. 都是

12. $2Fe^{2+}(aq)+Cl_2(g) \Longleftrightarrow 2Fe^{3+}(aq)+2Cl^-(aq)$的 $E_{MF}=0.60$ V，Cl_2、Cl^-处于标准态，则 $c(Fe^{2+})/c(Fe^{3+})$为(　　)。

A. 0.50　　B. 2.01　　C. 0.70　　D. 1.42

13. 下列电极反应中，有关离子浓度减小时，电极电势增大的是(　　)。

A. $Sn^{4+}+2e^-$ ══ Sn^{2+}　　B. Cl_2+2e^- ══ $2Cl^-$

C. $Fe-2e^-$ ══ Fe^{2+}　　D. $2H^++2e^-$ ══ H_2

14. 为防止配制的 $SnCl_2$溶液中 Sn^{2+}被完全氧化，最好的方法是(　　)。

A. 加入 Sn 粒　　B. 加 Fe 屑　　C. 通入 H_2　　D. 均可

15. 标准态时，在 H_2O_2 酸性溶液中加入适量的 Fe^{2+}，可生成的产物是(　　)。

A. Fe、O_2　　B. Fe^{3+}、O_2　　C. Fe、H_2O　　D. Fe^{3+}、H_2O

二、是非题(请将"√"和"×"填在下表中相应的位置上)

题号	1	2	3	4	5	6	7	8	9	10
答案										

1. 在氧化还原反应中，如果两个电对的电极电势相差越大，反应就进行得越快。(　　)

2. 由于 $E^\ominus(Cu^+/Cu)=+0.52$ V、$E^\ominus(I_2/I^-)=+0.536$ V，故 Cu^+ 和 I_2不能发生氧化还原反应。(　　)

3. 氢的电极电势是零。(　　)

4. 计算在非标准状态下进行氧化还原反应的平衡常数，必须先算出非标准电动势。(　　)

5. $FeCl_3$、$KMnO_4$ 和 H_2O_2 是常见的氧化剂，当溶液中 $c(H^+)$增大时，它们的氧化能力都增加。(　　)

6. 氧化数发生改变的物质不是还原剂就是氧化剂。(　　)

7. 任何一个氧化还原反应都可以组成一个原电池。(　　)

8. 氟的氧化值总是-1，F_2O 中氧的氧化值为$+2$。(　　)

9. 将氢电极($p(H_2)=100$kPa)插入纯水中与标准氢电极组成原电池，则 E_{MF} 为 0.414。(　　)

10. Cu^{2+}、Fe^{2+}、Sn^{4+}、Ag 可能共存，Cu^{2+}、Ag^+、Fe^{2+}、Fe 不可能共存。(　　)

三、填空题

1. 在原电池中，$E^\ominus$值大的电对为______极，$E^\ominus$值小的电对为______极；电对的 $E^\ominus$值越大，其氧化型______越强；电对的 $E^\ominus$值越小，其还原型______越强。

2. 随着溶液的 pH 值增加，下列电对 $Cr_2O_7^{2-}/Cr^{3+}$、Cl_2/Cl^-、MnO_4^-/MnO_4^{2-} 的 E 值将分别______、______、______。

3. 用电对 MnO_4^-/Mn^{2+}、Cl_2/Cl^- 组成的原电池，其正极反应为____________，负极反应为____________，电池的电动势等于______，电池符号为____________。($E^\ominus(MnO_4^-/Mn^{2+})=1.51$ V，$E^\ominus(Cl_2/Cl^-)=1.36$ V)

4. 已知 $E_A^\ominus$：$Cr_2O_7^{2-}$ +1.36 Cr^{3+} −0.41 Cr^{2+} −0.86 Cr，则 $E^\ominus(Cr_2O_7^{2-}/Cr^{2+})=$______

V，Cr^{2+} ______（能否）发生歧化反应。

5. 反应 $2Fe^{3+}(aq)+Cu(s)$ ══ $2Fe^{2+}+Cu^{2+}(aq)$ 与 $Fe(s)+Cu^{2+}(aq)$ ══ $Fe^{2+}(aq)+Cu(s)$ 均正向自发进行，在上述所有氧化剂中最强的是______，还原剂中最强的是______。

6. 已知 $E^{\ominus}(Cu^{2+}/Cu)=0.337$ V、$K_{sp}^{\ominus}Cu(OH)_2=2.2\times10^{-20}$，则 $E^{\ominus}(Cu(OH)_2/Cu)=$ ______ V。

7. 根据标准电极电势表，将 Hg^{2+}、$Cr_2O_7^{2-}$、H_2O_2、Sn、Zn、Br^- 中的氧化剂、还原剂由强到弱分别排列成序：(1)氧化剂由强到弱____________；(2) 还原剂由强到弱____________。

8. 在原电池中，流出电子的电极为______，接受电子的电极为______，在正极发生的是______，负极发生的是______，原电池可将______能转化为______能。

9. 在 $FeCl_3$ 溶液中加入足量的 NaF 后，又加入 KI 溶液时，无 I_2 生成，这是由于生成了较稳定的______的缘故。

10. KI 溶液在空气中放置久了能使淀粉试纸变蓝，其原因涉及两个电极反应，分别为____________和____________。

四、完成下列氧化还原反应方程式

1. $Cr_2O_7^{2-}+\ \ Fe^{2+}\longrightarrow\ \ Cr^{3+}+\ \ Fe^{2+}+\ \ H_2O$。

2. $Mn^{2+}+\ \ BiO_3^-+\ \ H^+\longrightarrow\ \ MnO_4^-+\ \ Bi^{3+}+\ \ H_2O$ 。

3. $H_2O_2+\ \ MnO_4^-+\ \ H^+\longrightarrow\ \ O_2+Mn^{2+}+\ \ H_2O$ 。

4. $KMnO_4+\ \ K_2SO_3+\ \ KOH\longrightarrow\ \ K_2MnO_4+\ \ K_2SO_4+$ (　　)。

5. $K_2Cr_2O_7+$ (　　) $+\ \ C\longrightarrow\ \ K_2SO_4+\ \ Cr_2(SO_4)_3+\ \ CO_2+\ \ H_2O$。

6. $H_3AsO_3+\ \ I_2+$ (　　) $\longrightarrow\ \ HASO_4^{2-}+\ \ I^-+\ \ H^+$。

7. $I^-+\ \ O_2+\ \ H^+\longrightarrow I_2+$ (　　)。

8. $KMnO_4+\ \ K_2SO_3+$ (　　) $\longrightarrow\ \ MnO_2+\ \ K_2SO_4+\ \ KOH$。

9. $MnO_4^-+\ \ H_2C_2O_4+\ \ H^+\longrightarrow\ \ Mn^{2+}+\ \ CO_2+$ (　　)。

10. $Cr_2O_7^{2-}+\ \ I^-+$ (　　) $\longrightarrow\ \ Cr^{3+}+\ \ I_2+\ \ H_2O$。

五、计算题

1. 已知 298 K 时下列电极反应的 $E^{\ominus}$：

$$Ag^+(aq)+e^-\rightleftharpoons Ag(s),\ E^{\ominus}=0.7991\ V$$

$$AgCl(s)+e^-\rightleftharpoons Ag(s)+Cl^-,\ E^{\ominus}=0.2222\ V$$

试求 AgCl 的溶度积常数。

2. 将铜片插入盛有 0.5 mol · L^{-1} $CuSO_4$ 溶液的烧杯中，银片插入盛有 0.5 mol · L^{-1} $AgNO_3$溶液的烧杯中，组成一个原电池。

(1) 写出原电池符号；

(2) 写出电极反应式和电池反应式；

(3) 求该电池的电动势。

3. (1) 试判断反应：$MnO_2 + 4HCl \rightleftharpoons MnCl_2 + Cl_2 + 2H_2O$ 在 25 ℃时的标准状态下能否向右进行？

(2) 实验室中为什么能用 $MnO_2(s)$与浓 HCl 溶液反应制取 Cl_2？

4. 用 H_2 和 O_2 的有关半反应设计一个原电池，确定 25 ℃时 H_2O 的 $K_w^\ominus$ 是多少？

习题 8　原子结构

一、单项选择题(请将正确选项填在下表中相应位置上)

题号	1	2	3	4	5	6	7	8	9	10
答案										
题号	11	12	13	14	15	16	17	18	19	20
答案										

1. 下列说法中符合泡里原理的是(　　)。

A. 在同一原子中,不可能有四个量子数完全相同的电子

B. 在原子中,具有一组相同量子数的电子不能多于两个

C. 原子处于稳定的基态时,其电子尽先占据最低的能级

D. 在同一电子亚层上各个轨道上的电子分布应尽先占据不同的轨道,且自旋平行。

2. 下列电子构型中,处于原子激发态的是(　　)。

A. $1s^2 2s^1 2p^1$　　B. $1s^2 2s^2 2p^6$

C. $1s^2 2s^2 2p^6 3s^2$　　D. $1s^2 2s^2 2p^6 3s^2 3p^6 4s^1$

3. 某基态原子的第六电子层只有 2 个电子时,则第五电子层上电子数目为(　　)。

A. 8　　B. 18　　C. 8—18　　D. 8—32

4. 下列各组量子数,不正确的是(　　)。

A. $n=2, l=1, m=0, m_s=-1/2$　　B. $n=3, l=0, m=1, m_s=1/2$

C. $n=2, l=1, m=-1, m_s=1/2$　　D. $n=3, l=2, m=-2, m_s=-1/2$

5. 下列基态离子中,具有 $3d^7$ 电子构型的是(　　)。

A. Mn^{2+}　　B. Fe^{2+}　　C. Co^{2+}　　D. Ni^{2+}

6. 和 Ar 具有相同电子构型的原子或离子是(　　)。

A. Ne　　B. Na^+　　C. F^-　　D. S^{2-}

7. 基态时,4d 和 5s 均为半充满的原子是(　　)。

A. Cr　　B. Mn　　C. Mo　　D. Tc

8. 在下列离子的基态电子构型中,未成对电子数为 5 的离子是(　　)。

A. Cr^{3+}　　B. Fe^{3+}　　C. Ni^{2+}　　D. Mn^{3+}

9. 某元素的原子在基态时有 6 个电子处于 $n=3$、$l=2$ 的能级上,其未成对的电子数为(　　)。

A. 4　　B. 5　　C. 3　　D. 2

10. 下列原子的价电子构型中,第一电离能最大的原子的电子构型是(　　)。

A. $3s^2 3p^1$　　B. $3s^2 3p^2$　　C. $3s^2 3p^3$　　D. $3s^2 3p^4$

11. 角量子数 $l=2$ 的某一电子,其磁量子数 m(　　)。

A. 只有一个数值　　B. 可以是三个数值中的任一个

C. 可以是五个数值中的任一个　　D. 可以有无限多少数值

12. 对离子半径或原子半径大小的判断不正确的是(　　)。

A. $\gamma_{Cl^-} < \gamma_{K^+}$　B. $\gamma_{Fe^{2+}} > \gamma_{Fe^{3+}}$　C. $\gamma_S > \gamma_{Cl}$　D. $\gamma_{Cr} > \gamma_{Fe}$

13. 下列原子的价电子数等于其所能达到的最高氧化态的是(　　)。

A. Co　B. Os　C. Pt　D. Hg

14. 下列原子半径大小顺序正确的是(　　)。

A. Be <Na<Mg　B. Be <Mg< Na　C. Be >Na>Mg　D. Na <Be<Mg

15. 第一电离能次序正确的是(　　)。

A. Be <B<C　B. C <N<O　C. O <N<F　D. F <O <N

16. 在多电子原子中,具有下列各组量子数的电子中能量最高的是(　　)。

A. 3,2,+1,+1/2　B. 2,1,+1,−1/2　C. 1,1,0,−1/2　D. 3,1,−1,−1/2

17. 元素的第一电子亲和能大小正确的顺序是(　　)。

A. C<N<O<F　B. C >N>O>F　C. C>N<O<F　D. C >N<O>F

18. 58 号 Ce^{3+} 离子的价层电子结构为(　　)。

A. $4f^2$　B. $4f^0 5d^1$　C. $4f^1$　D. $6s^1$

19. 量子数描述的电子亚层可以容纳电子数最多的是(　　)。

A. $n=2, l=1$　B. $n=3, l=2$　C. $n=4, l=3$　D. $n=5, l=0$

20. 根据原子的核外电子排布与原子序数的关系,第九周期最后一个元素的原子序数为(　　)。

A. 168　B. 200　C. 218　D. 240

二、是非题(请将"√"和"×"填在下表中相应的位置上)

题号	1	2	3	4	5	6	7	8	9	10
答案										

1. s 电子绕核旋转,其轨道为一圆圈,而 p 轨道是走∞形。(　　)
2. 主量子数为 1 时,有自旋相反的两条轨道。(　　)
3. 主量子数为 3 时,有 3s、3p、3d、3f 四条轨道。(　　)
4. 电负性最大的元素是 F。(　　)
5. 原子轨道中所用的"↑"和"↓"分别表示"向上"和"向下"的意思。(　　)
6. 所谓原子轨道是指一定的电子云。(　　)
7. 价电子层有 ns 电子的元素是碱金属元素。(　　)
8. 周期表中第五、六周期的$Ⅳ_B$、$Ⅴ_B$、$Ⅵ_B$ 元素的性质非常相似,这是由于 d 区元素性质的特殊性导致的。(　　)
9. 如果没有能级交错,第六周期应有 72 个元素,而不是实际的 32 个元素。(　　)
10. 63 号元素铕(Eu)和 95 号元素镅(Am)的价电子层排布为$(n-2)f^7 ns^2$。(　　)

三、填空题

1. 已知某元素的四个价电子的四个量子数分别为(4,0,0,+1/2)、(4,0,0,−1/2)、(3,2,0,+1/2)、(3,2,1,+1/2),则该元素原子的价电子排布为______,此元素是______。

2. 下列元素的元素符号是

(1) 在零族,但没有 p 电子:______;　(2) 在 4p 能级上有 1 个电子:______;

(3) 开始填充 4d 能级:______;　(4) 价电子构型为 $3d^{10}4s^1$:______。

3. 第五周期有______种元素，因为第______能级组最多可容纳______个电子，该能级组的电子填充顺序是______。

4. 决定原子等价轨道数目的量子数是______，决定多电子原子的原子轨道能量的量子数是______。

5. 填充下列各题的空白：

(1) Na(Z=______)，$1s^2 2s^2 2p^6 3s^1$；

(2) ______(Z=______)，$1s^2 2s^2 2p^6 3s^2 3p^3$；

(3) Zr(Z=40)，[Kr]4d______ $5s^2$；

(4) Te(Z=52)，[Kr]4d______ $5s^2 5p^4$；

(5) Bi(Z=83)，[Xe]4f______ 5d______ 6s______ 6p______。

6. 用 s、p、d、f 等符号表示下列元素的原子电子层结构，判断它们所在的周期和族。

(1) $_{13}Al$　$1s^2 2s^2 2p^6 3s^2 3p^1$______，______；

(2) $_{24}Cr$　$1s^2 2s^2 2p^6 3s^2 3p^6 3d^5 4s^1$______，______；

(3) $_{26}Fe$　$1s^2 2s^2 2p^6 3s^2 3p^6 3d^6 4s^2$______，______；

(4) $_{33}As$　$1s^2 2s^2 2p^6 3s^2 3p^6 3d^{10} 4s^2 4p^3$______，______；

(5) $_{47}Ag$　$1s^2 2s^2 2p^6 3s^2 3p^6 3d^{10} 4s^2 4p^6 4d^{10} 5s^1$______，______；

(6) $_{82}Pb$　$1s^2 2s^2 2p^6 3s^2 3p^6 3d^{10} 4s^2 4p^6 4d^{10} 5s^2 5p^6 4f^{14} 5d^{10} 6s^2 6p^2$______，______。

7. 已知下列元素在周期表中的位置，写出它们的外围电子构型和元素符号。

(1) 第四周期第 $Ⅳ_B$ 族______，______；

(2) 第四周期第 $Ⅶ_B$ 族______，______；

(3) 第五周期第 $Ⅶ_A$ 族______，______；

(4) 第六周期第 $Ⅲ_A$ 族______，______；

8. 在氢原子的激发态中，4s 和 3d 状态的能量高低次序为 E_{4s}______ E_{3d}；对于钾原子，能量高低次序为 E_{4s}______ E_{3d}；对于钛原子，能量高低次序为 E_{4s}______ E_{3d}。

9. 氢原子的电子能级由量子数______决定，而锂原子的电子能级由量子数______决定。

10. 某过渡元素在氪之前，此元素的原子失去一个电子后的离子在副量子数为 2 的轨道中电子恰为全充满，该元素为______，其基态原子的核外电子排布式为______。

四、问答题

1. 某元素 A 能直接与 $Ⅶ_A$ 族中某元素 B 反应时生成 A 的最高氧化值的化合物 ABX，在此化合物中 B 的含量为 83.5%，而在相应的氧化物中，氧的质量占 53.3%。ABX 为无色透明液体，沸点为 57.6 ℃，对空气的相对密度约为 5.9。试回答：

(1) 元素 A、B 的名称；

(2) 元素 A 位于第几周期、第几族；

(3) 最高价氧化物的化学式。

2. 今有三种物质 AC_2、B_2C、DC_2，A、B、C、D 的原子序数分别为 6、1、8、14。试回答以下问题。

(1) 这四种元素分别位于周期表中的哪一周期？哪一族？

(2) 是金属元素还是非金属元素？

(3) 形成的三种化合物的化学键是共价型还是离子型？键是否有极性？

3. 有第四周期的 A、B、C、D 四种元素，其价电子数依次为 1、2、2、7，其原子序数依 A、B、C、D 次序增大。已知 A 与 B 的次外层电子数为 8，而 C 与 D 的次外层电子数为 18，根据原子结构，判断：

(1) 哪些是金属元素？

(2) D 与 A 的简单离子是什么？

(3) 哪一元素的氢氧化物碱性最强？

(4) B 与 D 两原子间能形成何种化合物？写出化学式。

4. 试根据原子结构理论预测：

(1) 第八周期将包括多少种元素？

(2) 原子核外出现第 1 个 5 g 电子的元素的原子序数是多少？

(3) 根据电子排布规律，推断 114 号新元素的外围电子构型，并指出它可能与哪个元素的性质最为相似。

习题 9　分子结构(固体结构)

一、单项选择题(请将正确选项填在下表中相应位置上)

题号	1	2	3	4	5	6	7	8	9	10
答案										
题号	11	12	13	14	15	16	17	18	19	20
答案										

1. 既存在离子键和共价键,又存在配位键的化合物是(　　)。

A. H_3PO_4　　B. $Ba(NO_3)_2$　　C. NH_4F　　D. NaOH

2. 下列化合物中,中心原子不服从八隅体规则的是(　　)。

A. OF_2　　B. SF_2　　C. PCl_3　　D. BCl_2

3. 下列原子轨道沿 x 键轴重叠时,能形成 σ 键的是(　　)。

A. p_x-p_x　　B. p_y-p_y　　C. p_x-p_z　　D. $s-d_{z^2}$

4. 下列各个答案中,可能不存在的硫的化合物是(　　)。

A. SF_2　　B. SF_4　　C. SF_3　　D. SF_6

5. 下列分子中,中心原子采取不等性 sp^3 杂化的是(　　)。

A. BF_3　　B. BCl_3　　C. OF_2　　D. $SiCl_4$

6. 用价层电子对互斥理论判断,下列分子或离子中,空间构型为平面正方形的是(　　)。

A. CCl_4　　B. SiF_4　　C. NH_4^+　　D. ICl_4^-

7. 下列分子中,键和分子均具有极性的是(　　)。

A. Cl_2　　B. BF_3　　C. CO_2　　D. NH_3

8. 下列分子中,偶极矩为零的是(　　)。

A. BF_3　　B. NF_3　　C. PF_3　　D. SF_4

9. 下列分子中键角最小的是(　　)。

A. BF_3　　B. H_2O　　C. BeH_2　　D. CCl_4

10. $XeOF_4$分子的几何构型为(　　)。

A. 四方锥　　B. 三角锥　　C. 五方锥　　D. 四面体

11. 具有类似离子结构的一组是(　　)。

A. PO_4^{3-}、SiO_4^{2-}、SO_4^{2-}、NO_2^-　　B. CO_3^{2-}、SO_3^{2-}、CrO_4^{2-}、MnO_4^-

C. CO_3^{2-}、SO_3、BF_3、BCl_3　　D. NO_2、NO_3^-、SO_3^{2-}、PO_4^{3-}

12. 按"MO"法,键级最大的是(　　)。

A. CO　　B. O_2　　C. O_2^+　　D. O_2^-

13. 下列分子和离子中,具有顺磁性的是(　　)。

A. NO^+　　B. B_2　　C. CO　　D. $[Fe(CN)_6]^{4-}$

14. 下列离子中,极化率最大的是(　　)。

A. K^+　　B. Rb^+　　C. Br^-　　D. I^-

15. 下列离子中,属于(9-17)电子构型的是(　　)。

A. Li^{+}　B. F^{-}　C. Fe^{3+}　D. Pb^{2+}

16. 下列离子半径大小顺序中错误的是(　　)。

A. $Mg^{2+}<Ca^{2+}$　B. $Fe^{2+}>Fe^{3+}$　C. $Cs^{+}>Ba^{2+}$　D. $F^{-}>O^{2-}$

17. 下列各组物质沸点高低次序中错误的是(　　)。

A. $LiCl<NaCl$　B. $BeCl_2>MgCl_2$　C. $KCl>RbCl$　D. $ZnCl_2<BaCl_2$

18. 下列物质中,分子间不能形成氢键的是(　　)。

A. NH_3　B. N_2H_4　C. C_2H_5OH　D. CH_3OCH_3

19. 下列各组化合物溶解度大小顺序中,正确的是(　　)。

A. $AgF>AgBr$　B. $CaF_2>CaCl_2$　C. $Hg_2Cl_2<Hg_2I_2$　D. $LiF>NaCl$

20. 下列分子或离子与 BF_3 互为等电子体,并具有相似的结构的一种是(　　)。

A. $NO_3^{\ -}$　B. NF_3　C. 气态 $AlCl_3$　D. SO_2

二、是非题(请将"√"和"×"填在下表中相应的位置上)

题号	1	2	3	4	5	6	7	8	9	10
答案										

1. 具有极性共价键的分子,一定是极性分子。(　　)

2. 非极性分子中的化学键,一定是非极性的共价键。(　　)

3. 非极性分子间只存在色散力,极性分子与非极性分子间只存在诱导力,极性分子间只存在取向力。(　　)

4. 氢键就是氢和其他元素间形成的化学键。(　　)

5. 相同原子间的三键键能是单键键能的三倍。(　　)

6. BF_3 和 NF_3 都是平面三角形分子。(　　)

7. 在 HF 分子中,既存在成键轨道和反键轨道,也存在非键轨道。(　　)

8. 离子相互极化使 Hg^{2+} 与 S^{2-} 结合所生成化合物的键型由离子键向共价键转化,化合物的晶型由离子晶体向分子晶体转化,通常表现出化合物的熔沸点降低,颜色加深,溶解度增大。(　　)

9. 根据分子轨道理论,CO^{+} 存在一个 σ 单电子键。(　　)

10. HI 分子间作用力比 HBr 的大,故 HI 没有 HBr 稳定。(　　)

三、填空题

1. 在配合物中,中心原子应具备的条件是______;配位体应具备的条件是______。

2. 磷可以形成 PCl_5 分子是由于磷属于第 3 周期元素,其主量子数 $n=3$,杂化时可动用______轨道,形成______杂化轨道,分子的空间构型是______。

3. ClF_3 分子中,中心原子 Cl 的杂化轨道是______,分子的空间构型是______。

4. 物质 NH_3、H_3BO_3、HNO_3、C_2H_5OH、C_6H_6 中,存在氢键的物质是______;存在分子内氢键的物质是______;存在分子间氢键的物质是______。

5. 在共价化合物中,键的极性大小与______的差值有关,分子极性的大小可由______的大小来量度。

6. 中心原子(离子)的价电子数为 6,成对电子对数为 4,则分子的几何构型为______。

7. 共价键具有方向性和饱和性,共价键的键型主要包括:______、______和______。

8. 原子轨道线性组合成分子轨道要遵循的三原则是______、______和______。

9. 氢可与______、______且具有______的元素原子结合并形成氢键。

10. 超导体具有____________和____________两大特性。

四、问答题

1. 写出下列各离子的几何构型和中心原子的杂化类型。

(1) PF_4^+；

(2) NO_2^+；

(3) NO_3^-；

(4) AlF_6^{3-}；

(5) IF_6^+。

2. 为什么存在 H_3O^+ 和 NH_4^+ 而不存在 CH_5^+？为什么存在 SF_6 而不存在 OF_6？

3. 已知在 AB_5、AB_4、AB_3、AB_2 四种化合物的分子中，中心原子的电子对数都是 5，而孤对电子数分为 0、1、2、3，按价层电子对互斥理判断它们的几何构型。

4. 写出 O_2、O_2^+、O_2^-、O_2^{2-} 的键级和键长长短次序，以及磁性。

5. 试用离子极化讨论 Cu^+ 与 Na^+ 虽然半径相似，但 CuCl 在水中溶解度比 NaCl 小得多的原因。

习题 10　配位化合物

一、单项选择题(请将正确选项填在下表中相应位置上)

题号	1	2	3	4	5	6	7	8	9	10
答案										

1. 根据晶体场理论，在一个八面体强场中，中心离子 d 电子数为多少时，晶体场稳定化能最大。

A. 9　　B. 6　　C. 5　　D. 3

2. 下列各配离子中，既不显蓝色又不显紫色的是(　　)。

A. $Cu(H_2O)_4{}^{2-}$　　B. $Cu(NH_3)_4{}^{2+}$　　C. $CuCl_4{}^{2-}$　　D. $Cu(OH)_4{}^{2-}$

3. 下列化合物中，没有反馈 π 键的是(　　)。

A. $[Pt(C_2H_4)Cl_3]^-$　　B. $[Co(CN)_6]^{4-}$

C. $Fe(CO)_5$　　D. $[FeF_6]^{3-}$

4. 下列各组离子在强场八面体和弱场八面体中，d 电子分布方式均相同的是(　　)。

A. Cr^{3+} 和 Fe^{3+}　　B. Fe^{2+} 和 Co^{3+}　　C. Co^{3+} 和 Ni^{2+}　　D. Cr^{3+} 和 Ni^{2+}

5. 下列离子中配位能力最差的是(　　)。

A. $ClO_4{}^-$　　B. $SO_4{}^{2-}$　　C. $PO_4{}^{3-}$　　D. $NO_3{}^-$

6. 下列配合物中，空间构型为直线型的是(　　)。

A. $[Cu(en)_2]^{2+}$　　B. $[Cu(P_2O_7)_2]^{6-}$

C. $[Ag(S_2O_3)_2]^{3-}$　　D. $[AuCl_4]^-$

7. 下列配合物中，属于内轨型的有(　　)。

A. $[Ag(NH_3)_2]^+$　　B. $[Zn(NH_3)_4]^{2+}$

C. $[Cr(H_2O)_6]^{3+}$　　D. $[Ni(CN)_4]^{2-}$

8. 化合物$[Co(NH_3)_4Cl_2]Br$ 的名称是(　　)。

A. 溴化二氯・四氨钴酸盐(Ⅱ)　　B. 溴化二氯・四氨钴酸盐(Ⅲ)

C. 溴化二氯・四氨合钴(Ⅱ)　　D. 溴化二氯・四氨合钴(Ⅲ)

9. 当分子式为 $CoCl_3 \cdot 4NH_3$ 的化合物与 $AgNO_3(aq)$反应，沉淀出 1 mol AgCl。有多少氯原子直接与钴成键(　　)。

A. 0　　B. 1　　C. 2　　D. 3

10. 在下列配合物中，其中分裂能最大的是(　　)。

A. $Rh(NH_3)_6{}^{3+}$　　B. $Ni(NH_3)_6{}^{3+}$　　C. $Co(NH_3)_6{}^{3+}$　　D. $Fe(NH_3)_6{}^{3+}$

二、是非题(请将“√”和“×”填在下表中相应的位置上)

题号	1	2	3	4	5	6	7	8	9	10
答案										

1. 复盐和配合物就像离子键和共价键一样，没有严格的界限。　　(　　)

2. $Ni(NH_3)_2Cl_2$ 无异构现象，$[Co(en)_3]Cl_3$有异构体。　　(　　)

3. 配离子 $AlF_6{}^{3-}$ 的稳定性大于 $AlCl_6{}^{3-}$。（　　）

4. 已知$[CaY]^{2-}$ 的 $K^{\ominus}$ 为 6.3×10^{18}，比$[Cu(en)_2]^{2+}$ 的 $K^{\ominus}=4.0\times10^{19}$ 小，所以后者更难离解。（　　）

5. 凡是配位数为 4 的配合物，中心离子的轨道杂化方式都是 sp^3。（　　）

6. 同一中心离子内轨配合物一定比外轨配合物稳定。（　　）

7. 当 CO 作为配体与过渡金属配位时，证明存在"反馈 π 键"的证据之一是 CO 的键长介于单键和双键之间。（　　）

8. Fe^{3+} 和 X^- 配合物的稳定性随 X^- 离子半径的增加而降低。（　　）

9. $HgX_4{}^{2-}$ 的稳定性按 $F^-\longrightarrow I^-$ 的顺序降低。（　　）

10. $CuX_2{}^-$ 的稳定性按的 $Cl^-\longrightarrow Br^-\longrightarrow I^-\longrightarrow CN^-$ 顺序增加。（　　）

三、填空题

1. $[Ni(CN)_4]^{2-}$ 的空间构型为______，它具有______磁性，其形成体采用______杂化轨道与 CN 成键，配位原子是______。

2. $[Zn(NH_3)_4]Cl_2$ 中 Zn 的配位数是______，$[Ag(NH_3)_2]Cl$ 中 Ag 的配位数是______。

3. $K_2Zn(OH)_4$ 的命名是______。

4. 配合物 $K_3[Fe(CN)_5(CO)]$ 中配离子的电荷应为______，配离子的空间构型为______，配位原子为______ 中心离子的配位数为______，d 电子在 t_{2g} 和 e_g 轨道上的排布方式为______，中心离子所采取的杂化轨道方式为______，该配合物属______磁性分子。

5. d^6 电子组态的过渡金属配合物，高自旋的晶体场稳定化能为______。

6. 若不考虑电子成对能，$[Co(CN)_6]^{4-}$ 的晶体场稳定化能为______ Dq，$Co(H_2O)_6{}^{2+}$ 的晶体场稳定化能为______ Dq。

7. 已知$[PtCl_2(NH_3)_2]$有两种几何异构体，则中心离子所采取的杂化轨道应是______杂化；$Zn(NH_3)_4{}^{2+}$ 的中心离子所采取的杂化轨道应是______杂化。

8. 五氰 · 羰基合铁（Ⅱ）配离子的化学式是______；二氯化亚硝酸根 · 三氨 · 二水合钴（Ⅲ）的化学式是______；四氯合铂（Ⅱ）酸四氨合铜（Ⅱ）的化学式是______。

9. 已知配合物$[Fe(CO)_5]$的磁矩 $\mu=0$ B. M，可以推断形成体的轨道杂化方式为______，配合物的空间构型为______。

10. 在电子构型为 $d^1\sim d^{10}$ 的过渡金属离子中，既能形成高自旋配合物又能形成低自旋配合物的电子构型是______的离子，由于能产生______，所以它们形成的配离子是有颜色的。

四、问答题

1. 已知$[Fe(CN)_6]^{4-}$ 和$[Fe(NH_3)_6]^{2+}$ 的磁矩分别为 0 和 5.2 B. M。用价键理论和晶体场理论，分别画出它们形成时中心离子的价层电子分布。这两种配合物各属哪种类型？（指内轨和外轨、低自旋和高自旋）

2. 已知$[Co(H_2O)_6]^{2+}$的磁矩为4.3 B.M。试分析$[Co(H_2O)_6]^{2+}$中Co^{2+}有几个未成对电子。

3. 配离子$[NiCl_4]^{2-}$含有2个未成对电子,但$[Ni(CN)_4]^{2-}$是反磁性的,指出两种配离子的空间构型,并估算它们的磁矩。

习题 11　s 区元素

一、单项选择题(请将正确选项填在下表中相应位置上)

题号	1	2	3	4	5	6	7	8	9	10
答案										
题号	11	12	13	14	15					
答案										

1. 重晶石的化学式是(　　)。

A. $BaCO_3$　　B. $BaSO_4$　　C. Na_2SO_4　　D. Na_2CO_3

2. 下列碳酸盐,溶解度最小的是(　　)。

A. $NaHCO_3$　　B. Na_2CO_3　　C. Li_2CO_3　　D. K_2CO_3

3. $NaNO_3$受热分解的产物是(　　)。

A. Na_2O,NO_2,O_2　　B. $NaNO_2,O_2$

C. $NaNO_2,NO_2,O_2$　　D. Na_2O,NO,O_2

4. 下列哪对元素的化学性质最相似(　　)。

A. Be 和 Mg　　B. Mg 和 Al　　C. Li 和 Be　　D. Be 和 Al

5. 下列元素中第一电离能最小的是(　　)。

A. Li　　B. Be　　C. Na　　D. Mg

6. 下列最稳定的氮化物是(　　)。

A. Li_3N　　B. Na_3N　　C. K_3N　　D. Ba_3N_2

7. 下列水合离子生成时放出热量最少的是(　　)。

A. Li^+　　B. Na^+　　C. K^+　　D. Mg^{2+}

8. 下列最稳定的过氧化物是(　　)。

A. Li_2O_2　　B. Na_2O_2　　C. K_2O_2　　D. Rb_2O_2

9. 下列化合物中键的离子性最小的是(　　)。

A. LiCl　　B. NaCl　　C. KCl　　D. $BaCl_2$

10. 下列碳酸盐中热稳定性最差的是(　　)。

A. $BaCO_3$　　B. $CaCO_3$　　C. K_2CO_3　　D. Na_2CO_3

11. 下列化合物中具有顺磁性的是(　　)。

A. Na_2O_2　　B. SrO　　C. KO_2　　D. BaO_2

12. 关于 s 区元素的性质下列叙述中不正确的是(　　)。

A. 由于 s 区元素的电负性小,所以都形成典型的离子型化合物

B. 在 s 区元素中,Be、Mg 因表面形成致密的氧化物保护膜而对水较稳定

C. s 区元素的单质都有很强的还原性

D. 除 Be、Mg 外,其他 s 区元素的硝酸盐或氯酸盐都可做焰火材料

13. 关于 Mg、Ca、Sr、Ba 及其化合物的性质下列叙述中不正确的是(　　)。

A. 单质都可以在氮气中燃烧生成氮化物 M_3N_2

B. 单质都易与水、水蒸气反应得到氢气

C. $M(HCO_3)_2$在水中的溶解度大于MCO_3的溶解度

D. 这些元素几乎总是生成+2 价离子

14. 下列氢化物中最稳定的是(　　)。

A. LiH　　B. NaH　　C. KH　　D. RbH

15. 下列化合物中,与水反应不生成 H_2O_2 的是(　　)。

A. Na_2O_2　　B. KO_2　　C. BaO_2　　D. Li_2O

二、是非题(请将"√"和"×"填在下表中相应的位置上)

题号	1	2	3	4	5	6	7	8	9	10
答案										

1. 因为氢可以形成 H^+,所以可以把它划分为碱金属。(　　)

2. 铍和其同组元素相比离子半径小极化作用强所以形成键具有较多共价性。(　　)

3. 在周期表中,处于对角线位置的元素性质相似,这称为对角线规则。(　　)

4. 碱金属是很强的还原剂所以碱金属的水溶液也是很强的还原剂。(　　)

5. 碱金属的氢氧化物都是强碱性的。(　　)

6. 氧化数为+2 的碱土金属离子在过量碱性溶液中都是以氢氧化物的形式存在。(　　)

7. 碱金属和碱土金属很活泼,因此在自然界中没有它们的游离状态。(　　)

8. CaH_2 便于携带,与水分解放出氢气,故野外常用它来制取氢气。(　　)

9. 碱金属的熔点、沸点随原子序数增加而降低可见碱土金属的熔点沸点也具有这变化规律。(　　)

10. 碳酸及碳酸盐的热稳定性次序是 $NaHCO_3>Na_2CO_3>H_2CO_3$。(　　)

三、填空题

1. 金属锂应保存在______中,金属钠和钾应保存在______中。

2. 在 s 区金属中熔点最高的是______,熔点最低的是______,密度最小的是______,硬度最小的是______。

3. 周期表中处于斜线位置的 B 与 Si、______、______ 性质十分相似,人们习惯上把这种现象称之为斜线规则或对角线规则。

4. 写出下列物质的化学式:

(1) 萤石______;　　(2) 生石膏______;　　(3) 天青石______;

(4) 方解石______;　　(5) 光卤石______;　　(6) 智利硝石______;

(7) 芒硝______;　　(8) 纯碱______。

5. $Be(OH)_2$与 $Mg(OH)_2$性质的最大差异是__________;__________。

6. 电解熔盐法制得的金属钠中一般含有少量的 ______,其原因是__________。

7. 熔盐电解法生产金属铍时加入 NaCl 的作用是______。

8. 盛 $Ba(OH)_2$的试剂瓶在空气中放置一段时间后,瓶内出现一层白膜是______。

9. $Ⅱ_A$族元素中性质表现特殊的元素是______,它与 p 区元素中的______性质极相似,如两者的氯化物都是______化合物在有机溶剂中溶解度较大。

10. 碱土金属的氧化物从上至下硬度逐渐______,熔点依次______。

四、完成并配平下列反应方程式

1. 在过氧化钠固体上滴加热水。

2. 将二氧化碳通入过氧化钠。

3. 将氮化镁投入水中。

4. 向氯化锂溶液中滴加磷酸氢二钠溶液。

5. 六水合氯化镁受热分解。

6. 金属钠和氯化钾共热。

7. 金属铍溶于氢氧化钠溶液中。

8. 用 NaH 还原四氯化钛。

9. 将臭氧化钾投入水中。

10. 将氢化钠投入水中。

五、简答题

1. 碱性土壤中含有 Na_2CO_3 和 K_2CO_3,试分析用 $CaSO_4$ 能否改良这种碱性土壤?

2. 拟除去 $BaCl_2$ 溶液中混有的少量 $FeCl_3$ 杂质，试分析加入 $Ba(OH)_2$ 和 $BaCO_3$ 哪种试剂更好？

3. 钾要比钠活泼，但可以通过反应 $Na+KCl \longrightarrow NaCl+K$ 制备金属钾，请解释原因并分析由此制备金属钾是否切实可行？

4. 一固体混合物可能含有 $MgCO_3$、Na_2SO_4、$Ba(NO_3)_2$、$AgNO_3$ 和 $CuSO_4$，混合物投入水中得到无色溶液和白色沉淀，将溶液进行焰色试验，火焰呈黄色，沉淀可溶于稀盐酸并放出气体，试判断那些物质肯定存在，哪些物质肯定不存在，并分析原因。

习题 12　p 区元素(一)

一、单项选择题(请将正确选项填在下表中相应位置上)

题号	1	2	3	4	5	6	7	8	9	10
答案										
题号	11	12	13	14	15	16	17	18	19	20
答案										

1. 下列化合物属于缺电子化合物的是(　　)。

A. BCl_3　　B. $H[BF_4]$　　C. B_2O_3　　D. $Na[Al(OH)_4]$

2. 在硼的化合物中，硼原子的最高配位数不超过 4，这是因为(　　)。

A. 硼原子半径小　　B. 配位原子半径大

C. 硼与配位原子电负性差小　　D. 硼原子无价层 d 轨道

3. 下列关于 BF_3 的叙述中，正确的是(　　)。

A. BF_3 易形成二聚体　　B. BF_3 为离子化合物

C. BF_3 为路易斯酸　　D. BF_3 常温下为液体

4. 下列各对物质中中心原子的轨道杂化类型不同的是(　　)。

A. CH_4 与 SiH_4　　B. H_3O^+ 与 NH_3　　C. CH_4 与 NH_4^+　　D. CF_4 与 SF_4

5. 可形成 $(XH_3)_2$、X_2O_3、XCl_3、XO_2^-、$XF_3 \cdot HF$ 这几种类型化合物的 X 元素是(　　)。

A. P　　B. Al　　C. B　　D. S

6. 下列金属单质中，熔点最低的是(　　)。

A. Cu　　B. Zn　　C. Na　　D. Ga

7. 下列物质在水中溶解度最小的是(　　)。

A. Na_2CO_3　　B. $NaHCO_3$　　C. $Ca(HCO_3)_2$　　D. $KHCO_3$

8. 下列分子中，偶极矩不为零的是(　　)。

A. BCl_3　　B. $SiCl_4$　　C. PCl_5　　D. $SnCl_2$

9. 下列物质中，酸性最强的是(　　)。

A. $B(OH)_3$　　B. $Al(OH)_3$　　C. $Si(OH)_4$　　D. $Sn(OH)_4$

10. 下列物质中，酸性最强的是(　　)。

A. H_2SnO_3　　B. $Ge(OH)_4$　　C. $Sn(OH)_2$　　D. $Ge(OH)_2$

11. 下列各组化合物中，对热稳定性判断正确的是(　　)。

A. $H_2CO_3 > Ca(HCO_3)_2$　　B. $Na_2CO_3 > PbCO_3$

C. $(NH_4)_2CO_3 > K_2CO_3$　　D. $Na_2SO_3 > Na_2SO_4$

12. 下列化合物中，不水解的是(　　)。

A. $SiCl_4$　　B. CCl_4　　C. BCl_3　　D. PCl_5

13. 与 Na_2CO_3 溶液反应生成碱式盐沉淀的离子是(　　)。

A. Al^{3+}　　B. Ba^{2+}　　C. Cu^{2+}　　D. Hg^{2+}

14. 碳化铝固体与水作用产生的气体是(　　)。

A. C_2H_2　B. CH_3CCH　C. CO_2　D. CH_4

15. 下列物质水解并能放出氢气的是(　　)。

A. B_2H_6　B. N_2H_4　C. NH_3　D. PH_3

16. 下列金属中,与硝酸反应得到产物价态最高的是(　　)。

A. In　B. Tl　C. Sb　D. Bi

17. 下列氧化物中氧化性最强的是(　　)。

A. SiO_2　B. GeO_2　C. SnO_2　D. Pb_2O_3

18. 下列化合物中不能稳定存在的是(　　)。

A. SbI_3　B. PI_3　C. AlI_3　D. TlI_3

19. 下列化学式中代表金刚砂的是(　　)。

A. Al_2O_3　B. CaC_2　C. SiO_2　D. SiC

20. 有一淡黄色固体含 23%硼(B 的相对原子质量为 10.81)和 77%氯,它是从三氯化硼中制得的。0.0516 g 此试样在 69 ℃蒸发,蒸气在 2.96 kPa 时占有体积 268 cm^3,此化合物的化学式是(　　)。

A. B_4Cl_4　B. B_8Cl_8　C. $B_{12}Cl_{12}$　D. $B_{16}Cl_{16}$

二、是非题(请将"√"和"×"填在下表中相应的位置上)

题号	1	2	3	4	5	6	7	8	9	10
答案										

1. BF_3 中的 B 是以 sp^2 杂化轨道成键的,当 BF_3 用 B 的空轨道接受 NH_3 的成 $BF_3 \cdot NH_3$ 时,其中的 B 也是以 sp^2 杂化轨道成键的。(　　)

2. B_2H_6 和 LiH 反应能得到 $LiBH_4$,若此反应在水溶液中进行,仍可制得$[BH_4]^-$离子。(　　)

3. H_3BO_3 中有三个氢,因此是三元弱酸。(　　)

4. $AlCl_3$ 分子中 Al 是缺电子原子,因此 $AlCl_3$ 中有多中心键。(　　)

5. SiF_4、$SiCl_4$、$SiBr_4$、和 SiI_4 都能水解,水解产物都应该是硅酸 H_2SiO_3 和相应的氢卤酸 HX。(　　)

6. 氧化数为+2 的 Sn 具有还原性,将锡溶于浓盐酸得到的是 $H_2[Sn^{IV}Cl_6]$,而不是 $H_2[Sn^{II}Cl_4]$。(　　)

7. 为了防止制备的锡盐溶液发生水解而产生沉淀,可加酸使溶液呈酸性,至于加酸的时间与沉淀的先后无关,可以在沉淀产生后一段时间再加酸。(　　)

8. 硼和铝的卤化物都是共价型化合物。(　　)

9. $[Sn(OH)_4]^{2-}$ 能存在于 $SnCl_2$ 与过量 NaOH 溶液中。(　　)

10. 制备无水 $AlCl_3$ 只能采用干法。(　　)

三、填空题

1. 最简单的硼氢化合物是______,其结构式为______,它属于______化合物,B 的杂化方式为______,B 与 B 之间存在______,而硼的卤化物以______形式存在,其原因是分子内形成了______键,形成此键的强度顺序(按化合物排列)为______。

2. 硼酸为______状晶体,分子间以______键结合,层与层之间以______结合,故硼酸晶体可以作为______剂。

3. $AlCl_3$在气态或 CCl_4溶液中是______体,其中存在______桥键。

4. 将各氧化物写成盐的形式:三氧化二铅______,四氧化三铅______,四氧化三铁______。

5. $Pb(OH)_2$ 是______性氢氧化物,在过量的 NaOH 溶液中 Pb(Ⅱ)以______形式存在,$Pb(OH)_2$ 溶于______酸或______酸得到无色澄清透明溶液。

6. Pb_3O_4 呈______色,俗称______,与 HNO_3 作用时,铅有______生成______,有______生成______。

7. 将 $HClO_4$、H_2SiO_4、H_2SO_4、H_3PO_4 按酸性由高到低排列顺序为____________。

8. 硼砂的化学式为________________,为______元碱。

9. 将 $MgCl_2$ 溶液和 Na_2CO_3溶液混合得到的沉淀为________________。在含有 K^+、Ca^{2+}、Cu^{2+}、Cr^{3+}、Fe^{3+} 的溶液中加入过量的 Na_2CO_3 溶液,生成碱式盐沉淀的离子为______,生成氢氧化物沉淀的离子为______。

10. 水玻璃的化学式为______,硅酸盐水泥的主要成分是________________。

四、完成并配平下列反应方程式

1. 向浓氨水中通入过量二氧化碳。

2. 向硅酸钠溶液中滴加饱和氯化铵溶液。

3. 向硅酸钠溶液中通入二氧化碳。

4. 向氯化汞溶液中滴加少量氯化亚锡溶液。

5. 向 $Na_2[Sn(OH)_6]$溶液中通入二氧化碳。

6. 铅溶于热浓硝酸。

7. 以过量氢碘酸溶液处理铅丹。

8. B_2O_3与浓 H_2SO_4和 CaF_2 反应。

9. 用稀硝酸处理金属铊。

10. 向 KI 溶液中加入 $TlCl_3$溶液。

五、推断题

1. 金属 M 与过量的干燥氯气共热得到无色液体 A，A 与金属 M 作用转化为固体 B，将 A 溶于盐酸中后通入 H_2S 得黄色沉淀 C，C 溶于 Na_2S 溶液得无色溶液 D，将 B 溶于稀盐酸后加入适量 $HgCl_2$，有白色沉淀 E 生成，向 B 的盐酸溶液中加入适量 NaOH 溶液有白色沉淀 F 生成，F 溶于过量的 NaOH 溶液得无色溶液 G，向 G 中加入 $BiCl_3$ 溶液有黑色沉淀 H 生成，试确定 M、A、B、C、D、E、F、G、H 各为何物质，并写出有关反应方程式。

2. 无色晶体 A 易溶于水，将 A 在煤气灯上加热得到黄色固体 B 和棕色气体 C，B 溶于硝酸后又得 A 的水溶液，碱性条件下 A 与次氯酸钠溶液作用得黑色沉淀 D，D 不溶于硝酸，向 D 中加入盐酸有白色沉淀 E 和气体 F 生成，F 可使淀粉碘化钾试纸变色。将 E 和 KI 溶液共热冷却后有黄色沉淀 G 生成，试确定 A、B、C、D、E、F、G 各为何物质，并写出有关反应方程式。

3. 将白色粉末 A 加热得黄色固体 B 和无色气体 C，B 溶于硝酸得无色溶液 D，向 D 中加入 K_2CrO_4 溶液得黄色沉淀 E，向 D 中加入 NaOH 溶液至碱性，有白色沉淀 F 生成，NaOH 溶液过量时白色沉淀溶解得无色溶液，将气体 C 通入石灰水中产生白色沉淀 G，将 G 投入酸中又有气体 C 放出。试确定 A、B、C、D、E、F、G 各为何物质，并写出有关反应方程式。

习题 13　p 区元素(二)

一、单项选择题(请将正确选项填在下表中相应位置上)

题号	1	2	3	4	5	6	7	8	9	10
答案										
题号	11	12	13	14	15	16	17	18	19	20
答案										

1. NO_2 溶解在 NaOH 溶液中可得到(　　)。

A. $NaNO_2$ 和 H_2O　　B. $NaNO_2$、O_2 和 H_2O

C. $NaNO_3$、N_2O_5 和 H_2O　　D. $NaNO_3$、$NaNO_2$ 和 H_2O

2. 下列分子中,不存在 π_3^4 离域键的是(　　)。

A. HNO_3　　B. HNO_2　　C. N_2O　　D. N_3^-

3. 下列氢化物中,热稳定性最差的是(　　)。

A. NH_3　　B. PH_3　　C. AsH_3　　D. SbH_3

4. 下列化合物中,最易发生爆炸反应的是(　　)。

A. $Pb(NO_3)_2$　　B. $Pb(N_3)_2$　　C. $PbCO_3$　　D. K_2CrO_4

5. 下列物质中受热可得到 NO_2 的是(　　)。

A. $NaNO_3$　　B. $LiNO_3$　　C. KNO_3　　D. NH_4NO_3

6. 遇水后能放出气体并有沉淀生成的是(　　)。

A. $Bi(NO_3)_2$　　B. Mg_3N_2　　C. $(NH_4)_2SO_4$　　D. NCl_3

7. 保存白磷的方法是将其存放入(　　)。

A. 煤油中　　B. 水中　　C. 液体石蜡中　　D. 二硫化碳中

8. 下列各物质按酸性排列顺序正确的是(　　)。

A. $HNO_2>H_3PO_4>H_4P_2O_7$　　B. $H_4P_2O_7>H_3PO_4>HNO_2$

C. $H_4P_2O_7>HNO_2>H_3PO_4$　　D. $H_3PO_4>H_4P_2O_7>HNO_2$

9. 加热分解可以得到金属单质的是(　　)。

A. $Hg(NO_3)_2$　　B. $Cu(NO_3)_2$　　C. KNO_3　　D. $Mg(NO_3)_2$

10. 下列物质中,不溶于氢氧化钠溶液的是(　　)。

A. $Sb(OH)_3$　　B. $Sb(OH)_5$　　C. H_3AsO_4　　D. $Bi(OH)_3$

11. 常温下最稳定的晶体硫的分子式为(　　)。

A. S_2　　B. S_4　　C. S_6　　D. S_8

12. 下列物质中酸性最强的是(　　)。

A. H_2S　　B. H_2SO_3　　C. H_2SO_4　　D. $H_2S_2O_7$

13. 干燥 H_2S 气体,可选用的干燥剂是(　　)。

A. 浓 H_2SO_4　　B. KOH　　C. P_2O_5　　D. $CuSO_4$

14. 为使已变暗的古油画恢复原来的白色,使用的方法为(　　)。

A. 用 SO_2 气体漂白　　B. 用稀 H_2O_2 溶液擦拭

C. 用氯气擦洗　　D. 用 O_3 漂白

15. 关于 O_3 的下列叙述中，正确的是(　　)。

A. O_3 比 O_2 稳定　　B. O_3 是非极性分子

C. O_3 是顺磁性物质　　D. O_3 比 O_2 的氧化性强

16. 下列离子的溶液与 Na_2S 溶液反应，生成黄色沉淀的一组是(　　)。

A. Fe^{3+}、Bi^{3+}　　B. Fe^{3+}、Cd^{2+}　　C. Pb^{2+}、As^{3+}　　D. Sn^{4+}、Cd^{2+}

17. 下列硫化物中，不溶于 Na_2S_2 溶液的是(　　)。

A. SnS　　B. As_2S_3　　C. Sb_2S_3　　D. ZnS

18. 按酸性由强到弱排列，顺序正确的是(　　)。

A. H_2Te、H_2S、H_2Se　　B. H_2Se、H_2Te、H_2S

C. H_2Te、H_2Se、H_2S　　D. H_2S、H_2Se、H_2Te

19. 下列说法中错误的是(　　)。

A. SO_2 分子为极性分子　　B. SO_2 溶于水可制取纯 H_2SO_3

C. H_2SO_3 可使品红溶液褪色　　D. H_2SO_3 既有氧化性又有还原性

20. 用于制备 $K_2S_2O_8$ 的方法是(　　)。

A. 酸性条件下以 $KMnO_4$ 氧化 K_2SO_4　　B. 用 Cl_2 氧化 K_2SO_4

C. 用 H_2O_2 氧化 $K_2S_2O_3$　　D. 电解 $KHSO_4$ 溶液

二、是非题(请将"√"和"×"填在下表中相应的位置上)

题号	1	2	3	4	5	6	7	8	9	10
答案										

1. 物种 O_2^+、O_2、O_2^-、O_2^{2-} 的键长按序从右向左增大。(　　)

2. ${}^{16}_{8}O$ 和 ${}^{17}_{8}O$ 是等电子体。(　　)

3. 单质的氮没有同素异形体。(　　)

4. 物种 SO_3、O_3、ICl_3 和 H_3O^+ 都是平面三角形。(　　)

5. SF_4、N_2O、XeF_2、IF_3 价层均有 5 对价电子对，但这些分子的空间构型却不同。这些分子的空间构型分别为变形四面体、直线型、直线型、T 型。(　　)

6. 自然界中只存在单质氧而没有单质硫。(　　)

7. H_2O_2 与 K_2CrO_7 的酸性溶液反应生成稳定的 CrO_5。(　　)

8. CdS、As_2S_3、SnS 的颜色基本相同。(　　)

9. 工业上是通过焙烧 FeS_2 的方法制取 SO_2。(　　)

10. SO_3 中含有 π_4^6 键。(　　)

三、填空题

1. 硫的两种主要同素异形体是______、______，其中稳定态的单质是______，它受热到 95 ℃时转变为______，两者的分子都是______，具有______状结构，其中硫原子的杂化方式是______。

2. 氮的氧化物中属于奇电子化合物的是______和______。

3. 硫酸表现出沸点高和不易挥发性是因为____________。

4. 向各离子浓度均为 0.1 mol·dm^{-3} 的 Mn^{2+}、Zn^{2+}、Cu^{2+}、Ag^+、Hg^{2+}、Pb^{2+} 混合溶液中通入 H_2S 可被沉淀的离子有____________。

5. 若除去氢气中少量的 SO_2、H_2S 和水蒸气，应将氢气先通过______溶液再过______。

6. 硫化物 ZnS、CuS、MnS、SnS、HgS 中，易溶于稀盐酸的是______，不溶于稀盐酸但溶于浓盐酸的是______，不溶于浓盐酸______，但可溶于硝酸的是______，只溶于王水的是______。

7. $AgNO_3$溶液与过量的 $Na_2S_2O_3$ 溶液反应生成无色的______，过量的 $AgNO_3$ 溶液与 $Na_2S_2O_3$ 溶液反应生成______色的______，后变为______色的______。

8. H_2S 水溶液长期放置后变混浊，原因是________________。

9. 写出下列物质的化学式：

胆矾____________________；石膏____________________；

绿矾____________________；芒硝____________________；

皓矾____________________；泻盐____________________；

摩尔盐____________________；明矾____________________。

10. 染料工业上大量使用的保险粉的分子式是______，它具有强______性。

四、完成并配平下列反应方程式

1. 向 Na_2S_2溶液中滴加盐酸。

2. 将 Cr_2S_3投入水中。

3. 过氧化钠分别与冷水、热水作用。

4. PbS 中加入过量 H_2O_2。

5. $Ag(S_2O_3)_2^{3-}$ 的弱酸性溶液中通入 H_2S。

6. $3H_2O_2 + 2NaCrO_2 + 2NaOH \longrightarrow$

7. $BaO_2 + CO_2 + H_2O \longrightarrow$

8. 无氧条件下，Zn 粉还原酸式亚硫酸钠溶液。

9. 叠氮酸银受热分解。

10. 铂溶于王水。

五、推断题

将无色钠盐溶于水得无色溶液 A，用 pH 试纸检验知 A 显碱性，向 A 中滴加 $KMnO_4$ 溶液，则紫红色褪去，说明 A 被氧化为 B，向 B 中加入 $BaCl_2$溶液得不溶于强酸的白色沉淀 C，向 A 中加入稀盐酸有无色气体 D 放出。将 D 通入 $KMnO_4$溶液则又得到无色的 B。向含有淀粉的 KIO_3溶液中滴加少许 A，则溶液立即变蓝，说明有 E 生成，A 过量时蓝色消失得无色溶液 F。请给出 A、B、C、D、E、F 的分子式或离子式，并写出有关反应方程式。

习题 14　p 区元素(三)

一、单项选择题(请将正确选项填在下表中相应位置上)

题号	1	2	3	4	5	6	7	8	9	10
答案										
题号	11	12	13	14	15	16	17	18	19	20
答案										

1. 下列物质在常温下呈液态的是(　　)。

A. HF　　B. Br_2　　C. I_2　　D. $MgCl_2$

2. 下列微粒中不具氧化性的是(　　)。

A. F_2　　B. Cl^-　　C. BrO^-　　D. I_2

3. 根据标准电极电位,判断卤素 X^- 能被 O_2 氧化发生 $4X^- + O_2 + 2H_2O \xlongequal{} 2X_2 + 4OH^-$ 反应的是(　　)。

A. F^-　　B. Cl^-　　C. Br^-　　D. 都不能

4. 在任何温度下,X_2 与碱性溶液作用,能得到 $XO_3{}^-$ 和 X^- 的卤素是(　　)。

A. F_2　　B. Cl_2　　C. Br_2　　D. I_2

5. 由于 HF 分子间形成氢键而产生的现象是(　　)。

A. HF 的熔点高于 HCl　　B. HF 是弱酸

C. 除 F^- 化物外,还有 $HF_2{}^-$ 等化合物　　D. 三种现象都是

6. HX 及卤化物中的 X^-,具有最大还原性的是(　　)。

A. F^-　　B. I^-　　C. Cl^-　　D. Br^-

7. 盐酸是重要的工业酸,它的产量标志国家的化学工业水平,其主要性质是(　　)。

A. 浓 HCl 有络合性　　B. 具有还原性　　C. 具有强酸性　　D. 三者都是

8. 下列各组溶液,按 pH 值增大顺序排列的是(　　)。

A. $HI < HBr < HCl < HF$　　B. $HClO_4 < HClO_3 < HClO$

C. $HClO < HBrO < HIO$　　D. 三者都是

9. 下列各组物质,按热稳定性顺序增加排列的是(　　)。

A. $HI < HBr < HCl < HF$　　B. $HClO < NaClO$

C. $HClO < HClO_3 < HClO_4$　　D. 三者都是

10. 下列各组物质,其水解程度按顺序增加排列的是(　　)。

A. $KClO_3$、$KClO_2$、KClO　　B. KClO、KBrO、KIO

C. KCl、KClO、NH_4ClO　　D. 三者都是

11. 制备 F_2 实际所采用的方法是(　　)。

A. 电解 HF　　B. 电解 CaF_2　　C. 电解 KHF_2　　D. 电解 NH_4F

12. 实验室制得的氯气含有 HCl 和水蒸气,欲通过 2 个洗气瓶净化,下列洗气瓶中试剂选择及顺序正确的是(　　)。

A. NaOH、浓 H_2SO_4　　B. $CaCl_2$、浓 H_2SO_4

C. H_2O、浓 H_2SO_4　　D. 浓 H_2SO_4、H_2O

13. 下列各试剂混合后能产生氯气的是(　　)。

A. NaCl 与浓 H_2SO_4　　B. NaCl 与 MnO_2

C. NaCl 与浓 HNO_3　　D. $KMnO_4$ 与浓 HCl

14. 实验室中制取少量 HBr 所采用的方法是(　　)。

A. 红磷与 Br_2 混合后滴加 H_2O　　B. KBr 固体与浓 H_2SO_4 作用

C. 红磷与 H_2O 混合后滴加 Br_2　　D. Br_2 在水中歧化反应

15. 欲由 KBr 固体制备 HBr 气体,应选择的酸是(　　)。

A. H_2SO_4　　B. HAc　　C. HNO_3　　D. H_3PO_4

16. 下列含氧酸中酸性最弱的是(　　)。

A. HClO　　B. HIO　　C. HIO_3　　D. HBrO

17. 下列含氧酸中,酸性最强的是(　　)。

A. $HClO_3$　　B. HClO　　C. HIO_3　　D. HIO

18. 下列有关卤素的论述不正确的是(　　)。

A. 溴可由氯作氧化剂制得　　B. 卤素单质都可由电解熔融卤化物得到

C. I_2 是最强的还原剂　　D. F_2 是最强的氧化剂

19. 下列含氧酸的氧化性递变不正确的是(　　)。

A. $HClO_4 > H_2SO_4 > H_3PO_4$　　B. $HBrO_4 > HClO_4 > H_5IO_6$

C. $HClO > HClO_3 > HClO_4$　　D. $HBrO_3 > HClO_3 > HIO_3$

20. 下列物质中,关于热稳定性判断正确的是(　　)。

A. $HF < HCl < HBr < HI$　　B. $HF > HCl > HBr > HI$

C. $HClO > HClO_2 > HClO_3 > HClO_4$　　D. $HCl > HClO_4 > HBrO_4 > HIO_4$

二、是非题(请将“√”和“×”填在下表中相应的位置上)

题号	1	2	3	4	5	6	7	8	9	10
答案										

1. 所有卤素都有可变的氧化数。(　　)

2. 溴能从含碘离子溶液中取代碘,因此碘就不能从溴酸钾溶液中取代出溴。(　　)

3. HX 是强极性分子,其极性按 $HF > HCl > HBr > HI$ 顺序变化,因此 HX 的分子间力也按此顺序降低。(　　)

4. 浓 HCl 具有还原性,它的盐也必具还原性。(　　)

5. HX 中卤素处在低氧化数状态时,所有 HX 都有可能被其他物质所氧化。(　　)

6. HF 能腐蚀玻璃,实验室中必须用塑料瓶盛放。(　　)

7. 含氧酸的热稳定性随卤素氧化数增加而提高,这是因为卤素氧化数增加,结合氧原子数增加,增加了含氧酸根的对称性。(　　)

8. 含氧酸中非羟氧原子数越多,酸性越强。在 HF 酸中因为无非羟氧原子,故是弱酸。(　　)

9. 相同氧化数的不同卤素形成的含氧酸,其酸性随元素电负性增加而增强。(　　)

10. 稀有气体得名于它们在地球上的含量最少。(　　)

三、填空题

1. F、Cl、Br 三元素中电子亲合能最大的是______,单质的解离能最小的是______。

2. 卤素单质的颜色为 F_2______、Cl_2 ______、Br_2 ______、I_2 ______。

3. 下列体系的颜色为：I_2溶于 CCl_4 ______、I_2溶于乙醇______、少量 I_2溶于 KI 溶液______。

4. I_2溶于 KI 溶液中的颜色可能为 ______、______或______，原因是____________。

5. 用 NaCl 固体和浓硫酸制 HCl 时，充分考虑了 HCl 的______、______和______性。

6. 反应 $KX(s)+H_2SO_4(浓)═══KHSO_4+HX$，卤化物 KX 是指______和______。

7. 导致氢氟酸的酸性与其他氢卤酸明显不同的因素主要是______小，而且__________特别大。

8. 高碘酸是______酸。高碘酸根离子的空间构型为______，其中碘原子的杂化方式为______，高碘酸具有强______性。

9. Cl_2O 是______的酸酐，I_2O_5 是______的酸酐。

10. $HClO_4$的酸酐是______，它具有强______性，受热易发生______。

四、完成并配平下列反应方程式

1. I_2与过量过氧化氢反应。

2. 硫代硫酸钠溶液加入氯水中。

3. 溴水中通入少量 H_2S。

4. 次氯酸钠溶液与硫酸锰反应。

5. 氯气通入碳酸钠热溶液中。

6. 浓硫酸与溴化钾反应。

7. 浓硫酸与碘化钾反应。

8. 向碘化亚铁溶液中滴加过量氯水。

9. 用氢碘酸溶液处理氧化铜。

10. 将氯气通入碘酸钾的碱性溶液中。

五、推断题

将易溶于水的钠盐 A 与浓硫酸混合后微热得无色气体 B，将 B 通入酸性高锰酸钾溶液后有气体 C 生成，将 C 通入另一钠盐 D 的水溶液中则溶液变黄、变橙，最后变为棕色，说明有 E 生成，向 E 中加入氢氧化钠溶液得无色溶液 F，当酸化该溶液时，又有 E 出现。请给出 A、B、C、D、E、F 的化学式，并写出有关反应方程式。

习题 15　d 区元素(一)

一、单项选择题(请将正确选项填在下表中相应位置上)

题号	1	2	3	4	5	6	7	8	9	10
答案										
题号	11	12	13	14	15	16	17	18	19	20
答案										

1. 下列过渡元素中能呈现最高氧化数的化合物是(　　)。

A. Fe　　B. Co　　C. Ni　　D. Mn

2. Fe_3O_4 与盐酸作用的产物为(　　)。

A. $FeCl_3+H_2O$　　B. $FeCl_2+H_2O$　　C. $FeCl_3+FeCl_2+H_2O$　　D. $FeCl_3+Cl_2$

3. Co_3O_4 与盐酸作用的产物为(　　)。

A. $CoCl_2+H_2O$　　B. $CoCl_3+CoCl_2+H_2O$

C. $CoCl_2+Cl_2+H_2O$　　D. $CoCl_3+H_2O$

4. 欲除去 $FeCl_3$ 中含有的少量杂质 $FeCl_2$,应加入的物质是(　　)。

A. 通 Cl_2　　B. $KMnO_4$　　C. HNO_3　　D. $K_2Cr_2O_7$

5. 下列哪个溶液中,当加入 NaOH 溶液后,仅有颜色发生变化而无沉淀生成的是(　　)。

A. $FeSO_4$　　B. $KMnO_4$　　C. $NiSO_4$　　D. $K_2Cr_2O_7$

6. 欲制备 Fe^{2+} 的标准溶液,应选择的最合适的试剂是(　　)。

A. $FeCl_2$溶于水　　B. 硫酸亚铁铵溶于水

C. $FeCl_3$溶液中加铁屑　　D. 铁屑溶于稀酸

7. 用来检验 Fe^{2+} 离子的试剂为(　　)。

A. NH_4SCN　　B. $K_3[Fe(CN)_6]$　　C. $K_4[Fe(CN)_6]$　　D. H_2S

8. 用来检验 Fe^{3+} 离子的试剂为(　　)。

A. KI　　B. NH_4SCN　　C. NaOH　　D. $NH_3 \cdot H_2O$

9. $[Co(CN)_6]^{4-}$ 与 $[Co(NH_3)_6]^{2+}$ 的还原性相比较(　　)。

A. $[Co(NH_3)_6]^{2+}$ 还原性强　　B. $[Co(CN)_6]^{4-}$ 还原性强

C. 两者都强　　D. 两者都不强

10. $CoCl_3 \cdot 4NH_3$ 用 H_2SO_4 溶液处理再结晶,SO_4^{2-} 可取代化合物中的 Cl^-,但 NH_3 的含量不变,用过量 $AgNO_3$ 溶液处理该化合物溶液,每摩尔可得到 1 mol 的 AgCl 沉淀,这种化合物应该是(　　)。

A. $[Co(NH_3)_4]Cl_3$　　B. $[Co(NH_3)_4Cl]Cl_2$

C. $[Co(NH_3)_4Cl_2]Cl$　　D. $[Co(NH_3)_4Cl_3]$

11. 由 Cr_2O_3 出发制备铬酸盐应选用的试剂是(　　)。

A. 浓 HNO_3　　B. $KOH(s)+KClO_3(s)$　　C. Cl_2　　D. H_2O_2

12. 下列哪一种元素的氧化数为+Ⅳ的氧化物,通常是不稳定的(　　)。

A. Ti(Ⅳ)　　B. V(Ⅳ)　　C. Cr(Ⅳ)　　D. Mn(Ⅳ)

13. 镧系收缩的后果之一，是使下列哪些元素的性质相似(　　)。

A. Sc 和 La　　B. Cr 和 Mo　　C. Fe、Co 和 Ni　　D. Nb 和 Ta

14. 下列各组元素中最难分离的是(　　)。

A. Li 和 Na　　B. K 和 Ca　　C. Cu 和 Zn　　D. Zr 和 Hf

15. 在酸性介质中，欲使 Mn^{2+} 氧化为 MnO_4^-，采用的氧化剂应为(　　)。

A. H_2O_2　　B. 王水　　C. $K_2Cr_2O_7+H_2SO_4$　　D. $NaBiO_3$

16. 向 $FeCl_3$ 溶液中加入氨水生成的产物之一是(　　)。

A. $[Fe(NH_3)_6]^{3+}$　　B. $Fe(OH)Cl_2$　　C. $Fe(OH)_2Cl$　　D. $Fe(OH)_3$

17. 下列物质不能在溶液中大量共存的是(　　)。

A. $[Fe(CN)_6]^{3-}$ 和 OH^-　　B. $[Fe(CN)_6]^{3-}$ 和 I^-

C. $[Fe(CN)_6]^{4-}$ 和 I_2　　D. Fe^{3+} 和 Br^-

18. 下列新制出的沉淀在空气中放置，颜色不发生变化的是(　　)。

A. $Mn(OH)_2$　　B. $Fe(OH)_2$　　C. $Co(OH)_2$　　D. $Ni(OH)_2$

19. 下列化合物中与浓盐酸作用没有氯气放出的是(　　)。

A. Pb_2O_3　　B. Fe_2O_3　　C. Co_2O_3　　D. Ni_2O_3

20. 酸性条件下 H_2O_2 与 Fe^{2+} 作用的主要产物是(　　)。

A. Fe、O_2 和 H^+　　B. Fe^{3+} 和 H_2O

C. Fe 和 H_2O　　D. Fe^{3+} 和 O_2

二、是非题(请将“√”和“×”填在下表中相应的位置上)

题号	1	2	3	4	5	6	7	8	9	10
答案										

1. 按照酸碱质子理论，$[Fe(H_2O)_5(OH)]^{2+}$ 的共轭酸是 $[Fe(H_2O)_6]^{3+}$，其共轭碱是 $[Fe(H_2O)_4(OH)_2]^+$。(　　)

2. 由 Fe^{3+} 能氧化 I^-，而 $[Fe(CN)_6]^{3-}$ 不能氧化 I^-，可知 $[Fe(CN)_6]^{3-}$ 的稳定常数小于 $[Fe(CN)_6]^{4-}$ 的稳定常数。(　　)

3. 在 $[Ti(H_2O)_6]^{3+}$ 配离子中，Ti^{3+} 的 d 轨道在 H_2O 的影响下发生能级分裂，d 电子可吸收可见光中的绿色光而发生 d-d 跃迁，散射出紫红色光。(　　)

4. 在 $M^{n+}+ne^- \!=\!=\!= M$ 电极反应中，加入 M^{n+} 的沉淀剂，可使 $E^\ominus$ 的代数值增大，同类型的难溶盐 K_{sp} 值越小，其 $E^\ominus$ 的代数值越大。(　　)

5. 第一过渡系元素是指第四周期过渡元素。(　　)

6. TiO_2 可以作为颜料使用。(　　)

7. 在酸性溶液中，MnO_2 可发生歧化反应。(　　)

8. 在 $Ag(NH_3)_2^+$ 溶液中通入 H_2S，没有沉淀生成。(　　)

9. $Na_3[Co(CN)_5H_2O]$ 可用于鉴定 S^{2-}。(　　)

10. 在所有过渡金属中，熔点最高的是钨，熔点最低的是汞，硬度最大的是铬，密度最大的是锇，导电性最好的是铜。(　　)

三、填空题

1. 向 $FeCl_3$ 溶液中加入 KSCN 溶液后，溶液变为______色，再加入过量的 NH_4F 溶液后，溶液又变为______色，最后滴加 NaOH 溶液时，又有红棕色______沉淀生成。

2. 既可以用来鉴定 Fe^{3+}，也可以用来鉴定 Co^{2+} 的试剂是______；既可以用来鉴定 Fe^{3+}，又可以用来鉴定 Cu^{2+} 的试剂是______；

3. 在配制 $FeSO_4$ 溶液时，常向溶液中加入一些______和______，其目的是__________。

4. $FeCl_3$ 的蒸气中含有______分子，其结构类似于______蒸气，其中 Fe^{3+} 的杂化方式为______；$FeCl_3$ 中 Fe—Cl 键______成分较多。

5. 在 Cr^{3+}、Mn^{2+}、Fe^{2+}、Fe^{3+}、Co^{2+}、Ni^{2+} 中，易溶于过量氨水的是______。

6. 向 $CoSO_4$ 溶液中加入过量 KCN 溶液，则有______生成，放置后逐渐转化为______。

7. 具有抗癌作用的顺铂，其分子构型为______，化学组成为______，$Ni(CN)_4{}^{2-}$ 的构型为______，中心离子的未成对电子对为______，而 $NiCl_4{}^{2-}$ 的构型为______，未成对电子对为______。

8. 铁系元素包括______________，铂系元素包括______________，铂系元素因______而在自然界中往往以______态形式共生在一起。

9. d 区元素氧化数的变化规律是：同一过渡系从左向右氧化数______，但随后氧化数又______；同一副族自上向下，元素氧化数变化趋向是______。

10. 同一过渡系元素的最高氧化数的氧化物及其水合物，从左向右其酸性______，而碱性______；同副族自上向下，各元素相同氧化数的氧化物及其水合物，通常是酸性______，而碱性______。

四、完成并配平下列反应方程式

1. 加热重铬酸铵。

2. 在重铬酸钾溶液中加入钡盐。

3. 在重铬酸钾溶液中加碱后再加酸。

4. 在重铬酸钾中加浓硫酸。

5. 向硫酸亚铁溶液加入 Na_2CO_3 后滴加碘水。

6. 强碱性条件下，向 $Fe(OH)_3$ 溶液中加过量次氯酸钠。

7. 过量氯水滴入 FeI_2 溶液中。

8. $2MnO_4{}^- + 5H_2S + 6H^+ \longrightarrow$

9. $2MnO_4{}^- + SO_3{}^{2-} + 2OH^- \longrightarrow$

10. $2MnO_4{}^- + 5C_2O_4{}^{2-} + 16H^+ \longrightarrow$

五、简答题

在 Fe^{2+}、Co^{2+} 和 Ni^{2+} 离子的溶液中，分别加入一定量的 NaOH 溶液，放置在空气中，各有什么变化？写出反应方程式。

六、推断题

某物质 A 为棕色固体，难溶于水。将 A 与 KOH 溶液混合后，敞开在空气中加热熔融得到绿色物质 B。B 可溶于水，若将 B 的水溶液酸化就得到 A 和紫色的溶液 C。A 与浓盐酸共热后得到肉色溶液 D 和黄绿色气体 E。将 D 与 C 混合并加碱使酸度降低，则又重新得到 A。E 可使淀粉碘化钾试纸变蓝，将气体 E 通入 B 的水溶液中又得到 C。电解 B 的水溶液也可获得 C。在 C 的酸性溶液中加入摩尔盐溶液，C 的紫色消失，再加 KNCS，溶液呈血红色。C 和 H_2O_2 溶液作用时紫色消失，但有气体产生，该气体可使火柴余烬点燃。问：A、B、C、D 和 E 各是什么物质？写出上述现象各步的主要反应方程式。

习题 16　d 区元素(二)

一、单项选择题(请将正确选项填在下表中相应位置上)

题号	1	2	3	4	5	6	7	8	9	10
答案										

1. 下列离子在水溶液中不能稳定存在的是(　　)。

A. Cu^{2+}　B. Cu^{+}　C. Au^{3+}　D. $Hg_2{}^{2+}$

2. 下列物种在氨水中不能将 HCHO 氧化的是(　　)。

A. Ag_2O　B. AgCl　C. $[Ag(NH_3)_2]^{+}$　D. AgI

3. 下列离子与过量 KI 溶液反应只能得到澄清的无色溶液的是(　　)。

A. Cu^{2+}　B. Fe^{3+}　C. Hg^{2+}　D. $Hg_2{}^{2+}$

4. 在含有下列物种的各溶液中，分别加入 Na_2S 溶液，发生特征反应用于离子鉴定的是(　　)。

A. $[Cu(NH_3)_4]^{2+}$　B. Hg^{2+}　C. Zn^{2+}　D. Cd^{2+}

5. 除去 $ZnSO_4$ 溶液中所含有的少量 $CuSO_4$，最好选用下列物种中的(　　)。

A. $NH_3 \cdot H_2O$　B. NaOH　C. Zn　D. H_2S

6. 下列金属不能溶于浓 NaOH 的是(　　)。

A. Be　B. Ag　C. Zn　D. Al

7. 下列硫酸盐与适量氨水反应不生成氢氧化物沉淀而生成碱式盐沉淀的是(　　)。

A. $CuSO_4$　B. $ZnSO_4$　C. $CdSO_4$　D. $Cr_2(SO_4)_3$

8. 下列氢氧化物不是两性的是(　　)。

A. $Cd(OH)_2$　B. $Cu(OH)_2$　C. $Zn(OH)_2$　D. $Cr(OH)_3$

9. 下列配离子的空间构型不是正四面体的是(　　)。

A. $[Cd(NH_3)_4]^{2+}$　B. $[Cu(NH_3)_4]^{2+}$

C. $[Hg(NH_3)_4]^{2+}$　D. $[HgI_4]^{2-}$

10. 在下列各组离子的溶液中，加入稀 HCl 溶液，组内离子均能生成沉淀的是(　　)。

A. Ag^{+}，Cu^{2+}　B. Al^{3+}，$Hg_2{}^{2+}$　C. Ag^{+}，$Hg_2{}^{2+}$　D. Ba^{2+}，Al^{3+}

二、是非题(请将"√"和"×"填在下表中相应的位置上)

题号	1	2	3	4	5	6	7	8	9	10
答案										

1. 向 $CuSO_4$ 溶液中滴加 KI 溶液，生成棕色的 CuI 沉淀。(　　)

2. 由酸性溶液中的电势图 $Au^{3+} \xrightarrow{1.29} Au^{2+} \xrightarrow{1.53} Au^{+} \xrightarrow{1.86} Au$ 说明在酸性溶液中能稳定存在的是 Au^{3+} 和 Au。(　　)

3. 用 $AgNO_3$ 溶液这一试剂不能将 NaCl、Na_2S、K_2CrO_4、$Na_2S_2O_3$、Na_2HPO_4 五种物质区分开来。(　　)

4. $HgCl_2$、$BeCl_2$ 均为直线型分子，其中心金属原子均以 sp 杂化轨道形式成键。(　　)

5. $[CuCl_2]^-$ 离子是反磁性的，而 $[CuCl_4]^{2-}$ 却是顺磁性的。　(　　)

6. $[Cu(H_2O)_6]^{2+}$ 呈蓝色，水解时生成 $[Cu(OH)]^+$。　(　　)

7. 当不慎将汞撒在地上而无法收集时，可将硫粉撒在有汞的地方，并适当搅拌或研磨，以防止有毒的汞蒸气进入空气中。　(　　)

8. 黄铜矿($CuFeS_2$)中，铜的氧化数为＋2。　(　　)

9. 铜副族和锌副族金属中，密度最小的是锌，密度最大的是铜。　(　　)

10. 可以通过加热 $CuCl_2 \cdot 2H_2O$ 的方法制得无水 $CuCl_2$。　(　　)

三、填空题

1. 导电性居于前列的三种金属依次为______。

2. 金与王水的反应涉及______和______。

3. 在 $CuCl_2$ 溶液中加入浓盐酸时，溶液的颜色由______色变为______色，然后加入铜屑煮沸，溶液变为______色，将该溶液稀释时生成______色的______沉淀。

4. $[Cu(NH_3)_2]^{2+}$ 是______色的，但 CuCl 与浓氨水反应得到的溶液呈深蓝色，这是由于 $[Cu(NH_3)_2]^{2+}$ 易被空气中的氧气氧化生成了______的结果。

5. 含有 Cu^{2+} 的溶液加入过量的浓碱及葡萄糖后加热，生成暗红色的______，其稳定性比 CuO ______。

6. $HgCl_2$ 是______型化合物，其分子构型为______型，Hg 原子的杂化方式为______。甘汞的溶解度比升汞______。

7. 立德粉的化学式为______。

8. 常用于人工增雨的卤化银是______。

9. 不能久置含 $[Ag(NH_3)_2]^+$ 的溶液，是因为 $[Ag(NH_3)_2]^+$ 溶液久置后会生成具有爆炸性的______。

10. 在铬的化合物中，Cr(Ⅵ)的毒性比 Cr(Ⅲ)______(大或小)得多。

四、完成并配平反应方程式

1. $AgNO_3 + NaOH \longrightarrow$

2. $Ag + HCl + O_2 \longrightarrow$

3. $Cu_2O + HI \longrightarrow$

4. $Cu + O_2 + H_2O + CO_2 \longrightarrow$

5. $Cu + NH_3 + O_2 + H_2O \longrightarrow$

6. $Au + O_2 + CN^- + H_2O \longrightarrow$

7. $[Cd(NH_3)_4]^{2+} + H_2S + H^+ \longrightarrow$

8. $Hg + 2H_2SO_4$(浓)$\longrightarrow$

9. $Hg_2Cl_2 + NH_3 \longrightarrow$

10. $Zn + NaOH + H_2O \longrightarrow$

五、简答题

某混合溶液中含有若干种金属离子，先在其中加入 6 mol·L^{-1}的 HCl 溶液，并煮沸，离心分离，得到沉淀 A 和溶液 B。洗涤沉淀 A，A 为白色；将 A 加入 2 mol·L^{-1}氨水中，A 沉淀溶解，再加入稀 HNO_3 溶液，白色沉淀又析出。将离心分离后的溶液 B 加入足量的 6 mol·L^{-1}的氨水中，再离心分离后得沉淀 C 和溶液 D，D 为深蓝色溶液。在 D 中加入 6 mol·L^{-1} HAc 溶液和黄血盐稀溶液，得到红棕色沉淀 E。在洗涤后的沉淀 C 中加入足量的 6 mol·L^{-1} NaOH 溶液，充分搅拌，并离心分离，得红棕色沉淀 F 和溶液 G。将洗涤后的沉淀 F 加入足量的 6 mol·L^{-1} HCl 溶液和稀 KCNS 溶液，沉淀全部溶解，溶液呈血红色。在溶液 G 中，加入足量的 6 mol·L^{-1} HAc 溶液和 0.1 mol·L^{-1} K_2CrO_4 溶液，有黄色沉淀 H 生成。试确定混合溶液中含有哪些金属离子，并写出实验中各步反应方程式。

六、推断题

1. 白色固体 A 不溶于水和 NaOH 溶液，溶于盐酸形成无色溶液 B 和气体 C。向溶液 B 中滴加氨水先有白色沉淀 D 生成，而后 D 又溶于过量氨水形成无色溶液 E，将气体 C 通入 $CdSO_4$溶液中得到黄色沉淀，若将 C 通入溶液 E 中则析出固体 A。

试写出字母 A、B、C、D 和 E 所代表物质的化学式，并用反应方程式表示各过程。

2. 化合物 A 是一种不溶于水的红色固体物质，A 与稀硫酸反应生成蓝色溶液 B 和暗红色沉淀 C。往 B 中加入氨水，生成深蓝色溶液 D，再加入适量 KCN 溶液，溶液变成无色，说明有 E 生成，C 与浓硫酸反应生成 B，同时放出有刺激性气味的气体 F。

试写出字母 A、B、C、D、E 和 F 所代表物质的化学式，并用反应方程式表示各过程。

无机化学习题参考答案

习题1　气体

一、单项选择题(请将正确选项填在下表中相应位置上)

题号	1	2	3	4	5	6	7	8	9	10
答案	A	D	C	B	A	B	A	D	C	C

二、是非题(请将"√"和"×"填在下表中相应的位置上)

题号	1	2	3	4	5	6	7	8	9	10
答案	×	√	√	×	√	×	√	√	×	×

三、填空题

1. 3.9;1.5;4.6。
2. $b-c$;ca/b。
3. 2.14 $g\cdot L^{-1}$。
4. 40.4。
5. 97.0;133.8。
6. 103.85;0.0211;473。
7. 17$g\cdot mol^{-1}$;NH_3。
8. 26.3;25.9。
9. $a-b$;bV/a;$(a-b)V/a$;bV/RT;$(a-b)V/RT$。
10. $\frac{11\,m_1}{11\,m_1+7m_2}p$;$\frac{(11\,m_1+7m_2)RT}{308p}$。

四、计算题

1. $p(NH_3)=35.5$ kPa;$p(O_2)=20.0$ kPa;$p(N_2)=77.5$ kPa。
2. (1) 8.00 dm^3;(2) 18.16 g。

习题2　热化学

一、单项选择题(请将正确选项填在下表中相应位置上)

题号	1	2	3	4	5	6	7	8	9	10
答案	C	D	A	B	D	B	C	B	D	B
题号	11	12	13	14	15					
答案	B	D	A	A	D					

二、是非题(请将"√"和"×"填在下表中相应的位置上)

题号	1	2	3	4	5	6	7	8	9	10
答案	×	×	√	×	×	√	×	√	×	×

三、填空题

1. －3263.9；－3263.9。
2. 286；－286。
3. －277.56。
4. －285.83；142.92；1.1×10^{-2}；8.79×10^{-2}。
5. $HCN(aq) = H^+(aq) + CN^-(aq)$；43.5。
6. －110.53；－393.51。
7. S(正交)$+3/2\ O_2(g) = SO_3(g)$；－72.74。
8. 40.68；40.68。
9. －3.72。
10. $\Delta_r H_m^\ominus(1) > \Delta_r H_m^\ominus(3) > \Delta_r H_m^\ominus(2)$。

四、名词解释

(略)

五、计算题

1. $\Delta_r H_m^\ominus = -282.98\ kJ\cdot mol^{-1}$；$p\Delta V = -1.239\ kJ\cdot mol^{-1}$；$\Delta U = -281.74\ kJ\cdot mol^{-1}$。
2. (1) $\Delta_c H_m^\ominus(CH_3OH(l)) = -726.1\ kJ\cdot mol^{-1}$；
   (2) $\Delta_f H_m^\ominus(CH_3OH(l)) = -239.0\ kJ\cdot mol^{-1}$。
3. $\Delta_r H_m^\ominus = -203.0\ kJ\cdot mol^{-1}$。

习题 3　化学动力学基础

一、单项选择题(请将正确选项填在下表中相应位置上)

题号	1	2	3	4	5	6	7	8	9	10
答案	C	D	D	D	C	C	D	B	B	D
题号	11	12	13	14	15	16	17	18	19	20
答案	C	C	A	B	C	C	D	C	B	C

二、填空题

1. 51。
2. $c = kc_A c_B^2$；$-dc_A/dt = 0.5\ mol\cdot L^{-1}\cdot min^{-1}$；$dc_C/dt = k'c_A c_B^2$。
3. 降低；分数；增加。
4. 增加；增加；吸；$K^\ominus$。
5. 不一定；4；1/27。

6. (1) A;(2) D;(3) B;(4) A。
7. 2。
8. $2kc_A$;kc_A。
9. 二。
10. 一。
11. 元。
12. 零级;0.2 $mol \cdot dm^{-3} \cdot h^{-1}$。
13. $k(2p_t - p_0)^2$。
14. 41.33 $kJ \cdot mol^{-1}$。
15. 元;之和;反应级数;三。

三、计算题

1. A 和 B 的反应级数分别为 1/2 和 1;反应的速率方程为 $r = kc_A{}^{1/2}c_B$;速率常数为 $2.98 \times 10^{-3}\ mol^{-1/2} \cdot L^{1/2} \cdot s^{-1}$。
2. 该纺织品年龄约为 1300 年。

习题 4　化学平衡——熵和 Gibbs 函数

一、单项选择题(请将正确选项填在下表中相应位置上)

题号	1	2	3	4	5	6	7	8	9	10
答案	D	D	D	D	A	D	B	C	A	D
题号	11	12	13	14	15					
答案	A	A	D	C	B					

二、是非题(请将"√"和"×"填在下表中相应的位置上)

题号	1	2	3	4	5	6	7	8	9	10
答案	√	×	×	√	×	×	√	√	×	√
题号	11	12	13	14	15					
答案	×	×	×	√	×					

三、填空题

1. 负(或-);正(或+)。
2. 定压定温、不做非体积功;正向自发。
3. 增加;增加;减少;不变。
4. >;>;=。
5. $K^\ominus = \dfrac{[c(Mn^{2+})/c^\ominus]^2[p(O_2)/p^\ominus]^5}{[c(MnO_4{}^-)/c^\ominus]^2[c(H_2O_2)/c^\ominus]^5[c(H^+)/c^\ominus]^6}$
6. $K_1^\ominus = (K_2^\ominus)^3$。
7. (1) $O_3(g)$、$O_2(g)$、$O_2(l)$。
   (2) $Na_2CO_3(s)$、$NaNO_3(s)$、$Na_2O(s)$、$NaCl(s)$、$Na(s)$。

(3) $I_2(g)$、$Br_2(g)$、$Cl_2(g)$、$F_2(g)$、$H_2(g)$。

8. 正向自发。

9. 高;低;不变。

10. 2.54×10^8。

四、计算题

1. 正向反应不能自发进行;最低反应温度为 1469.6 K。

2. $K^\ominus=1.14\times10^3$。

3. $p(CO)=24.8$ kPa;$p(Cl_2)=2.3\times10^{-6}$ kPa;$p(COCl_2)=83.7$ kPa;$\alpha(CO)=77.10\%$。

习题 5　酸碱平衡

一、单项选择题(请将正确选项填在下表中相应位置上)

题号	1	2	3	4	5	6	7	8	9	10
答案	A	C	C	C	B	D	D	A	C	B
题号	11	12	13	14	15	16	17	18	19	20
答案	D	B	C	C	D	D	C	C	B	C

二、是非题(请将"√"和"×"填在下表中相应的位置上)

题号	1	2	3	4	5	6	7	8	9	10
答案	√	×	√	×	×	×	×	×	√	×

三、填空题

1. 碱;酸;HCO_3^-;两性物质;H_3PO_4;HPO_4^{2-};$[Fe(OH)(H_2O)]_5^{2+}$;OH^-;H_3^+O。

2. 不相等;相同;不同;大。

3. Na^+、H_2CO_3、HCO_3^-、CO_3^{2-}、H^+、OH^-;>;>;0.10 $mol\cdot L^{-1}$。

4. 1.4×10^{-2};2.8×10^{-3}。

5. 9;8.85。

6. 增大;减小;增大;不变。

7. $HClO_4>H_2SO_4>HSO_4^->NH_4^+>C_2H_5OH>NH_3$。

8. 8×10^{-8} $mol\cdot L^{-1}$;7.10。

9. HAc 溶液与 NaAc 溶液,2∶1;HCl 溶液与 NaAc 溶液,2∶3;HAc 溶液与 NaOH 溶液,3∶1。

10. 8.33;HS^--S^{2-}。

四、计算题

1. pH=8.88。

2. $c(H^+)=1.8\times10^{-5}$ $mol\cdot L^{-1}$;$\alpha=0.018\%$;pH=4.74。

3. (1) pH=4.76;(2) pH=4.74。

习题 6　沉淀溶解平衡

一、单项选择题(请将正确选项填在下表中相应位置上)

题号	1	2	3	4	5	6	7	8	9	10
答案	B	D	C	C	B	B	C	D	B	D
题号	11	12	13	14	15	16	17	18	19	20
答案	C	D	A	B	B	B	A	B	A	D

二、是非题(请将“√”和“×”填在下表中相应的位置上)

题号	1	2	3	4	5	6	7	8	9	10
答案	×	√	×	×	√	√	×	√	√	√

三、填空题

1. 1.34×10^{-4}；1.8×10^{-6}。
2. AgCl。
3. 降低；增大；大。
4. AgCl>AgBr>AgI。
5. 2.6×10^{8}。
6. 1.7×10^{-28}。
7. 提高温度；提高酸度；加入配位剂；加入强电解质。
8. 4.0×10^{-3}；2.0×10^{-3}。
9. 小；不变；小；增大。
10. 4.0×10^{-2}。

四、计算题

1. (1) $s_1=2.04\times10^{-4}\ \mathrm{mol\cdot L^{-1}}$；(2) $s_2=2.04\times10^{-5}\ \mathrm{mol\cdot L^{-1}}$。
2. pH 应控制在 3.53～6.51。

习题 7　氧化还原反应——电化学基础

一、单项选择题(请将正确选项填在下表中相应位置上)

题号	1	2	3	4	5	6	7	8	9	10
答案	D	B	B	C	C	D	D	B	D	C
题号	11	12	13	14	15					
答案	D	D	B	A	D					

二、是非题(请将“√”和“×”填在下表中相应的位置上)

题号	1	2	3	4	5	6	7	8	9	10
答案	×	×	×	×	×	×	√	√	√	√

三、填空题

1. 正;负;得电子能力;失电子能力。
2. 减小; 不变;不变。
3. $MnO_4^- + 8H^+ + 5e^- \rightleftharpoons Mn^{2+} + 4H_2O$;$Cl_2 + 2e^- \rightleftharpoons 2Cl^-$; 0.15V;
(—)Pt | $Cl^-(a_1)$ | $Cl_2(g, p^\ominus)$ ‖ $MnO_4^-(a_2)$, $Mn^{2+}(a_3)$,$H^+(a_4)$ | Pt (+)
4. 0.917;不能。
5. Fe^{3+} ; Fe。
6. −0.24。
7. $H_2O_2 > Cr_2O_7^{2-} > Hg^{2+}$;$Sn > Zn > H_2O_2 > Br^-$ 。
8. 负极;正极;还原反应;氧化反应;化学;电。
9. $[FeF_6]^{3-}$ 。
10. $2I^- \rightleftharpoons I_2 + 2e^-$; $O_2 + 4H^+ + 4e^- \rightleftharpoons 2H_2O$。

四、完成下列氧化还原反应方程式

(答案略)

五、计算题

1. $K_{sp}^\ominus = 1.78 \times 10^{-10}$。
2. (1) (—) Cu|Cu^{2+}(0.5 mol · L^{-1}) ‖ Ag^+(0.5 mol · L^{-1})|Ag(+);
   (2) 正极反应:$Ag^+ + e^- \rightleftharpoons Ag$;
   负极反应:$Cu^{2+} + 2e^- \rightleftharpoons Cu$;
   总反应: $Cu + 2Ag^+ \rightleftharpoons Cu^{2+} + 2Ag$;
   (3) $E = 0.45$ V。
3. (1)不能;(2)(答案略)。
4. 电池反应:

$$H^+(aq) + OH^-(aq) = H_2O(l)$$
$$K_w^\ominus = 1.0 \times 10^{-14}$$

习题 8　原子结构

一、单项选择题(请将正确选项填在下表中相应位置上)

题号	1	2	3	4	5	6	7	8	9	10
答案	A	A	C	B	C	D	C	B	A	C
题号	11	12	13	14	15	16	17	18	19	20
答案	C	A	D	B	C	A	C	C	C	C

二、是非题(请将"√"和"×"填在下表中相应的位置上)

题号	1	2	3	4	5	6	7	8	9	10
答案	×	×	×	√	×	×	×	×	√	√

三、填空题

1. $3d^24s^2$; Ti。

2. (1) He;(2) Ga;(3) Y;(4) Cu。
3. 18; 五; 18; $5s^2 4d^{10} 5p^6$。
4. m;n,l。
5. (1) 11;(2) P, 15;(3) 2;(4) 10;(5)14,10,2,3。
6. (1) 第三周期,$Ⅲ_A$;(2) 第四周期,$Ⅵ_B$;(3) 第四周期,Ⅷ;
   (4) 第四周期,$Ⅴ_A$;(5)第五周期,$Ⅰ_B$;(6) 第六周期,$Ⅳ_A$。
7. (1) Ti,$3d^2 4s^2$;(2) Mn,$3d^5 4s^2$;(3) I,$5s^2 5p^5$;(4) Tl,$6s^2 6p^1$。
8. >;<;>。
9. n;n,l。
10. Cu;[Ar]$3d^{10} 4s^1$。

四、问答题

1. (1)A:Si;B:Cl。(2)元素 A 位于第三周期,$Ⅳ_A$。(3)SiO_2。
2. (1) A 位于第二周期,$Ⅳ_A$;B 位于第一周期,$Ⅰ_A$;
   C 位于第二周期,$Ⅵ_A$;D 位于第三周期,$Ⅳ_A$。
   (2) A、B、C、D 均为非金属元素。
   (3) AC_2 为 CO_2,形成的化学键是共价键,有极性;
   B_2C 为 H_2O,形成的化学键是共价键,有极性;
   DC_2 为 SiO_2,形成的化学键是共价键,有极性。
3. (1) A、B、C 为金属元素。
   (2) D 与 A 的简单离子分别为 Br^-、K^+。
   (3) A 元素的氢氧化物碱性最强为 KOH。
   (4) B 与 D 两原子间能形成离子化合物,其化学式为 $CaBr_2$。
4. (1) 第八周期将包括 50 种元素。
   (2) 原子核外出现第 1 个 5 g 电子的元素的原子序数是 121;
   (3) 其外围电子构型为 $7s^2 7p^2$,与 Pb 的性质($6s^2 6p^2$)最为相似。

习题 9 分子结构(固体结构)

一、单项选择题(请将正确选项填在下表中相应位置上)

题号	1	2	3	4	5	6	7	8	9	10
答案	C	D	A	C	C	D	D	A	B	A
题号	11	12	13	14	15	16	17	18	19	20
答案	C	A	B	D	C	D	B	D	A	A

二、是非题(请将"√"和"×"填在下表中相应的位置上)

题号	1	2	3	4	5	6	7	8	9	10
答案	×	×	×	×	×	×	√	×	√	×

三、填空题

1. 有空的价电子轨道；有孤对电子。
2. 3d；sp^3d；三角双锥。
3. sp^3d；T。
4. NH_3、H_3BO_3、HNO_3、C_2H_5OH；HNO_3；NH_3、H_3BO_3、C_2H_5OH。
5. 电负性；偶极矩。
6. 平面正方形。
7. σ 键；π 键；配位键。
8. 能量相近原则；对称性匹配原则；轨道最大重叠原则。
9. 电负性大；原子半径小；孤对电子。
10. 临界温度以下电阻为零；具有排斥磁场效应。

四、问答题

（答案略）

习题 10　配位化合物

一、单项选择题（请将正确选项填在下表中相应位置上）

题号	1	2	3	4	5	6	7	8	9	10
答案	B	C	D	D	A	C	D	D	C	A

二、是非题（请将"√"和"×"填在下表中相应的位置上）

题号	1	2	3	4	5	6	7	8	9	10
答案	√	√	√	×	×	√	√	√	×	√

三、填空题

1. 平面正方形；反；dsp^2；C。
2. 4；2。
3. 四羟基合锌酸钾。
4. -3；八面体；C；6；$t_{2g}^6e_g^0$；d^2sp^3；反。
5. -4 Dq。
6. -24；-4。
7. dsp^2；sp^3。
8. $[Fe(CN)_5(CO)]^{3-}$；$[Co(ONO)(NH_3)_3(H_2O)_2]Cl_2$；$[Cu(NH_3)_4][PtCl_4]$。
9. dsp^3；三角双锥。
10. $d^4 \sim d^7$；d-d 跃迁。

四、问答题

（答案略）

习题11 s区元素

一、单项选择题(请将正确选项填在下表中相应位置上)

题号	1	2	3	4	5	6	7	8	9	10
答案	B	C	B	D	C	A	C	D	A	B
题号	11	12	13	14	15					
答案	C	A	B	A	D					

二、是非题(请将“√”和“×”填在下表中相应的位置上)

题号	1	2	3	4	5	6	7	8	9	10
答案	√	√	×	×	×	×	√	√	×	×

三、填空题

1. 液体石蜡;煤油。
2. Be; Cs; Li; Cs。
3. Be与Al; Li与Mg。
4. (1) CaF_2;(2) $CaSO_4 \cdot 2H_2O$;(3) $SrSO_4$;(4) $CaCO_3$;
   (5) $KCl \cdot MgCl_2 \cdot 6H_2O$;(6) $NaNO_3$;(7) $Na_2SO_4 \cdot 10H_2O$;(8) Na_2CO_3。
5. $Be(OH)_2$具有两性,既溶于酸又溶于强碱; $Mg(OH)_2$为碱性,只溶于酸。
6. 金属钙;电解时加入助溶剂$CaCl_2$而有少量的钙电解时析出。
7. 增加熔盐的导电性。
8. $BaCO_3$。
9. Be; Al; 共价。
10. 减小; 降低。

四、完成并配平下列反应方程式

(答案略)

五、简答题

(答案略)

习题12 p区元素(一)

一、单项选择题(请将正确选项填在下表中相应位置上)

题号	1	2	3	4	5	6	7	8	9	10
答案	A	D	C	D	C	D	C	D	A	B
题号	11	12	13	14	15	16	17	18	19	20
答案	B	B	C	D	A	C	D	D	D	A

二、是非题(请将"√"和"×"填在下表中相应的位置上)

题号	1	2	3	4	5	6	7	8	9	10
答案	×	×	×	×	×	×	×	×	√	√

三、填空题

1. 乙硼烷；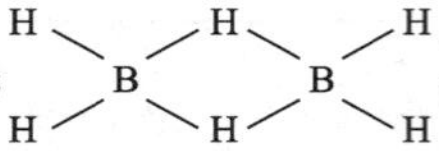；缺电子；sp^3；三中心二电子；

氢桥键 BX_3；π_4^6；$BF_3>BCl_3>BBr_3>BI_3$。

2. 片；氢；分子间力；润滑。

3. 双聚；氯。

4. $Pb(PbO_3)$；$Pb_2(PbO_4)$；$Fe(FeO_2)_2$。

5. 两；$Pb(OH)_4{}^{2-}$；醋；硝。

6. 红；铅丹；1/3；PbO_2；2/3；$Pb(NO_3)_2$。

7. $HClO_4>H_2SO_4>H_3PO_4>H_2SiO_4$。

8. $Na_2B_4O_7\cdot 10H_2O$；二。

9. $Mg(OH)_2\cdot MgCO_3$；Cu^{2+}；Cr^{3+}，Fe^{3+}。

10. Na_2SiO_3；硅酸三钙($3CaO\cdot SiO_2$)、硅酸二钙($2CaO\cdot SiO_2$)、铝酸三钙($3CaO\cdot Al_2O_3$)。

四、完成并配平下列反应方程式

(答案略)

五、推断题

1. 答：M 为 Sn；A 为 $SnCl_4$；B 为 $SnCl_2$；C 为 SnS_2；D 为 Na_2SnS_3；
E 为 Hg_2Cl_2；F 为 $Sn(OH)_2$；G 为 $Na_2Sn(OH)_4$；H 为 Bi。
(反应方程式略)

2. 答：A 为 $Pb(NO_3)_2$；B 为 PbO；C 为 NO_2；D 为 PbO_2；E 为 $PbCl_2$；
F 为 Cl_2；G 为 PbI_2。
(反应方程式略)

3. 答：A 为 $PbCO_3$；B 为 PbO；C 为 CO_2；D 为 $Pb(NO_3)_2$；E 为 $PbCrO_4$；
F 为 $Pb(OH)_2$；G 为 $CaCO_3$。
(反应方程式略)

习题 13　p 区元素(二)

一、单项选择题(请将正确选项填在下表中相应位置上)

题号	1	2	3	4	5	6	7	8	9	10
答案	D	B	D	B	B	B	B	B	A	D
题号	11	12	13	14	15	16	17	18	19	20
答案	D	D	C	B	D	D	D	C	B	D

二、是非题(请将"√"和"×"填在下表中相应的位置上)

题号	1	2	3	4	5	6	7	8	9	10
答案	×	×	√	×	√	×	×	×	√	√

三、填空题

1. 斜方硫;单斜硫;斜方硫;单斜硫;S_8;环;sp^3。
2. NO;NO_2。
3. H_2SO_4分子间氢键多而强。
4. Cu^{2+}、Ag^+、Hg^{2+}、Pb^{2+}。
5. NaOH;浓 H_2SO_4。
6. ZnS;MnS;SnS;CuS;HgS。
7. $Ag(S_2O_3)_2{}^{3-}$;白;$Ag_2S_2O_3$;黑;Ag_2S。
8. H_2S 被空气中的氧氧化。
9. $CuSO_4 \cdot 5H_2O$;$CaSO_4 \cdot 2H_2O$;$FeSO_4 \cdot 7H_2O$;$Na_2SO_4 \cdot 10H_2O$;
$ZnSO_4 \cdot 7H_2O$;$MgSO_4 \cdot 7H_2O$;$(NH_4)_2SO_4 \cdot FeSO_4 \cdot 6H_2O$;
$K_2SO_4 \cdot Al_2(SO_4)_3 \cdot 24H_2O$。
10. $Na_2S_2O_4$;还原。

四、完成并配平下列反应方程式

(答案略)

五、推断题

答:A 为 $NaHSO_3$;B 为 $SO_4{}^{2-}$;C 为 $BaSO_4$;D 为 SO_2;E 为 I_2;F 为 I^-。

(反应方程式略)

习题 14 p 区元素(三)

一、单项选择题(请将正确选项填在下表中相应位置上)

题号	1	2	3	4	5	6	7	8	9	10
答案	B	B	D	D	D	B	D	D	D	D
题号	11	12	13	14	15	16	17	18	19	20
答案	C	C	D	C	D	B	A	C	B	B

二、是非题(请将"√"和"×"填在下表中相应的位置上)

题号	1	2	3	4	5	6	7	8	9	10
答案	×	×	×	×	×	√	√	×	√	×

三、填空题

1. Cl;F_2。
2. 浅黄;黄绿;棕红;紫黑。
3. 紫色;红棕色;黄色。

4. 黄；红；棕；I_2的浓度不同。

5. 弱还原性；易溶于水；易挥发。

6. KCl；KF。

7. F 原子半径；H—F 键的解离能。

8. 弱；八面体；sp^3d^2；氧化。

9. HClO；HIO_3。

10. Cl_2O_7；氧化；爆炸分解。

四、完成并配平下列反应方程式

（答案略）

五、推断题

答：A 为 NaCl；B 为 HCl；C 为 Cl_2；D 为 NaBr；E 为 Br_2；F 为 NaBr 和 $NaBrO_3$。

（反应方程式略）

习题 15　d 区元素(一)

一、单项选择题（请将正确选项填在下表中相应位置上）

题号	1	2	3	4	5	6	7	8	9	10
答案	D	C	C	A	D	B	B	B	B	C
题号	11	12	13	14	15	16	17	18	19	20
答案	B	C	D	D	D	D	C	D	B	B

二、是非题（请将“√”和“×”填在下表中相应的位置上）

题号	1	2	3	4	5	6	7	8	9	10
答案	√	×	×	×	√	√	×	×	×	×

三、填空题

1. 血红；无；$Fe(OH)_3$。

2. KSCN；$K_4[Fe(CN)_6]$。

3. 铁屑；硫酸；防止 Fe^{2+} 水解和被氧化。

4. 双聚体 Fe_2Cl_6；$AlCl_3$；sp^3；共价。

5. Co^{2+}、Ni^{2+}。

6. $[Co(CN)_6]^{4-}$；$[Co(CN)_6]^{3-}$。

7. 正方形；$Pt(NH_3)_2Cl_2$；正方形；0；四面体；2。

8. Fe、Co、Ni；Ru、Rh、Pd、Os、Ir、Pt；单质活泼性差；游离。

9. 升高；下降；高氧化态化合物稳定性增加。

10. 增强；减弱；减弱；增强。

四、完成并配平下列反应方程式

（答案略）

五、简答题

（答案略）

六、推断题

答：A 为 MnO_2；B 为 K_2MnO_4；C 为 MnO_4^-；D 为 $MnCl_2$；E 为 Cl_2。

（反应方程式略）

习题 16 d 区元素（二）

一、单项选择题（请将正确选项填在下表中相应位置上）

题号	1	2	3	4	5	6	7	8	9	10
答案	B	D	C	D	C	B	A	A	B	C

二、是非题（请将"√"和"×"填在下表中相应的位置上）

题号	1	2	3	4	5	6	7	8	9	10
答案	×	√	×	√	√	×	√	×	×	×

三、填空题

1. 银、铜、金。
2. 配位反应；氧化还原反应。
3. 蓝；绿；泥黄；白；CuCl。
4. 无；$[Cu(NH_3)_4]^{2+}$。
5. Cu_2O；高。
6. 共价；直线；sp；小。
7. $ZnS \cdot BaSO_4$。
8. AgI。
9. AgN_3。
10. 大。

四、完成并配平反应方程式

（答案略）

五、简答题

答：含有 Ag^+、Cu^{2+}、Fe^{2+} 和 Pb^{2+}。

（反应方程式略）

六、推断题

1. 答：A 为 ZnS；B 为 $ZnCl_2$；C 为 H_2S；D 为 $Zn(OH)_2$；E 为 $[Zn(NH_3)_4]^{2+}$。

（反应方程式略）

2. 答：A 为 Cu_2O；B 为 $CuSO_4$；C 为 Cu；D 为 $[Cu(NH_3)_4]SO_4$；E 为 $[Cu(CN)_x]^{1-x}$（$x=2\sim4$）；F 为 SO_2。

（反应方程式略）

第 5 章　无机及分析化学习题

习题 17　物质的聚集状态

一、单项选择题(请将正确选项填在下表中相应位置上)

题号	1	2	3	4	5	6	7	8	9	10
答案										
题号	11	12	13	14	15	16	17	18	19	20
答案										

1. 若 35.0% $HClO_4$ 水溶液的密度为 1.251 $g \cdot cm^{-3}$，则其浓度和质量摩尔浓度分别为(　　)。

A. 5.36$mol \cdot L^{-1}$和 4.36$mol \cdot kg^{-1}$　　B. 13$mol \cdot L^{-1}$和 2.68$mol \cdot kg^{-1}$

C. 4.36$mol \cdot L^{-1}$和 5.36$mol \cdot kg^{-1}$　　D. 2.68$mol \cdot L^{-1}$和 3$mol \cdot kg^{-1}$

2. 将 0.1 $mol \cdot L^{-1}$的 KNO_3溶液的浓度换算成其他量度表示方法时，其值最接近 0.1 的是(　　)。

A. KNO_3的质量百分数　　B. KNO_3的质量摩尔浓度

C. KNO_3的量分数　　D. 水的量分数

3. 密度为 ρ $g \cdot mL^{-1}$的氨水中氨的量分数为 x，其质量摩尔浓度为(　　)$mol \cdot kg^{-1}$。

A. $\dfrac{1000x}{17x+18(1-x)}$　　B. $\dfrac{1000x}{18(1-x)}$　　C. $\dfrac{1000x}{35+18(1-x)}$　　D. $\dfrac{1000x\rho}{18(1-x)}$

4. 哪种真实气体与理想气体较相近(　　)。

A. 高温高压　　B. 低温低压　　C. 高温低压　　D. 低温高压

5. 20 ℃时乙醇 p°=5.877 kPa，乙醚的 p°=58.77 kPa，将它们等物质的量混合配制成溶液，则在该温度时混合溶液液面上的总压力为(　　)。

A. 64.65 kPa　　B. 32.32 kPa　　C. 52.89 kPa　　D. 不确定

6. 影响纯液氨的饱和蒸气压的因素有(　　)。

A. 容器的形状　　B. 液氨的量　　C. 温度　　D. 气相中其他组分

7. 一封闭钟罩中放一小杯纯水 A 和一小杯糖水 B，静止足够长时间后发现(　　)。

A. A 杯中水减少，B 杯中水满后不再变化　　B. A 杯变成空杯，B 杯中水满后溢出

C. B 杯中水减少，A 杯中水满后不再变化　　D. B 杯中水减少至空杯，A 杯水满后溢出

8. 浓度均为 0.1 $mol \cdot kg^{-1}$的蔗糖、HAc、NaCl 和 Na_2SO_4 水溶液，其中蒸气压最大的是(　　)。

A. 蔗糖　　B. HAc　　C. NaCl　　D. Na_2SO_4

9. 100 ℃时纯 A 和纯 B 液体的蒸气压分别为 50.7 kPa 和 151 kPa，A 和 B 的某混合溶液

为理想溶液且在 100 ℃和 101 kPa 沸腾，则 A 在平衡蒸气中的摩尔分数为(　　)。

A. 1/3　　B. 1/4　　C. 1/2　　D. 3/4

10. 纯樟脑的凝固点为 177.88 ℃，相同条件下 1.08 mg 某物质与 0.206 g 樟脑组成的溶液的凝固点为 175.34 ℃，已知樟脑的 $K_b=5.95$，$K_f=39.7$，则该物质的摩尔质量($g \cdot mol^{-1}$)为(　　)。

A. 81.9　　B. 819　　C. 163　　D. 360

11. 将 1.00 g 硫溶于 20.00 g 萘($K_f=6.8\ K \cdot kg \cdot mol^{-1}$)中，溶液的凝固点较纯萘(80 ℃) 低 1.30 ℃，则此时硫的分子式接近

A. S_2　　B. S_4　　C. S_6　　D. S_8

12. 下列水溶液中凝固点最低的是(　　)。

A. $0.2mol \cdot L^{-1}\ C_{12}H_{22}O_{11}$　　B. $0.2\ mol \cdot L^{-1}$ HAc

C. $0.1\ mol \cdot L^{-1}$ NaCl　　D. $0.1\ mol \cdot L^{-1}\ CaCl_2$

13. 质量相等的抗冻剂乙醇、甘油、甲醛、葡萄糖中，效果最好的是(　　)。

A. 乙醇　　B. 甘油　　C. 甲醛　　D. 葡萄糖

14. 有一种溶液浓度为 c，沸点升高值为 ΔT_b，凝固点下降值为 ΔT_f，则

A. $\Delta T_f > \Delta T_b$　　B. $\Delta T_f = \Delta T_b$　　C. $\Delta T_f < \Delta T_b$　　D. 无确定关系

15. 将 0.01 mol 的下列物质溶于 1L 水中配制成均匀溶液，沸点最高的是(　　)。

A. $MgSO_4$　　B. $Al_2(SO_4)_3$　　C. CH_3COOH　　D. K_2SO_4

16. 欲使两种电解质稀溶液之间不发生渗透现象，其条件是(　　)。

A. 两溶液渗透浓度相等　　B. 两溶液的物质的量溶液相等

C. 两溶液的体积相等　　D. 两溶液的质量摩尔浓度相等

17. 四种浓度相同的溶液，按其渗透压由大到小顺序排列的是(　　)。

A. $HAc > NaCl > C_6H_{12}O_6 > CaCl_2$　　B. $C_6H_{12}O_6 > HAc > NaCl > CaCl_2$

C. $CaCl_2 > NaCl > HAc > C_6H_{12}O_6$　　D. $CaCl_2 > HAc > C_6H_{12}O_6 > NaCl$

18. 稀溶液依数性的核心性质是(　　)。

A. 溶液的沸点升高　　B. 溶液的凝固点下降

C. 溶液具有渗透压　　D. 溶液的蒸气压下降

19. 外加直流电场于胶体溶液时，向某一电极方向运动的只是(　　)。

A. 胶核　　B. 紧密层　　C. 胶团　　D. 胶粒

20. 下列四种电解质对 AgCl 溶胶的聚沉值($mmol \cdot L^{-1}$)分别为：$NaNO_3$(300)、Na_2SO_4(295)、$MgCl_2$(25)、$AlCl_3$(0.5)，则该溶胶胶粒所带电荷的电性和溶胶类型分别是(　　)。

A. 正电，正溶胶　　B. 负电，正溶胶　　C. 正电，负溶胶　　D. 负电，负溶胶

二、是非题(请将“√”和“×”填在下表中相应的位置上)

题号	1	2	3	4	5	6	7	8	9	10
答案										

1. 难挥发非电解质稀溶液的依数性不仅与溶质种类有关，而且与溶液的浓度成正比。(　　)

2. 溶液在达到凝固点时，溶液中的溶质和溶剂均以固态析出，形成冰。(　　)

3. 纯净的晶体化合物都有一定的熔点，而含杂质物质的熔点一定比纯化合物的熔点低，且杂质越多，熔点越低。（　）

4. 将浓溶液和稀溶液用半透膜隔开，欲阻止稀溶液的溶剂分子进入浓溶液，需要加到浓溶液液面上的压力，称为浓溶液的渗透压。（　）

5. 反渗透是外加在溶液上的压力超过了渗透压时，溶液中的溶剂向纯溶剂方向流动的过程。（　）

6. 由于乙醇比水易挥发，故在相同温度下，乙醇的蒸汽压大于水的蒸汽压。（　）

7. 两种或几种互不发生化学反应的等渗溶液以任意比例混合后的溶液仍是等渗溶液。（　）

8. 电解质对溶胶的聚沉能力可用聚沉值来衡量，聚沉值越大，聚沉能力越强。（　）

9. 质量相等的甲苯和苯均匀混合，溶液中甲苯和苯的摩尔分数都是 0.5。（　）

10. 溶剂中加入难挥发溶质后，溶液的蒸气压总是降低，沸点总是升高。（　）

三、简答题

100 mL 0.01 $mol \cdot L^{-1}$ $AgNO_3$ 溶液和 50 mL 0.005 $mol \cdot L^{-1}$ $K_2Cr_2O_7$ 溶液混合，得到 $Ag_2Cr_2O_7$ 溶胶，写出胶团结构式。比较 $MgSO_4$、$K_3[Fe(CN)_6]$和$[Co(NH_3)_6]Cl_3$ 的聚沉作用大小和聚沉值大小。

四、计算题

1. 从人尿中提取出一种中性含氮化合物，将 90.0 mg 纯品溶解在 12.0 g 蒸馏水中，所得溶液的凝固点比纯水降低了 0.233 K，试计算此化合物的摩尔质量。

2. 有一蛋白质的饱和水溶液，每升含有蛋白质 5.18 g 。已知在 293.15 K 时，溶液的渗透压为 0.413 kPa。计算该蛋白质的摩尔质量。

3. 12.2 g 苯甲酸，溶于 0.1 kg 乙醇，使乙醇的沸点上升了 1.13 ℃；若将 12.2 g 苯甲酸溶于 0.1 kg 苯中，则苯的沸点升高了 1.20 ℃。计算苯甲酸在两种溶剂中的摩尔质量，结果说明了什么？（已知乙醇的 K_b=1.19 ℃ · kg · mol^{-1}，苯的 K_b=2.53 ℃ · kg · mol^{-1}）

习题18 化学反应的一般原理

一、单项选择题(请将正确选项填在下表中相应位置上)

题号	1	2	3	4	5	6	7	8	9	10
答案										
题号	11	12	13	14	15	16	17	18	19	20
答案										

1. 对于恒温恒压有非体积功的反应,下列等式正确的是(　　)。

A. $Q=\Delta H$　　B. $Q=\Delta H+W_{非}$　　C. $\Delta H=Q+W_{非}$　　D. $Q=\Delta U$

2. 某温度下反应 $N_2O_4(g) \rightleftharpoons 2NO_2(g)$ 的 $K^{\ominus}=0.15$。在总压为 100.0 kPa 时,下列各种条件,能使反应向生成 NO_2 方向进行的是(　　)。

A. $n(N_2O_4)=n(NO_2)=1.0$ mol　　B. $n(N_2O_4)=1.0$ mol,$n(NO_2)=2.0$ mol

C. $n(N_2O_4)=4.0$ mol,$n(NO_2)=0.5$ mol　　D. $n(N_2O_4)=2.0$ mol,$n(NO_2)=1.0$ mol

3. 下列物质中,$\Delta_r H_m^{\ominus}$ 不等于零的是(　　)。

A. Fe(s)　　B. C(石墨)　　C. $Cl_2(l)$　　D. Ne(g)

4. 已知25 ℃时下列反应的 $\Delta U=-Z$ kJ·mol^{-1},$4Ag(s)+2H_2S(g)+O_2(g) \longrightarrow 2Ag_2S(s)+2H_2O(l)$,则 $\Delta_r H_m^{\ominus}$(kJ·mol^{-1})为(　　)。

A. $-Z-3\times8.314\times298$　　B. $-Z+3\times8.314\times298\times10^{-3}$

C. $-Z-3\times8.314\times298\times10^{-3}$　　D. $+Z-3\times8.314\times298\times10^{-3}$

5. 室温下,稳定状态的单质的标准熵为(　　)。

A. 零　　B. 1 J·mol^{-1}·K^{-1}　　C. 大于零　　D. 小于零

6. 具有最大摩尔熵的物质是(　　)。

A. Hg(l)　　B. Hg(g)　　C. HgO(s)　　D. $Hg(NH_2)_2(s)$

7. 25 ℃时,标准熵减少最多的是(　　)。

A. $H_2(g)+Br_2(l) \longrightarrow 2HBr(g)$

B. $2N_2H_4(l)+N_2O_4(l) \longrightarrow 3N_2(g)+4H_2O(l)$

C. $N_2(g)+3H_2(g) \longrightarrow 2NH_3(g)$

D. $2N_2(g)+O_2(g) \longrightarrow 2N_2O(g)$

8. 下列关于化学反应熵变 $\Delta_r S_m^{\ominus}$ 与温度关系的叙述中,正确的是(　　)。

A. 化学反应的熵变与温度无关

B. 化学反应的熵变随温度升高而显著增加

C. 化学反应的熵变随温度降低而增大

D. 化学反应的熵变随温度变化不明显

9. 反应 $2NH_3(g) \longrightarrow N_2(g)+3H_2(g)$ 在高温时为自发反应,其逆反应在低温时为自发反应。这意味着正反应的 ΔH 和 ΔS 为(　　)。

A. $\Delta H>0$、$\Delta S>0$　　B. $\Delta H>0$、$\Delta S<0$

C. $\Delta H<0$、$\Delta S>0$　　D. $\Delta H<0$、$\Delta S<0$

10. 等物质量 A 和 B 的反应 A＋B ⟶ C＋D。$\Delta_r G_m^\ominus = -10\ kJ \cdot mol^{-1}$，达到平衡时，混合物中(　　)。

A. 实际上没有 C 和 D

B. 实际上没有 A 和 B

C. A、B、C 和 D 都有，但 C 和 D 的量大于 A 和 B 的量

D. A、B、C 和 D 均有，但 C 和 D 的量小于 A 和 B 的量

11. 下列叙述中正确的是(　　)。

A. 放热反应均为自发反应

B. $I_2(g)$的 $\Delta_f G_m^\ominus = 0$

C. 若反应的 ΔH 和 ΔS 均为正值，则温度升高 ΔG 将增加

D. 某反应的 $\Delta_r G_m^\ominus > 0$，并不表示该反应在任何条件下都不能自发进行

12. 下列方法能使平衡 $2NO(g) + O_2(g) \rightleftharpoons 2NO_2(g)$ 向左移动的是(　　)。

A. 增大压力　　B. 增大 p_{NO}　　C. 减小 p_{NO_2}　　D. 减小压力

13. 已知 $SO_2(g)$、$O_2(g)$、$SO_3(g)$的标准熵 $S_m^\ominus$ 分别为 248.5 $J \cdot mol^{-1} \cdot K^{-1}$、205.03 $J \cdot mol^{-1} \cdot K^{-1}$和 256.2 $J \cdot mol^{-1} \cdot K^{-1}$，反应 $2SO_2(g) + O_2(g) = 2SO_3(g)$ 的 $\Delta_r H_m^\ominus = -198.2\ kJ \cdot mol^{-1}$。欲使该反应在标准状态时自发进行，则需要的温度条件是(　　)。

A. ＞1045 K　　B. ＝1045 K　　C. ＜1045 K　　D. ＜1054 K

14. 25 ℃时反应 $N_2(g) + 3H_2(g) \longrightarrow 2NH_3(g)$ 的 $\Delta H^\ominus = -92.38\ kJ \cdot mol^{-1}$，若温度升高时(　　)。

A. 正反应速率增大，逆反应速率减小

B. 正反应速率减小，逆反应速率增大

C. 正反应速率增大，逆反应速率增大

D. 正反应速率减小，逆反应速率减小

15. 对于一个化学反应来说，下列叙述中正确的是(　　)。

A. $\Delta H^\ominus$ 越小，反应速率就越快　　B. $\Delta G^\ominus$ 越小，反应速率就越快

C. 活化能越大，反应速率就越快　　D. 活化能越小，反应速率就越快

16. 如果温度每升高 10 ℃，反应速率增大一倍，则 65 ℃的反应速率要比 25 ℃时的快(　　)。

A. 8 倍　　B. 16 倍　　C. 32 倍　　D. 4 倍

17. 当反应 $2NO_2(g) \rightleftharpoons N_2O_4(g)$ 达到平衡时，降低温度混合气体的颜色会变浅，说明此反应的逆反应是(　　)。

A. $\Delta_r H_m^\ominus = 0$ 的反应　　B. $\Delta_r H_m^\ominus > 0$ 的反应

C. $\Delta_r H_m^\ominus < 0$ 的反应　　D. 气体体积减小的反应

18. 反应 A 和 B，在 25 ℃时 B 的反应速率较快；在相同的浓度条件下，45 ℃时 A 比 B 的反应速率快，则这两个反应的活化能间的关系是(　　)。

A. A 反应活化能较大　　B. B 反应的活化能较大

C. A、B 活化能大小无法确定　　D. 和 A、B 活化能大小无关

19. 如果某反应的 $K^\ominus \geqslant 1$，则它的(　　)。

A. $\Delta_r G_m^\ominus \geqslant 0$　　B. $\Delta_r G_m^\ominus \leqslant 0$　　C. $\Delta_r G_m^\ominus \geqslant 0$　　D. $\Delta_r G_m^\ominus \leqslant 0$

20. 反应：

(1) $CoO(s)+CO(g) \rightleftharpoons Co(s)+CO_2(g)$

(2) $CO_2(g)+H_2(g) \rightleftharpoons CO(g)+H_2O(l)$

(3) $H_2O(l) \rightleftharpoons H_2O(g)$

的平衡常数各为 K_1、K_2 和 K_3。则反应 $CoO(s)+H_2(g) \longrightarrow Co(s)+H_2O(g)$ 的 K 等于(　　)。

A. $K_1+K_2+K_3$　　B. $K_1-K_2-K_3$　　C. $K_1 K_2 K_3$　　D. $K_1 K_3/K_2$

二、是非题(请将"√"和"×"填在下表中相应的位置上)

题号	1	2	3	4	5	6	7	8	9	10
答案										

1. 理想气体向真空膨胀,此过程中 $\Delta S=0$。(　　)

2. 压强 p、内能 U、焓 H 和自由能 G 这些物理量中,压强 p 不属于体系的量度性质。(　　)

3. 对于反应 $2NO_2(g) \rightleftharpoons N_2O_4(g)$ 和 $NO_2(g) \rightleftharpoons 1/2N_2O_4(g)$,如 $\xi=1$ mol,表示第一个反应增加了 1 mol $N_2O_4(g)$,第二个反应减少了 1 mol $NO_2(g)$。(　　)

4. 单质的标准熵为零。(　　)

5. 在标准压力和反应进行时的温度下,由最稳定的单质生成 1 mol 某化合物的反应焓,称为该化合物的标准摩尔生成焓。(　　)

6. 某反应进行 20 min 时,反应完成 20%;反应进行 40 min 时,反应完成 40%,则此反应为 1 级反应。(　　)

7. 若反应的 $\Delta_r H$ 和 $\Delta_r S$ 均为正值,则随温度升高,反应自发进行的可能性增加。(　　)

8. 凡速率方程式中各物质浓度的指数与反应方程式中化学式前的计量系数一致时,此反应必为基元反应。(　　)

9. 温度能影响反应速率,是由于它能改变反应的活化能。(　　)

10. 催化剂可加快化学反应速率,主要是由于催化剂可使反应的 $\Delta_r G_m^{\ominus}$ 减小。(　　)

三、计算题

1. 在 298.15 K、恒压条件下,已知下列各反应及其热效应为

(1) $2NH_3(g)+3N_2O(g) \longrightarrow 4N_2(g)+3H_2O(l)$, $\Delta_r H_{m1}^{\ominus}=-1010\ kJ \cdot mol^{-1}$。

(2) $N_2O(g)+3H_2(g) \longrightarrow N_2H_4(l)+H_2O(l)$, $\Delta_r H_{m2}^{\ominus}=-317\ kJ \cdot mol^{-1}$。

(3) $2NH_3(g)+\frac{1}{2}O_2(g) \longrightarrow N_2H_4(l)+H_2O(l)$, $\Delta_r H_{m3}^{\ominus}=-143\ kJ \cdot mol^{-1}$。

(4) $H_2(g)+\frac{1}{2}O_2(g) \longrightarrow H_2O(l)$, $\Delta_r H_{m4}^{\ominus}=-286\ kJ \cdot mol^{-1}$。

求同温下反应(5) $N_2(g)+2H_2(g) \longrightarrow N_2H_4(l)$ 的 $\Delta_r H_{m5}^{\ominus}$ 及该反应的 $\Delta_r U_{m5}^{\ominus}$。

2. 已知反应 $2SO_2(g)+O_2(g) = 2SO_3(g)$ 的热力学数据如下。

数　据	SO_2/g	O_2/g	SO_3/g
$\Delta_f H_m^{\ominus}$(298.15 K)/(kJ·mol^{-1})	−296.83	0	−395.72
$S_m^{\ominus}$(298.15 K)/(J·mol^{-1}·K^{-1})	248.22	205.14	256.76

在某恒定温度下，8.0 mol SO_2(g)和 4.0 mol O_2(g)在密闭容器中进行反应生成 SO_3(g)，测得反应起始时和平衡时系统的总压力分别为 300 kPa 和 220 kPa。

(1) 计算上述反应中该温度下的标准平衡常数。

(2) 计算反应在 298K 时的 $\Delta_r H_m^{\ominus}$(298 K)和 $\Delta_r S_m^{\ominus}$(298 K)。

(3) 忽略温度对 $\Delta_r H_m^{\ominus}$(298 K)和 $\Delta_r S_m^{\ominus}$(298 K)的影响，近似计算上述反应的温度。

3. 在 660 K 时，反应 $2AB(g)+B_2(g) \longrightarrow 2AB_2(g)$的实验数据如下。

Co(AB)/mol·L^{-1}	Co(B_2)/mol·L^{-1}	V_0(AB 的消耗速率)/(mol·L^{-1}·s^{-1})
0.010	0.010	2.5×10^{-3}
0.010	0.020	5×10^{-3}
0.030	0.020	45×10^{-3}

(1) 写出该反应的速率方程式，该反应的反应级数是多少？

(2) 计算反应速率常数 K。

(3) 当 Co(AB)=0.015 mol·L^{-1}、Co(B_2)=0.025 mol·L^{-1}时，反应速率为多少？

4. 在 523.15K 时，将 0.70 mol PCl_5(g)置于 2.0L 密闭容器中，使其达到平衡，即

$$PCl_5(g) \rightleftharpoons PCl_3(g)+Cl_2(g)$$

经测定 PCl_5(g)的物质的量为 0.20 mol。

(1) 求该反应的标准平衡常数 $K^{\ominus}$ 及 PCl_5(g)的平衡转化率 α。

(2) 在 523.15 K 的恒定温度下，在上述平衡系统中再加入 0.10 mol PCl_5(g)，求重新达到平衡后各物种的平衡分压。

习题 19　定量分析基础

一、单项选择题(请将正确选项填在下表中相应位置上)

题号	1	2	3	4	5	6	7	8	9	10
答案										
题号	11	12	13	14	15					
答案										

1. 下列计算式的计算结果(x)应取(　　)位有效数字：$x=[0.3120\times 48.12\times (21.25-16.10)]\div (0.2845\times 1000)$。

A. 1　　B. 2　　C. 3　　D. 4

2. 由测量所得的计算式$\frac{0.6070\times 30.25\times 45.82}{0.2808\times 3000}=x$中，每一位数据的最后1位都有±1的绝对误差，哪一个数据在计算结果x中引入的相对误差最大？(　　)

A. 0.6070　　B. 30.25　　C. 45.82　　D. 0.2808

3. 溶液中含有0.095 mol·L^{-1}的OH^-，其pH值为(　　)。

A. 12.98　　B. 12.977　　C. 13　　D. 12.978

4. 某人以示差光度法测定某药物中主成分含量时，称取此药物0.0250 g，最后计算其主成分含量为98.25%，此结果是否正确；若不正确，正确值应为(　　)。

A. 正确　　B. 不正确，98.0%　　C. 不正确，98%　　D. 不正确，98.2%

5. 定量分析工作要求测定结果的误差(　　)。

A. 越小越好　　B. 等于零　　C. 没有要求　　D. 在允许误差范围内

6. 分析测定中，偶然误差的特点是(　　)。

A. 误差数值固定不变　　B. 正、负误差出现的几率相等

C. 正误差出现的几率大于负误差　　D. 负误差出现的几率大于正误差

7. 下列叙述中错误的是(　　)。

A. 误差是以真值为标准，偏差是以平均值为标准，在实际工作中获得的所谓“误差”，实质上是偏差

B. 对某项测定来说，它的系统误差大小是可以测量的

C. 某测定的精密度越好，则该测定的准确度越好

D. 标准误差是用数理统计的方法处理测定数据而获得的

8. 下列叙述错误的是(　　)。

A. 方法误差属于系统误差　　B. 系统误差包括操作误差

C. 系统误差又称可测误差　　D. 系统误差呈正态分布

9. 对某试样进行多次平行测定，获得试样中硫的平均含量为3.25%，则其中某个测定值(如3.15%)与此平均值之差为该次测定的(　　)。

A. 绝对误差　　B. 绝对偏差　　C. 系统误差　　D. 平均偏差

10. 某土壤试样中，碳含量分析结果(ppm)为：102、95、98、105、104、96、98、99、102、101。

这一组数据的平均偏差为(　　)。

A. 2.8ppm　　B. 5.6ppm　　C. 1.4ppm　　D. 0.89ppm

11. 在滴定分析法测定中出现下列情况，哪种导致系统误差(　　)。

A. 试样未经充分混匀　　B. 滴定管的读数读错

C. 滴定时有液滴溅出　　D. 所用的蒸馏水中有干扰离子

12. 可以减小偶然误差的方法是(　　)。

A. 进行量器校正　　B. 进行空白试验

C. 进行对照试验　　D. 增加平行测定的次数

13. 用标准盐酸溶液滴定某碱样，滴定管的初读数为 0.25±0.01 mL，终读数为 32.25±0.01 mL，则耗用掉的盐酸溶液的准确容积为(　　)mL。

A. 32　　B. 32.0　　C. 32.00　　D. 32.00±0.02

14. 滴定分析要求相对误差为±0.1%。若称取试样的绝对误差为 0.0002 g，则一般至少称取试样(　　)。

A. 0.1 g　　B. 0.2 g　　C. 0.3 g　　D. 0.4 g

15. 用于标定 NaOH 溶液浓度的 $H_2C_2O_4 \cdot 2H_2O$ 因保存不当而失去了部分结晶水，用此 $H_2C_2O_4 \cdot 2H_2O$ 标定 NaOH 溶液的浓度将(　　)。

A. 偏低　　B. 偏高　　C. 无影响　　D. 不能确定

二、是非题(请将"√"和"×"填在下表中相应的位置上)

题号	1	2	3	4	5	6	7	8	9	10
答案										

1. 仪器能测量到的数字就是有效数字。(　　)

2. pH=10.05 的有效数字是四位。(　　)

3. 相对误差小，表示分析结果的准确度高。(　　)

4. 精密度是指在相同条件下，多次测定值间相互接近的程度。(　　)

5. 系统误差影响测定结果的准确度。(　　)

6. 测量值的标准偏差越小，其准确度越高。(　　)

7. 随机误差影响测定结果的精密度。(　　)

8. 对某试样进行三次平行测定，得平均含量 25.65%，而真实含量为 25.35%，则其相对误差为 0.30%。(　　)

9. 随机误差具有单向性。(　　)

10. 标准溶液的配制方法有直接配制法和间接配制法，后者也称为标定法。(　　)

三、计算题

1. 一组重复测定值为 15.67、15.69、16.03、15.89。求：15.67 这次测量值的绝对偏差和相对偏差；这组测量值的平均偏差、相对平均偏差、标准偏差及相对标准偏差。

2. 有一 $KMnO_4$ 标准溶液，已知其浓度为 0.02010 mol · L^{-1}，求 $T_{KMnO_4/Fe}$，和 T_{KMnO_4/Fe_2O_3}。如果称取试样重 0.2718 g，溶解后将溶液中的 Fe^{3+} 还原为 Fe^{2+}，然后用 $KMnO_4$ 标准溶液滴定，用去 26.30 mL，求 ω_{Fe} 和 $\omega_{Fe_2O_3}$。

3. 分析不纯 $CaCO_3$(其中不含分析干扰物)时，称取试样 0.3000 g，加入 0.2500 mol · L^{-1} HCl 标准溶液 25.00 mL。煮沸除去 CO_2，用 0.2012 mol · L^{-1} NaOH 溶液返滴定过量酸，消耗了 5.84mL。计算试样中 $CaCO_3$ 的质量分数。

习题 20 酸碱平衡与酸碱滴定

一、单项选择题(请将正确选项填在下表中相应位置上)

题号	1	2	3	4	5	6	7	8	9	10
答案										
题号	11	12	13	14	15	16	17	18	19	20
答案										

1. 在 $NH_3 \cdot H_2O$ 中,溶入 NH_4Cl 后,则( )。

A. $NH_3 \cdot H_2O$ 的解离(电离)常数减小　　B. $NH_3 \cdot H_2O$ 的解离常数增大

C. $NH_3 \cdot H_2O$ 的解离度增大　　D. $NH_3 \cdot H_2O$ 的解离度减小

2. 根据酸碱质子理论,在液氨中,下列物质中属于酸的是( )。

A. NH_4^+　　B. NH_3　　C. NH_2^-　　D. 无正确答案可选

3. 在标准状态下,将 0.1 $mol \cdot dm^{-3}$ 的 HAc 水溶液稀释至原体积的 10 倍,则稀释后 HAc 的解离度为稀释前的( )(已知醋酸的 $K_a = 1.8 \times 10^{-5}$)。

A. 大约 10 倍　　B. 大约 0.1 倍　　C. 大约 5 倍　　D. 大约 3 倍

4. 下列溶液均为 0.10 $mol \cdot dm^{-3}$,与等体积的水混合后,pH 变化最小的是( )。

A. HF　　B. HCN　　C. HCl　　D. HNO_3

5. 下列几种盐溶液的浓度相同,其 pH 最小的是( )。

A. KCl　　B. Na_2CO_3　　C. Na_2S　　D. NaH_2PO_4

6. 将相同浓度的 Na_3PO_4 溶液和 H_3PO_4 溶液等体积混合,溶液的 pH 值是( )。

A. 4.69　　B. 6.66　　C. 7.21　　D. 9.77

7. 根据酸碱质子理论,下列物质既可作为酸,又可作为碱的是( )。

A. $[Cr(H_2O)_4]^{2+}$　　B. $[Cr(H_2O)_6]^{3+}$

C. $[Fe(OH)_2(H_2O)_4]^+$　　D. CO_3^{2-}

8. 按照酸碱电子理论,中和反应生成的是( )。

A. 中性分子或碱　　B. 更稳定配合物　　C. 一种配合物　　D. 两种新配合物

9. 下列各对溶液的浓度均为 0.10 $mol \cdot dm^{-3}$,两种溶液等体积混合后可作为缓冲溶液的是( )。

A. HAc-NaOH　　B. NH_3-HCl

C. Na_2HPO_4-NaOH　　D. NaH_2PO_4-NaOH

10. 下列哪些属于共轭酸碱对( )。

A. H_2CO_3-CO_3^{2-}　　B. H_2S-S^{2-}

C. NH_4^+-NH_3　　D. H_3O^+-OH^-

11. H_2O、HAc 和 HCN 共轭碱的碱性由强至弱的顺序是( )。

A. $OH^- > CN^- > Ac^-$　　B. $Ac^- > CN^- > OH^-$

C. $CN^- > Ac^- > OH^-$　　D. $CN^- > OH^- > Ac^-$

12. 要配制 pH=4.0 的缓冲溶液,应选用( )。

A. NaH_2PO_4 与 Na_2HPO_4($pK_{a1}^{\ominus}=2.12$,$pK_{a2}^{\ominus}=7.20$)

B. HCOOH 与 HCOONa($pK_a^{\ominus}=3.74$)

C. HAc 与 NaAc($pK_a^{\ominus}=4.74$)

D. $NaHCO_3$ 与 Na_2CO_3($pK_{a1}^{\ominus}=6.38$,$pK_{a2}^{\ominus}=10.25$)

13. 在 HAc - NaAc 组成的缓冲溶液中,若 $c(HAc)>c(Ac^-)$,则该缓冲溶液抵抗酸或碱的能力为(　　)。

A. 抗酸能力<抗碱能力　　B. 抗酸能力>抗碱能力

C. 抗酸碱能力相同　　D. 无法判断

14. 影响 HAc - NaAc 缓冲体系 pH 值的主要因素是(　　)。

A. HAc 的浓度　　B. HAc - NaAc 的浓度比和 HAc 的标准解离常数

C. 溶液的温度　　D. HAc 的解离度

15. 与缓冲溶液的缓冲容量大小有关的因素是(　　)。

A. 缓冲溶液 pH 值的范围　　B. 缓冲溶液的总浓度

C. 缓冲溶液组分的体积比　　D. 外加的酸量

16. 强碱滴定弱酸($K_a^{\ominus}=1.0\times10^{-5}$),宜选用的指示剂为(　　)。

A. 甲基橙　　B. 酚酞　　C. 甲基红　　D. 铬黑 T

17. 下列各物质中,哪种能用标准 NaOH 溶液直接滴定(　　)。

A. $(NH_4)_2SO_4$(NH_3 的 $K_b^{\ominus}=1.8\times10^{-5}$)

B. 邻苯二甲酸氢钾(邻苯二甲酸的 $K_{a2}^{\ominus}=2.9\times10^{-6}$)

C. 苯酚($K_a^{\ominus}=1.1\times10^{-10}$)

D. NH_4Cl(NH_3 的 $K_b^{\ominus}=1.8\times10^{-5}$)

18. 用 0.1 $mol\cdot L^{-1}$ NaOH 标准溶液滴定等浓度的 HCl(或 H_2SO_4)和 H_3PO_4 的混合溶液,在滴定曲线上可能出现(　　)个突跃范围。

A. 1　　B. 2　　C. 3　　D. 4

19. 某碱样为 NaOH 和 Na_2CO_3 混合溶液,用 HCl 标准溶液滴定,先以酚酞作为指示剂,耗去 HCl 溶液 V_1 mL,继而以甲基橙为指示剂,又耗去 HCl 溶液 V_2 mL,V_1 与 V_2 的关系是(　　)。

A. $V_1=V_2$　　B. $V_1=2V_2$　　C. $2V_1=V_2$　　D. $V_1>V_2$

20. 在下列叙述 $NH_4H_2PO_4$ 溶液的质子条件式中,哪一种说法是正确的(　　)。

A. $c(H^+)+2c(HPO_4^{2-})+c(H_3PO_4)=c(OH^-)+c(NH_3)+3c(PO_4^{3-})$

B. $c(H^+)+c(H_3PO_4)=c(OH^-)+c(NH_3)+2c(H_2PO_4^-)+3c(PO_4^{3-})$

C. $c(H^+)+c(H_3PO_4)=c(OH^-)+c(NH_3)+c(HPO_4^{2-})+2c(PO_4^{3-})$

D. $c(H^+)+c(NH_4^+)=c(OH^-)+c(H_2PO_4^-)+2c(HPO_4^{2-})+3c(PO_4^{3-})$

二、是非题(请将"√"和"×"填在下表中相应的位置上)

题号	1	2	3	4	5	6	7	8	9	10
答案										

1. 在 $Na_2Cr_2O_7$ 溶液中加入 $NaHCO_3$,可以得到 Na_2CrO_4。(　　)

2. NaHS 水溶液呈酸性。(　　)

3. 在相同温度下，纯水、0.1 mol · L^{-1} HCl 溶液或 0.1 mol · L^{-1} NaOH 溶液中，水的离子积都相同。　(　　)

4. 已知 $NH_3 \cdot H_2O$ 的离解平衡常数为 $K_b^\ominus$，NH_4Cl 的水解平衡常数为 $K_w^\ominus/K_b^\ominus$。(　　)

5. 在饱和 H_2S 溶液中，$c(S^{2-})=\sqrt{K_{a1}^\ominus \cdot K_{a2}^\ominus}$。　(　　)

6. 向稀 HCN 溶液中加入等物质量的固体 NaCN，所生成的溶液中解离度不变。(　　)

7. 常用的一些酸碱，如 HCl、$H_2C_2O_4$、H_2SO_4、NaOH、Na_2CO_3 都不能用作基准物质。　(　　)

8. 酸碱滴定中被测物与滴定剂溶液浓度各变化 10 倍，滴定突跃范围相应增加 2 个 pH。　(　　)

9. 失去部分结晶水的硼砂作为标定盐酸的基准物质，将使标定结果偏高。　(　　)

10. 甲醛与铵盐反应生成的酸可用 NaOH 溶液滴定，且 n(NaOH)∶n(酸)=1∶3。　(　　)

三、计算题

1. 在 20 cm^3 0.30 mol · L^{-1} 的 $NaHCO_3$ 溶液中加入 0.20 mol · L^{-1} 的 Na_2CO_3 溶液后，溶液的 pH=10.00，试求加入 Na_2CO_3 溶液的体积。已知 H_2CO_3 的 $K_{a1}^\ominus=4.46\times10^{-7}$，$K_{a2}^\ominus=4.68\times10^{-11}$。

2. 已知 $NH_3 \cdot H_2O$ 的 $K_b^\ominus=1.8\times10^{-5}$，现有 1.0 L 0.10 mol · L^{-1} 的 $NH_3 \cdot H_2O$，试求：

(1) $NH_3 \cdot H_2O$ 的 $c(H^+)$。

(2) 加入 10.7g NH_4Cl 后，溶液的 $c(H^+)$（加入 NH_4Cl 后溶液体积的变化忽略不计）。

(3) 加入 NH_4Cl 后，$NH_3 \cdot H_2O$ 的解离度缩小的倍数。

3. 欲使 100 mL 0.10 mol·L^{-1} HCl 溶液的 pH 从 1.00 增加至 4.44，需加入固体 NaAc 多少克？已知 HAc 的 $pK_a=4.74$，Mr(NaAc)＝82.0。

4. 某纯碱试样 1.000 g，溶于水后，以酚酞为指示剂，耗用 0.2500 mol·L^{-1} HCl 溶液 20.40 mL；再以甲基橙为指示剂，继续用 0.2500 mol·L^{-1} HCl 溶液滴定，共耗去 48.86 mL，求试样中各组分的质量分数。

习题 21　沉淀溶解平衡与沉淀滴定法

一、单项选择题(请将正确选项填在下表中相应位置上)

题号	1	2	3	4	5	6	7	8	9	10
答案										
题号	11	12	13	14	15	16	17	18	19	20
答案										

1. 在一定温度下,向饱和 $BaSO_4$ 溶液中加水,下列叙述正确的是(　　)。

A. $BaSO_4$ 的溶解度和 $K_{sp}^{\ominus}$ 均不变　　B. $BaSO_4$ 的溶解度增大

C. $BaSO_4$ 的溶解度和 $K_{sp}^{\ominus}$ 均增大　　D. $BaSO_4$ 的 $K_{sp}^{\ominus}$ 增大

2. 在 NaCl 和 NaBr 溶液中,加入 $AgNO_3$(s),生成 AgCl 和 AgBr 沉淀时,溶液中 $c(Cl^-)/c(Br^-)$ 等于(　　)。

A. $K_{sp}^{\ominus}(AgCl) \cdot K_{sp}^{\ominus}(AgBr)$　　B. $K_{sp}^{\ominus}(AgCl)/K_{sp}^{\ominus}(AgBr)$

C. $K_{sp}^{\ominus}(AgBr)/K_{sp}^{\ominus}(AgCl)$　　D. $[K_{sp}^{\ominus}(AgCl) \cdot K_{sp}^{\ominus}(AgBr)]^{1/2}$

3. 反应 $Ca_3(PO_4)_2(s) + 6F^- \rightleftharpoons 3CaF_2(s) + 2PO_4{}^{3-}$ 的标准平衡常数为(　　)。

A. $K_{sp}^{\ominus}(CaF_2)/K_{sp}^{\ominus}(Ca_3(PO_4)_2)$　　B. $K_{sp}^{\ominus}(Ca_3(PO_4)_2)/K_{sp}^{\ominus}(CaF_2)$

C. $[K_{sp}^{\ominus}(CaF_2)]^3/K_{sp}^{\ominus}(Ca_3(PO_4)_2)$　　D. $K_{sp}^{\ominus}(Ca_3(PO_4)_2)/[K_{sp}^{\ominus}(CaF_2)]^3$

4. 已知氢氧化钴(Ⅲ)的 $K_{sp}^{\ominus}$ 为 2.5×10^{-43},则它在纯水中的摩尔溶解度为(　　)。

A. 9.8×10^{-12}　　B. 2.5×10^{-22}　　C. 5.0×10^{-22}　　D. 2.2×10^{-11}

5. AgCl 与 AgI 的 $K_{sp}^{\ominus}$ 之比为 2×10^{6},若将同浓度的 Ag^+(1×10^{-5} mol·L^{-1})分别加到具有相同浓度 Cl^- 和 I^-(浓度为 1×10^{-5} mol·L^{-1})的溶液中,则可能发生的现象是(　　)。

A. Cl^- 及 I^- 以相同量沉淀　　B. I^- 沉淀较多

C. Cl^- 沉淀较多　　D. 不能确定

6. 已知 $K_b^{\ominus}(NH_3)=1.8\times10^{-5}$,$M(CdCl_2)=183.3$ g·mol^{-1},$Cd(OH)_2$ 的 $K_{sp}^{\ominus}=2.5\times10^{-14}$。现往 40 mL 0.3 mol·$L^{-1}$ 氨水与 20 mL 0.3 mol·L^{-1} 盐酸的混合溶液中加入 0.22 g $CdCl_2$ 固体,达到平衡后则(　　)。

A. 生成 $Cd(OH)_2$ 沉淀　　B. 无 $Cd(OH)_2$ 沉淀

C. 生成碱式盐沉淀　　D. $CdCl_2$ 固体不溶

7. Ag_3PO_4($K_{sp}^{\ominus}=1.4\times10^{-16}$)在 0.10 mol·$L^{-1}$ 的 Na_3PO_4 溶液中的溶解度为(　　)。

A. 1.1×10^{-5} mol·L^{-1}　　B. 1.1×10^{-6} mol·L^{-1}

C. 3.7×10^{-6} mol·L^{-1}　　D. 1.7×10^{-6} mol·L^{-1}

8. $CaCO_3$ 在下列溶液中溶解度最大的是(　　)。

A. 0.10 mol·L^{-1} HAc　　B. 0.10 mol·L^{-1} $CaCl_2$

C. 纯水　　D. 0.50 mol·L^{-1} Na_2CO_3

9. 将 Ag_2CrO_4 固体加入 Na_2S 溶液中,大部分 Ag_2CrO_4 将转化为 Ag_2S,原因是(　　)。

A. $CrO_4{}^{2-}$ 的氧化性比 S^{2-} 强　　B. Ag_2CrO_4 的溶解度比 Ag_2S 的大

C. CrO_4^{2-} 的半径比 S^{2-} 的大　　D. Ag_2CrO_4 的溶解度比 Ag_2S 的小

10. 准确移取饱和 $Ca(OH)_2$ 溶液 50.00 mL，用 0.05000 $mol \cdot L^{-1}$ HCl 标准溶液滴定，滴定终点时耗去 20.00 mL，计算 $Ca(OH)_2$ 的溶度积为(　　)。

A. 1.6×10^{-5}　　B. 1.0×10^{-6}　　C. 2.0×10^{-6}　　D. 4.0×10^{-6}

11. 已知 AgBr 和 Ag_2CO_3 的溶度积常数分别为 5.35×10^{-13} 和 8.46×10^{-12}，在含有相同浓度 Br^- 和 CO_3^{2-} 的混合溶液中滴加 $AgNO_3$ 溶液，将看到的是(　　)。

A. AgBr 先沉淀，Ag_2CO_3 后沉淀　　B. Ag_2CO_3 先沉淀，AgBr 后沉淀

C. 仅出现 AgBr 沉淀　　D. 仅出现 Ag_2CO_3 沉淀

12. 对 MA 型难溶盐，下列判断正确的是(　　)。

A. 溶液中 $c(M^+)c(A^-)=K_{sp}^{\ominus}$

B. 溶液中 $c(M^+)>c(A^-)$

C. 溶液与沉淀共存时，溶液中 $c(M^+)c(A^-)=K_{sp}^{\ominus}$

D. 溶液与沉淀共存时，溶液中 $c(M^+)>c(A^-)$

13. 已知 $Ni(OH)_2$ 的 $K_{sp}^{\ominus}=5.48\times10^{-16}$，饱和 $Ni(OH)_2$ 溶液的 pH 为(　　)。

A. 4.99　　B. 5.29　　C. 8.71　　D. 9.01

14. 下列叙述中，正确的是(　　)。

A. $Al_2(SO_4)_3$ 与 Na_2CO_3 溶液混合后肯定会产生 CO_2 气体

B. 向 KCl 饱和溶液中通入 HCl 气体，将有 KCl 晶体析出

C. $NaHCO_3$ 是酸式盐，其水溶液呈酸性

D. 溶度积大的难溶盐，其溶解度肯定大

15. 已知难溶化合物 AB 和 A_2B 的溶度积分别为 4.0×10^{-10} 和 3.2×10^{-11}，则两者在水中的溶解度为(　　)。

A. $s(AB)>s(A_2B)$　　B. $s(AB)<s(A_2B)$

C. $s(AB)=s(A_2B)$　　D. 不能确定

16. 在 Ag_2CrO_4 的饱和溶液中加入 HNO_3 溶液，则(　　)。

A. 沉淀增加　　B. 沉淀溶解　　C. 无现象发生　　D. 无法判断

17. 向 0.10 $mol \cdot L^{-1}$ HCl 溶液中通入 H_2S 气体至饱和，然后向其中加入 Mn^{2+} 和 Pb^{2+}，使 Mn^{2+} 和 Pb^{2+} 浓度均为 0.1 $mol \cdot L^{-1}$，此时将发生(　　)。

A. Pb^{2+} 沉淀，Mn^{2+} 不沉淀　　B. Mn^{2+} 沉淀，Pb^{2+} 不沉淀

C. 两种离子均沉淀　　D. 溶液澄清

18. 已知 AgOH 和 Ag_2CrO_4 的溶度积分别为 1.52×10^{-8} 和 1.2×10^{-12}。若某溶液中含有 0.010 $mol \cdot L^{-1}$ 的 CrO_4^{2-}，逐滴加入 $AgNO_3$ 溶液可生成 Ag_2CrO_4 沉淀。但若溶液的 pH 较大，就可能先生成 AgOH 沉淀，不生成 AgOH 沉淀的 pH(　　)。

A. <7　　B. <9.7　　C. <11.14　　D. >12.6

19. 在一混合离子的溶液中，$c(Cl^-)=c(Br^-)=c(I^-)=0.0001\ mol \cdot L^{-1}$，若滴加 $1.0\times10^{-5}\ mol \cdot L^{-1}$ $AgNO_3$ 溶液，则出现沉淀的顺序为(　　)。

A. AgBr>AgCl>AgI　　B. AgI>AgCl>AgBr

C. AgI>AgBr>AgCl　　D. AgCl>AgBr>AgI

20. 用佛尔哈德法测定溶液中 Cl^- 时，所选用的指示剂为(　　)。

A. K_2CrO_4　　B. 荧光黄　　C. $K_2Cr_2O_7$　　D. 铁铵矾

二、是非题(请将"√"和"×"填在下表中相应的位置上)

题号	1	2	3	4	5	6	7	8	9	10
答案										

1. 已知 $K_{sp}^{\ominus}(Ag_2CrO_4)=1.1\times10^{-12}$,$K_{sp}^{\ominus}(AgCl)=1.8\times10^{-10}$,则在 Ag_2CrO_4 饱和溶液中的 $c(Ag^+)$小于 AgCl 饱和溶液中的 $c(Ag^+)$。　(　　)

2. 已知 MX 是难溶盐,可推知 $K^{\ominus}(M^{2+}/MX)<K^{\ominus}(M^{2+}/M^+)$。　(　　)

3. 溶度积常数相同的两物质,溶解度也相同。　(　　)

4. 溶液中若同时存在两种离子都能与沉淀剂发生沉淀反应,则加入沉淀剂总会同时产生两种沉淀。　(　　)

5. 沉淀剂用量越大,沉淀越完全。　(　　)

6. CuS 不溶于 HCl,但可溶于浓 HNO_3。　(　　)

7. 等物质的量的 NaCl 溶液与 $AgNO_3$ 溶液混合后,全部生成 AgCl 沉淀,因此,溶液中无 Cl^- 和 Ag^+ 存在。　(　　)

8. 莫尔法可以用于测定 Cl^-、Br^-、I^- 等与 Ag^+ 生成沉淀的离子。　(　　)

9. 佛尔哈德法应在酸性条件下测定。　(　　)

10. 难溶电解质 AB_2 的平衡反应式为 $AB_2(s)\rightleftharpoons A^{2+}(aq)+2B^-(aq)$,当达到平衡时,难溶物 AB_2 的溶解度 s 与溶度积 $K_{sp}^{\ominus}$ 的关系为 $s=\sqrt[3]{\frac{K_{sp}^{\ominus}}{4}}$。　(　　)

三、计算题

1. 试通过计算说明:

(1) AgCl 和 Ag_2CrO_4 在水溶液中溶解度的相对大小。

(2) Ag_2CrO_4 分别在 0.01 $mol\cdot L^{-1}$ $AgNO_3$溶液和 0.01 $mol\cdot L^{-1}$ K_2CrO_4 溶液中溶解度的相对大小。已知:$K_{sp}^{\ominus}(AgCl)=1.8\times10^{-10}$,$K_{sp}^{\ominus}(Ag_2CrO_4)=1.1\times10^{-12}$。

2. 在 0.10 L 含 0.10 $mol\cdot L^{-1}$ Cu^{2+} 和 0.10 $mol\cdot L^{-1}$ H^+ 的溶液中,通入 H_2S 使其达到饱和。计算留在溶液中的 Cu^{2+} 的质量。已知:$K_{sp}^{\ominus}(CuS)=6.30\times10^{-36}$;$H_2S$ 的 $K_{a1}^{\ominus}=1.07\times10^{-7}$,$K_{a2}^{\ominus}=1.26\times10^{-13}$。

习题 22　氧化还原平衡与氧化还原滴定法

一、单项选择题(请将正确选项填在下表中相应位置上)

题号	1	2	3	4	5	6	7	8	9	10
答案										
题号	11	12	13	14	15	16	17	18	19	20
答案										

1. 向 $FeCl_3$ 溶液中加入少量 KI,反应的结果是(　　)。

A. 有 I_2 单质析出　　B. 生成 IO_3^-　　C. 生成 FeI_3　　D. 生成 I_3^-

2. 下列反应设计成原电池,不需要惰性金属作电极的是(　　)。

A. $H_2+Cl_2 = 2HCl$　　B. $Ag^+ + I^- = AgI\downarrow$

C. $H^+ + OH^- = H_2O$　　D. $Zn+2H^+ = Zn^{2+} + H_2\uparrow$

3. 若氧化还原反应的两个电对的电极电势差值为 E,下列判断正确的是(　　)。

A. E 值越大,反应速率越快　　B. E 值越大,反应自发进行的趋势越大

C. E 值越大,反应速率越慢　　D. E 值越大,反应自发进行的趋势越小

4. 下列氧化剂中,只能将 Cl^-、Br^- 和 I^- 混合溶液中的 I^- 氧化的是(　　)。

A. $KMnO_4$　　B. $K_2Cr_2O_7$　　C. $FeCl_3$　　D. Co_2O_3

5. 下列物质加入电池负极溶液中,使 $Zn^{2+}/Zn—H^+/H_2$ 组成的原电池电动势增大的是(　　)。

A. $ZnSO_4$ 固体　　B. Zn 粒　　C. Na_2S 溶液　　D. Na_2SO_4 固体

6. 饱和甘汞电极为正极,玻璃电极为负极,测得下列溶液电动势最大的是(　　)。

A. 0.10 $mol\cdot L^{-1}$ HCl　　B. 0.10 $mol\cdot L^{-1}$ Na_2S

C. 0.10 $mol\cdot L^{-1}$ H_2S　　D. 0.10 $mol\cdot L^{-1}$ Na_2SO_4

7. 下列各组物质中,能大量共存的是(　　)。

A. Cu^{2+}、Fe^{2+}、Ag　　B. Cu、Ag^+、Sn^{4+}

C. Fe^{2+}、$Cr_2O_7^{2-}$、Mn^{2+}　　D. Co^{2+}、I_2、Sn^{2+}

8. 下列有关标准电极电势的叙述中正确的是(　　)。

A. 同一元素有多种氧化值时,由不同氧化值物种所组成的电对,其标准电极电势不同

B. 电对中有气态物质时,标准电极电势一般是指气体处在 273 K 和 1.00×10^5 Pa 下的电极电势

C. 电对的氧化型和还原型浓度相等时的电极电势就是标准电极电势

D. 由标准电极电势不等的电对组成电池,都可以通过改变氧化型或还原型的物质浓度而改变 $E^{\ominus}$

9. 下列都是常见的氧化剂,其中氧化能力与溶液 pH 值的大小无关的是(　　)。

A. $K_2Cr_2O_7$　　B. PbO_2　　C. O_2　　D. $FeCl_3$

10. 反应 $Zn(s)+2H^+ \rightleftharpoons Zn^{2+} + H_2(g)$ 的平衡常数是(　　)。

A. 2×10^{-33}　　B. 1×10^{-13}　　C. 7×10^{-12}　　D. 5×10^{26}

11. 碘元素在碱性介质中的电势图为：$H_3IO_6^{2-}\xrightarrow{0.70V}IO_3^-\xrightarrow{0.14V}IO^-\xrightarrow{0.45V}I_2\xrightarrow{0.53V}I^-$；对该图的理解或应用中，错误的是(　　)。

A. $E^\ominus(IO_3^-/I_2)=0.20$ V

B. I_2和 IO^-都可发生歧化

C. IO^-歧化成 I_2和 IO_3^-的反应倾向最大

D. I_2歧化的反应方程式为：$I_2+H_2O \rightleftharpoons I^-+IO^-+2H^+$

12. 用 Fe^{3+}滴定 Sn^{2+}时，下列有关滴定曲线的叙述中，不正确的是(　　)。

A. 滴定百分率为 100%处的电位为计量点电位

B. 滴定百分率为 50%处的电位为 Sn^{4+}/Sn^{2+}电对的条件电位

C. 滴定百分率为 200%处的电位为 Fe^{3+}/Fe^{2+}电对的条件电位

D. 滴定百分率为 25%处的电位为 Sn^{4+}/Sn^{2+}电对的条件电位

13. 用 0.02 mol · L^{-1} $KMnO_4$ 溶液滴定 0.1 mol · L^{-1} Fe^{2+}溶液和用 0.002 mol · L^{-1} $KMnO_4$ 溶液滴定 0.01 mol · L^{-1} Fe^{2+}溶液，两种情况下滴定突跃的大小将(　　)。

A. 相同　　B. 浓度大的滴定突跃大

C. 浓度小的滴定突跃大　　D. 无法判断

14. 用氧化还原法测定 Ba 的含量时，先将 Ba^{2+}沉淀为 $Ba(IO_3)_2$，过滤，洗涤后溶于酸，加入过量 KI 溶液，析出的 I_2用 $Na_2S_2O_3$ 标准溶液滴定，则 $BaCl_2$ 与 $Na_2S_2O_3$ 的物质的量之比为(　　)。

A. 1∶2　　B. 1∶12　　C. 1∶3　　D. 1∶6

15. 测定维生素 C 的分析方法是(　　)。

A. EDTA 法　　B. 酸碱滴定法　　C. 重铬酸钾法　　D. 碘量法

16. 在酸性介质中，用 $KMnO_4$ 溶液滴定草酸盐，滴定应(　　)。

A. 像酸碱滴定那样快速进行　　B. 在开始时缓慢进行，以后逐渐加快

C. 始终缓慢地进行　　D. 开始时快，然后缓慢

17. 用 $Na_2C_2O_4$ 基准物质标定 $KMnO_4$ 溶液，应掌握的条件有(　　)。

A. 终点时，粉红色应保持不褪色　　B. 温度在 75～85 ℃

C. 需加入 Mn^{2+}催化剂　　D. 滴定速度开始要快

18. $K_2Cr_2O_7$ 法测定铁时，不是加入 H_2SO_4-H_3PO_4 的作用有(　　)。

A. 提供必要的酸度　　B. 掩蔽 Fe^{3+}

C. 提高 $E(Fe^{3+}/Fe^{2+})$　　D. 降低 $E(Fe^{3+}/Fe^{2+})$

19. 已知在 1 mol · L^{-1} HCl 介质中，用 $K_2Cr_2O_7$ 滴定 Fe^{2+}，化学计量点时 $E_{sp}=1.1$ V，选择下列指示剂中的(　　)最合适。

A. 二苯胺($E^\ominus=0.76$ V)　　B. 二甲基邻二氮菲($E^\ominus=0.97$ V)

C. 亚甲基蓝($E^\ominus=0.53$ V)　　D. 中性红($E^\ominus=0.24$ V)

20. 间接碘量法中正确使用淀粉指示剂的做法是(　　)。

A. 滴定开始时就应该加入指示剂　　B. 为使指示剂变色灵敏，应适当加热

C. 指示剂须终点时加入　　D. 指示剂必须在接近终点时加入

二、是非题(请将“√”和“×”填在下表中相应的位置上)

题号	1	2	3	4	5	6	7	8	9	10
答案										

1. 在酸性溶液中,$Br_2(l)$可以将 Cr^{3+} 氧化为 CrO_4^{2-}。　(　　)

2. 原电池中电子由负极经导线流到正极,再由正极经溶液流到负极,从而构成了回路。　(　　)

3. 已知 298 K 标准态下,下列反应自发正向进行:$2Fe^{3+}+Cu$ ══ $Cu^{2+}+2Fe^{2+}$,$Fe+Cu^{2+}$ ══ $Cu+Fe^{2+}$,则反应物中最强的氧化剂和最强的还原剂分别是 Fe^{3+} 和 Fe。　(　　)

4. 对于 A、B 两个氧化还原反应,如果 $E_A^\ominus > E_B^\ominus$,则反应 A 比反应 B 进行得完全。(　　)

5. 将标准氢电极中 H^+ 浓度和 H_2 的分压均减小为原数值的一半,其电极电势为−0.009 V。　(　　)

6. 用 Pt 作电极电解 $MgSO_4$ 溶液时,阳极将析出 H_2。　(　　)

7. 酸碱指示剂的变色是由得失 H^+ 引起的,同样氧化还原指示剂的变色一定是由得失电子所造成的。　(　　)

8. 条件电极电势是考虑溶液中存在副反应及离子强度影响之后的实际电极电势。　(　　)

9. 氧化还原滴定中,影响电势突跃范围大小的主要因素是电对的电势差,而与溶液的浓度几乎无关。　(　　)

10. 间接碘量法的主要误差来源为 I^- 的氧化和 I_2 的挥发。　(　　)

三、完成下列氧化还原反应方程式

1. $KMnO_4(aq)+H_2O_2(aq)+H_2SO_4(aq) \longrightarrow MnSO_4(aq)+K_2SO_4(aq)+O_2(g)$。

2. $As_2S_3(s)+ClO_3^-(aq) \longrightarrow Cl^-(aq)+H_2AsO_4^-(aq)+SO_4^{2-}(aq)$。

3. $Na_2S_2O_3(aq)+I_2(aq) \longrightarrow Na_2S_4O_6(aq)+NaI(aq)$。

4. $CH_3OH(aq)+Cr_2O_7^{2-}(aq) \longrightarrow CH_2O(aq)+Cr^{3+}(aq)$。

5. $PbO_2(s)+Mn^{2+}(aq)+SO_4^{2-}(aq) \longrightarrow PbSO_4(s)+MnO_4^-(aq)$。

6. $ClO^-(aq)+Fe(OH)_3(s) \longrightarrow Cl^-(aq)+FeO_4^{2-}(aq)$。

7. $Br_2(l)+IO_3^-(aq) \longrightarrow Br^-(aq)+IO_4^-(aq)$。

8. $Ag_2S(s)+Cr(OH)_3(s) \longrightarrow Ag(s)+HS^-(aq)+CrO_4^{2-}(aq)$。

9. $CrI_3(s) + Cl_2(g) \longrightarrow CrO_4^{2-}(aq) + IO_4^-(aq) + Cl^-(aq)$。

10. $Cr(OH)_4^-(aq) + H_2O_2(s) \longrightarrow CrO_4^{2-}(aq) + H_2O(l)$。

四、计算题

1. 某原电池中的一个半电池是由金属钴浸在 1.0 mol · L^{-1} Co^{2+} 溶液中组成的；另一半电池则由铂(Pt)片浸在 1.0 mol · L^{-1} Cl^- 的溶液中，并不断通入 Cl_2($p(Cl_2)$＝100.0 kPa)组成。测得其电动势为 1.642 V，钴电极为负极。回答下列问题：

(1) 写出电池反应方程式；

(2) 计算 $E^{\ominus}(Co^{2+}/Co)$；

(3) $p(Cl_2)$增大时，电池的电动势将如何变化？

(4) 当 Co^{2+} 浓度为 0.010 mol · L^{-1}，其他条件不变时，电池的电动势是多少伏？已知：$E^{\ominus}(Cl_2/Cl^-)$＝1.36 V。

2. 称取软锰矿试样 0.5000 g，加入 0.7500 g $H_2C_2O_4 \cdot 2H_2O$ 及稀硫酸，加热至反应完全。过量的草酸用 30.00 mL 0.02000 mol · L^{-1} 的 $KMnO_4$ 滴定至终点，求软锰矿的氧化能力(以 ω_{MnO_2} 表示)。

3. 准确称取酒精试样 5.00 g，置于 1 L 容量瓶中，用水稀释至刻度。取 25.00 mL 加入稀硫酸酸化，再加入 0.0200 mol·L^{-1} $K_2Cr_2O_7$ 标准溶液 50.00 mL，发生下列反应：

$$3C_2H_5OH + 2Cr_2O_7^{2-} + 16H^+ = 4Cr^{3+} + 3CH_3COOH + 11H_2O$$

待反应完全后，加入 0.1253 mol·L^{-1} Fe^{2+} 溶液 20.00 mL，再用 0.0200 mol·L^{-1} $K_2Cr_2O_7$ 标准溶液回滴剩余的 Fe^{2+}，消耗 $K_2Cr_2O_7$ 标准溶液 7.46 mL。计算试样中 C_2H_5OH 的质量分数。

4. 称取含苯酚试样 1.220 g，用水溶解后全部转移至 1000 mL 容量瓶中定容。吸取此溶液 25.00 mL，加入 $KBrO_3$ 浓度为 0.01667 mol·L^{-1} 的 $KBrO_3$ + KBr 溶液 30.00 mL，再加 HCl 溶液酸化并放置。待反应完全后，加入过量 KI 溶液，再用 0.1100 mol·L^{-1} $Na_2S_2O_3$ 标准溶液滴定生成 I_2，耗去 11.80 mL，求试样中苯酚的含量。

习题23 物质结构(一)

一、单项选择题(请将正确选项填在下表中相应位置上)

题号	1	2	3	4	5	6	7	8	9	10
答案										
题号	11	12	13	14	15	16	17	18	19	20
答案										

1. 通过 α 粒子散射实验,提出原子有核模型的科学家是(　　)。

A. Thomson　　B. Bohr　　C. Rutherford　　D. Planck

2. 原子轨道角度分布图中,从原点到曲面的距离表示的是(　　)。

A. Ψ 值的大小　　B. r 值的大小　　C. Y 值的大小　　D. $4\pi r^2 dr$ 值的大小

3. 主量子数 $n=4$ 时,原子核外在该层的原子轨道数为(　　)。

A. 4 个　　B. 7 个　　C. 9 个　　D. 16 个

4. 下列各组量子数中,可以描述核外电子运动状态的是(　　)。

A. $n=3, l=0, m=+1, m_s=-1/2$　　B. $n=5, l=2, m=+2, m_s=+1/2$

C. $n=4, l=3, m=-4, m_s=-1/2$　　D. $n=2, l=2, m=0, m_s=+1/2$

5. 原子序数为 11 的元素的最外层电子的四个量子数为(　　)。

A. $n=1, l=0, m=0, m_s=+1/2$　　B. $n=2, l=1, m=0, m_s=+1/2$

C. $n=3, l=0, m=0, m_s=+1/2$　　D. $n=4, l=0, m=0, m_s=+1/2$

6. 对同一原子中主量子数相同的原子轨道,能量低的(　　)。

A. 屏蔽效应大,钻穿效应大　　B. 屏蔽效应小,钻穿效应大

C. 屏蔽效应大,钻穿效应小　　D. 屏蔽效应小,钻穿效应小

7. 第五周期元素原子中,未成对电子数最多的为(　　)。

A. 4 个　　B. 5 个　　C. 6 个　　D. 7 个

8. 在第四周期的元素中,具有 1 个未成对电子的元素有(　　)。

A. 2 种　　B. 3 种　　C. 4 种　　D. 5 种

9. 元素周期表的非放射性元素中,具有 6 个未成对电子的元素种类有(　　)。

A. 3 种　　B. 4 种　　C. 5 种　　D. 6 种

10. 位于第五周期 VA 族元素的基态原子中,符合量子数 $n=0$ 的电子数有(　　)。

A. 22 个　　B. 21 个　　C. 15 个　　D. 10 个

11. 下列离子的电子构型可以用[Ar]$3d^5$ 表示的是(　　)。

A. Mn^{2+}　　B. Fe^{2+}　　C. Co^{2+}　　D. Ni^{2+}

12. 在前四周期的 36 种元素中,原子最外层未成对电子数与其电子层数相等的元素有(　　)。

A. 6 种　　B. 5 种　　C. 4 种　　D. 3 种

13. 下列元素中,属于镧系元素的是(　　)。

A. Ti　　B. Tb　　C. Sc　　D. Ru

14. 下列各对元素中,性质差异最大的是(　　)。

A. Nb 和 Ta　　B. Ti 和 V　　C. Zr 和 Hf　　D. Mo 和 W

15. 下面对离子半径大小的顺序判断正确的是(　　)。

A. $F^- > Na^+ > Mg^{2+} > Al^{3+}$　　B. $Na^+ > Mg^{2+} > Al^{3+} > F^-$

C. $Al^{3+} > Mg^{2+} > Na^+ > F^-$　　D. $F^- > Al^{3+} > Mg^{2+} > Na^+$

16. 下列元素中,基态原子的第一电离能最小的是(　　)。

A. Be　　B. B　　C. C　　D. N

17. 从 P 和 S、Mg 和 Ca、Al 和 Si 三组原子中,分别找出第一电离能较高的原子,这三种原子的原子序数之和是(　　)。

A. 40　　B. 48　　C. 41　　D. 49

18. 下列元素中,电负性最小的是(　　)。

A. N　　B. Cl　　C. O　　D. S

19. 价电子构型为 $4f^7 5d^1 6s^2$ 的元素在周期表中属于(　　)。

A. 第四周期ⅦB 族　　B. 第五周期ⅢB 族

C. 第六周期ⅦB 族　　D. 镧系元素

20. 下列元素中,第一电子亲和能最小的是(　　)。

A. O　　B. F　　C. S　　D. Cl

二、是非题(请将"√"和"×"填在下表中相应的位置上)

题号	1	2	3	4	5	6	7	8	9	10
答案										

1. 波函数 $\Psi_{4,2,2,+1/2}$ 可用于表示原子轨道。(　　)

2. 氢原子中只有 1 个电子,故氢原子只有一个轨道。(　　)

3. 3d 电子的径向分布函数图有 3 个峰。(　　)

4. 主量子数 n 相同,角量子数愈大,电子的屏蔽作用愈大。(　　)

5. 原子中 3d 电子的能量一定大于 4s 电子的能量。(　　)

6. 发生焰色反应的原因是它们的原子或离子受热时,电子容易被激发,当电子从较高能级跃迁到较低能级时,相应的能量以光的形式释放出来,产生连续光谱。(　　)

7. 某元素+2 价离子的电子分布为$[Ar]3d^{10}4s^1$,该元素在周期表中的分区为 ds 区。(　　)

8. 由于镧系收缩的缘故,元素周期表中,第一过渡系与第二过渡系元素性质的差异大于第二过渡系与第三过渡系元素性质的差异。(　　)

9. 第二电离能最大的元素所具有的电子结构是 $1s^2 2s^2$。(　　)

10. 由两元素的电负性值,可以预测分子的偶极矩。(　　)

三、不翻看元素周期表,试完成下表

原子序数	电子排布式	价层电子构型	周期	族	结构分区
24					
	$[Ne]3s^2 3p^6$				
		$4s^2 4p^5$			
			5	ⅡB	

四、简答题

1. 试说明 4 个量子数的物理意义和取值范围。

2. 有 A、B 两元素，A 原子的 M 层和 N 层的电子数分别比 B 原子的 M 层和 N 层的电子数少 5 个，常温下 A 的单质为固体，B 的单质不是固体。请给出 A 和 B 的元素符号和价电子构型；A 和 B 的单质直接化合所生成产物的化学式。

3. 有 A、B、C、D、E、F 共 6 种元素，试按下列条件推断各元素在周期表中的位置和元素符号，并给出各元素的价电子构型。

(1) A、B、C 为同一周期活泼金属元素，原子半径满足 A＞B＞C，已知 C 有 3 个电子层。

(2) D、E 为非金属元素，与氢结合生成 HD 和 HE。室温下 D 的单质为液体，E 的单质为固体。

(3) F 为金属元素，它有 4 个电子层且有 6 个单电子。

4. A、B 和 C 3 种元素的原子最后一个电子填充在相同的能级组轨道上，B 的核电荷数比 A 大 9 个单位，C 的质子数比 B 多 7 个单位，1 mol A 单质同酸反应置换出 1 g H_2，同时转化为具有氩原子电子层结构的离子。试判断 A、B、C 各为什么元素；写出 A、B 同 C 反应所生成的化合物的分子式。

习题 24　物质结构(二)

一、单项选择题(请将正确选项填在下表中相应位置上)

题号	1	2	3	4	5	6	7	8	9	10
答案										
题号	11	12	13	14	15	16	17	18	19	20
答案										

1. 下列分子中,原子的电子都满足路易斯结构式要求的是(　　)。

A. $BeCl_2$　B. $SOCl_2$　C. BCl_3　D. PCl_5

2. 下列分子中,存在 π 配键的是(　　)。

A. SO_2　B. NH_3　C. H_3BO_3　D. CO

3. 下列分子或离子中,中心原子价层电子对数和配体数不相同的是(　　)。

A. SCl_4　B. BCl_3　C. NH_4^+　D. PCl_6^-

4. 下列分子中,中心原子杂化类型与其他分子不同的是(　　)。

A. SO_2　B. O_3　C. CO_2　D. NO_2

5. 下列晶体中,具有正四面体空间网状结构(原子以 sp^3 杂化轨道键合)的是(　　)。

A. 金刚石　B. 石墨　C. 干冰　D. 铝

6. 下列分子中不呈直线形的是(　　)。

A. $HgCl_2$　B. CO_2　C. H_2O　D. CS_2

7. 下列分子中,不存在离域 π 键的是(　　)。

A. O_3　B. SO_3　C. HNO_3　D. HNO_2

8. 不列叙述中错误的是(　　)。

A. 分子的偶极矩是键矩的矢量和

B. 键离解能可作为衡量化学键牢固程度的物理量

C. 键长约等于两个原子的共价半径之和

D. 所有单质分子的偶极矩都等于 0

9. 下列化合物中,键的极性最弱的是(　　)。

A. $FeCl_3$　B. $AlCl_3$　C. PCl_5　D. $SiCl_4$

10. 根据杂化轨道理论,下列叙述不正确的是(　　)。

A. 成键时原子轨道的重新组合过程称为杂化

B. 通过杂化形成的杂化轨道数目等于参与杂化的原子轨道数目

C. 杂化轨道的类型决定分子的几何构型

D. 杂化轨道在空间的伸展方向不同,说明其能量不同

11. 离子 CN_2^{2-} 的几何构型为

A. 角形　B. 直线形　C. 三角形　D. 四面体

12. 下列分子或离子中，中心原子的轨道采取不等性杂化的是(　　)。

A. SO_3　B. CCl_4　C. NH_4^+　D. IF_5

13. 下列分子或离子中，键角最大的是(　　)。

A. XeF_2　B. NH_3　C. BCl_3　D. PCl_4^+

14. 下列各对双原子分子中，都具有顺磁性的是(　　)。

A. O_2，N_2　B. C_2，N_2　C. B_2，O_2　D. CO，C_2

15. 下列分子或离子中，互为等电子体的是(　　)。

A. CO，NO，HCl，N_2　B. SO_2，NO_2^+，N_3^-，OCN^-

C. CO_3^{2-}，NO_3^-，BCl_3，SO_3　D. NH_3，PH_3，ICl_3，SO_3

16. 下列分子或离子中，不能形成分子间氢键的是(　　)。

A. HF　B. HF_2^-　C. H_2O　D. HNO_3

17. 下列各对物质中，对沸点高低顺序判断不正确的是(　　)。

A. $HF > NH_3$　B. $O_2 > N_2$　C. $H_2 > He$　D. $SiH_4 > PH_3$

18. 下列判断中，正确的是(　　)。

A. 极性分子中的化学键都有极性

B. 相对分子质量越大，分子间力越大

C. HI 分子间力比 HBr 的大，故 HI 没有 HBr 稳定

D. 双键和三键都是重键

19. 下列离子中，变形性最大的是(　　)。

A. O^{2-}　B. S^{2-}　C. F^-　D. Cl^-

20. 下列化合物中，正负离子间附加极化作用最强的是(　　)。

A. AgCl　B. HgS　C. ZnI_2　D. $PbCl_2$

二、是非题(请将"√"和"×"填在下表中相应的位置上)

题号	1	2	3	4	5	6	7	8	9	10
答案										

1. 气态 SO_3 为平面三角形，硫原子以 sp^2 方式杂化，分子中共包括两个 σ 键和一个四中心六电子大 π 键。(　　)

2. 原子形成共价键的数目，等于气态原子的未成对电子数。(　　)

3. 熔融 SiO_2 晶体，需要克服的作用力主要是离子键。(　　)

4. 按照分子轨道理论，O_2 分子中最高能级的电子所处的分子轨道是 π_{2p}^*。(　　)

5. 最外层电子构型为 $ns^{1\sim2}$ 的元素不一定都在 s 区。(　　)

6. 不同原子的原子光谱不同，因为原子核内的质子数与中子数不同。(　　)

7. 两原子间可形成多重键，但最多只能有一个 σ 键，其余为 π 键。(　　)

8. 氢原子 s 轨道波函数的角度部分与 θ 和 ϕ 有关。(　　)

9. 共价型化合物的熔点、沸点较低是因为共价结合力较弱。(　　)

10. 氢键的键能大小与分子间力相近，因而两者之间没有区别。(　　)

三、问答题

1．写出下列分子或离子中心原子所采用的杂化轨道类型，并填入下表。

分子或离子	NCl_3	SF_4	$CHCl_3$	H_3O^+	NH_4^+	PCl_6^-	IF_3
杂化轨道类型							

2．NF_3的偶极矩远小于 NH_3 的偶极矩，但前者的电负性差远大于后者。如何解释这一矛盾现象？

3．比较下列各对物质的热稳定性，并简要说明原因。

（1）Na_2CO_3 和 $NaHCO_3$；（2）$CaCO_3$ 和 $MnCO_3$。

4．试用分子轨道理论解释 Na_2O_2 中的 O_2^{2-}是抗磁性的，而 KO_2 中的 O_2^-是顺磁性的。

习题 25　配位化合物与配位滴定

一、单项选择题(请将正确选项填在下表中相应位置上)

题号	1	2	3	4	5	6	7	8	9	10
答案										
题号	11	12	13	14	15	16	17	18	19	20
答案										

1. 下列配合物中属于弱电解质的是(　　)。

A. $[Ag(NH_3)_2]Cl$　　B. $K_3[FeF_6]$　　C. $[Co(en)_3]Cl_2$　　D. $[PtCl_2(NH_3)_2]$

2. 下列命名正确的是(　　)。

A. $[Co(ONO)(NH_3)_5Cl]Cl_2$,亚硝酸根二氯·五氨合钴(Ⅲ)

B. $[Co(NO_2)_3(NH_3)_3]$,三亚硝基·三氨合钴(Ⅲ)

C. $[CoCl_2(NH_3)_3]Cl$,氯化二氯·三氨合钴(Ⅲ)

D. $[CoCl_2(NH_3)_4]Cl$,氯化四氨·氯气合钴(Ⅲ)

3. 某元素作为中心离子所形成的配离子呈八面体形结构,该离子的配位数可能是(　　)。

A. 2　　B. 4　　C. 6　　D. 8

4. 在硫酸四氨合铜溶液中滴加 $BaCl_2$ 溶液,有白色沉淀产生,而滴加 NaOH 溶液无变化。滴加 Na_2S 溶液时则有黑色沉淀生成,上述实验证明(　　)。

A. 溶液中有大量的 SO_4^{2-}

B. $c(Cu^{2+})\cdot c^2(OH^-)<K_{sp}^{\ominus}[Cu(OH)_2]$

C. $c(Cu^{2+})\cdot c(S^{2-})>K_{sp}^{\ominus}(CuS)$,溶液中仍有微量的 Cu^{2+}

D. 以上三种均是

5. 下列叙述正确的是(　　)。

A. 配合物由正负离子组成

B. 配合物由中心离子(或原子)与配位体以配位键结合而成

C. 配合物由内界与外界组成

D. 配合物中的配位体是含有未成键的离子

6. 下列配合物的配位体中既有共价键又有配位键的是(　　)。

A. $[Cu(en)_2]SO_4$　　B. $[Ag(NH_3)_2]Cl$　　C. $Fe(CO)_5$　　D. $K_4[Fe(CN)_6]$

7. 下列说法中正确的是(　　)。

A. 配位原子的孤电子对越多,其配位能力就越强

B. 电负性大的元素充当配位原子,其配位能力就强

C. 能够供两个或两个以上配位原子的多齿配体只能是有机物分子

D. 内界中有配位键,也可能存在共价键

8. Fe^{3+} 离子能与下列哪种配位体形成具有五元环的螯合离子

A. CO_3^{2-}　　B. $CH_3COCH_2COCH_3$

C. $^-OOCCH_2CH_2COO^-$　　D. $^-OOCCH_2COO^-$

9. 对于一些难溶于水的金属化合物，加入配位剂后，使其溶解度增加，其原因是(　　)。

A. 产生盐效应　　B. 配位剂与阳离子生成配合物，溶液中金属离子浓度增加

C. 使其分解　　D. 阳离子被配位生成配离子，其盐溶解度增加

10. 下列说法中错误的是(　　)。

A. 在某些金属难溶化合物中，加入配位剂，可使其溶解度增大

B. 在 Fe^{3+} 溶液中加入 NaF 后，Fe^{3+} 的氧化性降低

C. 在 $[FeF_6]^{3-}$ 溶液中加入强酸，也不影响其稳定性

D. 在 $[FeF_6]^{3+}$ 溶液中加入强碱，会使其稳定性下降

11. 下列叙述正确的是(　　)。

A. Ca^{2+} 在 $(NH_4)_2C_2O_4$ 酸性溶液中不沉淀，是由于配位效应

B. I_2 溶于 KI 溶液中是由于配位效应

C. CuS 溶解于 HNO_3 溶液中是由于 HNO_3 的酸效应

D. $SnCl_2$ 在水溶液中不溶解是由于 $SnCl_2$ 的溶解度小

12. 在 $[Ag(NH_3)_2]^+$ 溶液中有下列平衡：$[Ag(NH_3)_2]^+ \xrightleftharpoons{K_1} [Ag(NH_3)]^+ + NH_3$，$[Ag(NH_3)]^+ \xrightleftharpoons{K_2} Ag^+ + NH_3$。则 $[Ag(NH_3)_2]^+$ 的不稳定常数为(　　)。

A. K_1+K_2　　B. K_2/K_1　　C. $K_1 \cdot K_2$　　D. K_1/K_2

13. 在叙述 EDTA 溶液以 Y^{4-} 形式存在的分布系数 $\delta(Y^{4-})$ 中，正确的是(　　)。

A. $\delta(Y^{4-})$ 随酸度减小而增大　　B. $\delta(Y^{4-})$ 随 pH 增大而减小

C. $\delta(Y^{4-})$ 随酸度增大而增大　　D. $\delta(Y^{4-})$ 与 pH 无关

14. 在配位滴定中，金属离子与 EDTA 形成配合物越稳定，在滴定时允许的 pH 值(　　)。

A. 越高　　B. 越低　　C. 中性　　D. 不要求

15. EDTA 直接法进行配位滴定时，终点所呈现的颜色是(　　)。

A. 金属指示剂-被测金属配合物的颜色　　B. 游离的金属指示剂的颜色

C. EDTA -被测定金属配合物的颜色　　D. 上述 A 与 C 的混合色

16. 用 EDTA 滴定金属离子，为达到误差≤0.2%，应满足的条件是(　　)。

A. $c \cdot K_a^{\ominus} \geqslant 10^{-8}$　　B. $c \cdot K_f^{\ominus}(MY) \geqslant 10^{-8}$

C. $c \cdot K_f'^{\ominus}(MY) \geqslant 10^6$　　D. $c \cdot K_f^{\ominus}(MY) \geqslant 10^6$

17. 用 EDTA 作滴定剂时，下列叙述中错误的是(　　)。

A. 在酸度较高的溶液中可形成 MHY 配合物

B. 在碱性较高的溶液中，可形成 MOHY 配合物

C. 不论形成 MHY 或 MOHY，均有利于配位滴定反应

D. 不论溶液 pH 值的大小，只形成 MY 一种形式的配合物

18. 配位滴定时，选用指示剂应使 K'_{MIn} 适当小于 K'_{MY}，若 K'_{MY} 过小，会使指示剂(　　)。

A. 变色过晚　　B. 变色过早　　C. 不变色　　D. 无影响

19. 用 EDTA 配合滴定测定水的硬度时，先要标定 EDTA 的准确浓度，标定时应该选用的基准物质是(　　)。

A. $KBrO_3$　　B. $Pb(NO_3)_2$　　C. $CaCO_3$　　D. $K_2Cr_2O_7$

20. 在配合物 $[CoCl_2(NH_3)_3(H_2O)]Cl$ 中，形成体的配位数和氧化值分别为

A. 3，+1　　B. 3，+3　　C. 6，+1　　D. 6，+3

二、是非题(请将"√"和"×"填在下表中相应的位置上)

题号	1	2	3	4	5	6	7	8	9	10
答案										

1. 中心离子的未成对电子数越多,配合物的磁矩越大。( )
2. 配合物由内界和外界组成。( )
3. 配位数是中心离子(或原子)接受配位体的数目。( )
4. $[Ni(CN)_4]^{2-}$ 是反磁性的,以 dsp^2 杂化轨道成键,空间构型为四面体。( )
5. 配合物的几何构型取决于中心离子所采用的杂化类型。( )
6. 配离子的配位键越稳定,其稳定常数越大。( )
7. 在配离子 $[Cu(NH_3)_4]^{2+}$ 解离平衡中,改变体系的酸度,不能使配离子平衡发生移动。( )
8. EDTA 滴定法,目前之所以能够广泛被应用的主要原因是由于它能与绝大多数金属离子形成 1∶1 的配合物。( )
9. 金属指示剂与金属离子生成的配合物越稳定,测定准确度越高。( )
10. 配位滴定中,酸效应系数越小,生成的配合物稳定性越高。( )

三、问答题

用 EDTA 滴定 Ca^{2+}、Mg^{2+} 时,可以用三乙醇胺、KCN 掩蔽 Fe^{3+},但不能使用盐酸羟胺和抗坏血酸。在 pH=1 滴定 Bi^{3+} 时,可使用盐酸羟胺或抗坏血酸掩蔽 Fe^{3+},而三乙醇胺和 KCN 都不能使用,这是为什么?已知 KCN 严禁在 pH<6 的溶液中使用,为什么?

四、计算题

称取 0.5000 g 煤试样,熔融并使其中硫完全氧化成 SO_4^{2-}。溶解并除去重金属离子后。加入 0.05000 $moL \cdot L^{-1}$ $BaCl_2$ 溶液 20.00 mL,使之生成 $BaSO_4$ 沉淀。过量的 Ba^{2+} 用 0.02500 $moL \cdot L^{-1}$ EDTA 滴定,用去 20.00 mL。计算试样中硫的质量分数。

习题 26　仪器分析法选介

一、单项选择题(请将正确选项填在下表中相应位置上)

题号	1	2	3	4	5	6	7	8	9	10
答案										

1. Zn^{2+} 的双硫腙-CCl_4 萃取吸光光度法中，已知萃取液为紫红色络合物，其吸收最大光的颜色为(　　)。

A. 红　　B. 橙　　C. 黄　　D. 绿

2. 有色络合物的摩尔吸光系数，与下列因素中有关系的是(　　)。

A. 比色皿的厚度　　B. 有色络合物浓度　　C. 吸收池材料　　D. 入射光波长

3. 透光率与吸光度的关系是(　　)。

A. $\frac{1}{T}=A$　　B. $\log\frac{1}{T}=A$　　C. $\log T=A$　　D. $T=\log\frac{1}{A}$

4. 朗伯-比尔定律说明：当一束单色光通过均匀有色溶液中，有色溶液的吸光度正比例于(　　)。

A. 溶液的温度　　B. 溶液的酸度

C. 液层的厚度　　D. 溶液的浓度和溶液厚度的乘积

5. 某符合朗伯-比尔定律的有色溶液，当浓度为 c 时，其透光率为 T_o，若浓度增大 1 倍，则此溶液的透光率的对数为(　　)。

A. $T_o/2$　　B. $2T_o$　　C. $1/2\lg T_o$　　D. $2\lg T_o$

6. 有甲、乙两个不同浓度的同一有色物质的溶液，在同一波长下作光度测定，当甲用 1 cm 比色皿、乙用 2 cm 的比色皿时，获得的吸光度值相同，则它们的浓度关系为(　　)。

A. 甲是乙的一半　　B. 甲等于乙　　C. 甲是乙的两倍　　D. 都不是

7. 某有色物质溶液，测得其吸光度为 A_1，经第一次稀释后测得吸光度为 A_2，再稀释一次，测得吸光度为 A_3，已知 $A_1-A_2=0.500$、$A_2-A_3=0.250$。其透光率比值 $T_3:T_2$ 应为(　　)。

A. 1.78　　B. 5.16　　C. 3.16　　D. 5.62

8. 用邻二氮菲光度法测铁含量时，测得其 $c(\text{mol}\cdot\text{L}^{-1})$ 浓度的透光率为 T，当铁浓度为 $1.5c(\text{mol}\cdot\text{L}^{-1})$ 时，在同样测量条件下，其透光率为(　　)。

A. T^2　　B. $T^{1/2}$　　C. $\sqrt{T^3}$　　D. $T^{1/4}$

9. 当某有色溶液用 1 cm 吸收池测得其透光率为 T，若改用 2 cm 吸收池，则透光率应为(　　)。

A. $2T$　　B. $2\lg T$　　C. $T^{1/2}$　　D. T^2

10. 在可见分光光度计中常用的检测器是(　　)。

A. 光电管　　B. 测辐射热器　　C. 硒光电池　　D. 光电倍增管

二、是非题(请将“√”和“×”填在下表中相应的位置上)

题号	1	2	3	4	5	6	7	8	9	10
答案										

1. 物质的颜色是由于选择性地吸收了白光中的某些波长所致，维生素 B_{12} 溶液呈现红色是由于它吸收了白光中的红色光波。（　　）

2. 有色物质溶液只能对可见光范围内的某段波长的光有吸收。（　　）

3. 符合朗伯-比尔定律的有色溶液稀释时，其最大吸收峰的波长位置不移动，但吸收峰降低。（　　）

4. 朗伯-比尔定律的物理意义：当一束平行单色光通过均匀的有色溶液时，溶液的吸光度与吸光物质的浓度和液层厚度的乘积成正比。（　　）

5. 在吸光光度法中，摩尔吸光系数的值随入射光的波长增加而减小。（　　）

6. 吸光系数与入射光波长及溶液浓度有关。（　　）

7. 有色溶液的透光度随着溶液浓度的增大而减小，所以透光度与溶液的浓度成反比。

（　　）

8. 进行吸光光度法测定时，必须选择最大吸收波长的光作入射光。（　　）

9. 朗伯-比尔定律只适用于单色光，入射光的波长范围越狭窄，吸光光度测定的准确度越高。

10. 吸光光度法中所用的参比溶液总是采用不含被测物质和显色剂的空白溶液。（　　）

三、计算题

1. 用 1,10-邻二氮菲比色法测定铁，已知试液中 Fe^{2+} 的浓度为 500 $\mu g \cdot L^{-1}$，比色皿厚度为 2 cm，在波长为 508 nm 处测得吸光度 $A=0.19$。计算 Fe-1,10-邻二氮菲有色配合物的摩尔吸光系数。

2. 用双硫腙比色法测定镉，已知含 Cd^{2+} 浓度为 140 $\mu g \cdot L^{-1}$，比色皿厚度为 2 cm，在波长为 520 nm 处测得透光率为 60.3%，求吸光度、金属离子的摩尔吸光系数。（$M_{Cd}=112.4$）

习题 27　元素化学

一、单项选择题(请将正确选项填在下表中相应位置上)

题号	1	2	3	4	5	6	7	8	9	10
答案										
题号	11	12	13	14	15	16	17	18	19	20
答案										
题号	21	22	23	24	25					
答案										

1. 钙在空气中燃烧所得到的产物之一用水润湿后,所放出的气体是(　　)。

A. O_2　　B. N_2　　C. NH_3　　D. H_2

2. 在植物的叶绿素中,Mg 元素是以(　　)。

A. 自由离子存在　　B. 沉淀形式存在　　C. 配离子形式存在　　D. 单质形式存在

3. Ca、Sr 和 Ba 的草酸盐在水中的溶解度与其硫酸盐相比(　　)。

A. 前者递增,后者递减　　B. 前者递减,后者递增

C. 递变规律相同　　D. 无一定规律

4. 下列物质中熔点最高的是(　　)。

A. SiO_2　　B. SO_2　　C. NaCl　　D. $SiCl_4$

5. 下列关于 $PbCl_2$ 和 $SnCl_2$ 的叙述中,错误的是(　　)。

A. $SnCl_2$ 比 $PbCl_2$ 易溶于水

B. 它们都能被 Hg^{2+} 氧化

C. 它们都可以与 Cl^- 形成配合物

D. 在多种有机溶剂中,$SnCl_2$ 比 $PbCl_2$ 更易溶

6. 与 Na_2CO_3 溶液作用全部都生成碱式盐沉淀的一组离子是(　　)。

A. Mg^{2+},Al^{3+},Co^{2+},Zn^{2+}　　B. Fe^{3+},Co^{2+},Ni^{2+},Cu^{2+}

C. Mg^{2+},Mn^{2+},Ba^{2+},Zn^{2+}　　D. Mg^{2+},Mn^{2+},Co^{2+},Ni^{2+}

7. 下列叙述中,错误的是(　　)。

A. $Na_2S_2O_3$ 可作为还原剂,在反应中只能被氧化成 $S_4O_6^{2-}$

B. 在早期的防毒面具中,$Na_2S_2O_3$ 曾用作解毒剂

C. 照相术中,AgBr 被 $Na_2S_2O_3$ 溶液溶解而生成配离子

D. $Na_2S_2O_3$ 可用于棉织物等漂白后脱氯

8. 下列对氧族元素性质的叙述中正确的是(　　)。

A. 氧族元素与其他元素化合时,均可呈现+2、+4、+6 或−1、−2 等氧化值

B. 氧族元素的电负性从氧到钋依次增大

C. 氧族元素的电负性从氧到钋依次减小

D. 氧族元素都是非金属元素

9. 下列氢化物与水反应不产生氢气的是(　　)。

A. LiH　B. SiH_4　C. B_2H_6　D. PH_3

10. 下列硫化物中,不能溶于 Na_2S 溶液的是(　　)。

A. SnS_2　B. As_2S_3　C. Sb_2S_5　D. Bi_2S_3

11. 实验室制备 Cl_2 最常用的方法是(　　)。

A. $KMnO_4$ 与浓盐酸共热　B. MnO_2 与稀盐酸反应

C. MnO_2 与浓盐酸共热　D. $KMnO_4$ 与稀盐酸反应

12. 氢氟酸最好储存在(　　)。

A. 塑料瓶中　B. 无色玻璃瓶中　C. 金属容器中　D. 棕色玻璃瓶中

13. 碘易升华的原因是(　　)。

A. 分子间作用力大,蒸气压高　B. 分子间作用力小,蒸气压高

C. 分子间作用力大,蒸气压低　D. 分子间作用力小,蒸气压低

14. 下列离子中,能在酸性较强的含 Fe^{2+} 溶液中大量存在的是(　　)。

A. Cl^-　B. NO_3^-　C. ClO_3^-　D. BrO_3^-

15. 在热的 KOH 溶液中通入 Cl_2,所得主要产物为(　　)。

A. KCl　B. KCl 和 $KClO_3$　C. KCl 和 O_2　D. KCl 和 $KClO_4$

16. 下列各组化合物性质变化规律正确的是(　　)。

A. 热稳定性 $BeCO_3>MgCO_3>CaCO_3>SrCO_3$

B. 酸性 HClO>HBrO>HIO

C. 氧化性 $HClO_2>HClO>HClO_3>HClO_4$

D. 还原性 HI<HBr<HCl<HF

17. 下列各组离子,均能与氨水作用生成配合物的是(　　)。

A. Fe^{2+}、Fe^{3+}　B. Fe^{2+}、Mn^{2+}　C. Co^{2+}、Ni^{2+}　D. Mn^{2+}、Co^{2+}

18. 下列物质受热分解不产生单质的是(　　)。

A. CrO_5　B. CrO_3　C. $Cr(OH)_3$　D. $(NH_4)_2Cr_2O_7$

19. 下列锰的各氧化值的化合物在酸性溶液中最稳定的是(　　)。

A. Mn(Ⅱ)　B. Mn(Ⅳ)　C. Mn(Ⅵ)　D. Mn(Ⅶ)

20. 某 M 原子形成+3 离子时的电子组态为[Ar]$3d^1$,如果向 MCl_4 的水溶液中加入 Al 片,实验现象为(　　)。

A. 生成白色沉淀　B. 生成黑色沉淀

C. 溶液转化为无色　D. 溶液转变为紫红色

21. 从 Ag^+、Hg^{2+}、Hg_2^{2+} 和 Pb^{2+} 的混合溶液中分离出 Ag^+,可加入的试剂是(　　)。

A. H_2S　B. $SnCl_2$　C. NaOH　D. 氨水

22. 下列溶液中加入过量的 NaOH 溶液,颜色发生变化却没有沉淀生成的是(　　)。

A. $K_2Cr_2O_7$　B. $Hg(NO_3)_2$　C. $AgNO_3$　D. $NiSO_4$

23. 下列化合物,在 $NH_3 \cdot H_2O$、HCl 和 NaOH 溶液中均不溶解的是(　　)。

A. $ZnCl_2$　B. $CuCl_2$　C. Hg_2Cl_2　D. AgCl

24. 元素周期表中第五、第六周期的ⅣB、ⅤB、ⅥB 族中各元素性质非常相似,这是由于(　　)。

A. s 区元素的影响　B. p 区元素的影响　C. ds 区元素的影响　D. 镧系收缩的影响

25. 实际工作中发现 W 与 Mo 很难分离，该性质与(　　)。

A. 同离子效应有关　　B. 盐效应有关

C. 镧系收缩效应有关　　D. 平衡移动原理有关

二、是非题(请将"√"和"×"填在下表中相应的位置上)

题号	1	2	3	4	5	6	7	8	9	10
答案										
题号	11	12	13	14	15					
答案										

1. 酸式碳酸盐比其正盐易分解，是因为金属离子与 HCO_3^- 所形成的离子键很强。(　　)

2. 由 Li 至 Cs 的原子半径逐渐增大，所以其第一电离能也逐渐增大。(　　)

3. NH_3 在纯氧中燃烧可生成 H_2O 和 N_2，在催化剂的催化作用下可完全氧化生成 NO_2。(　　)

4. 在高卤酸中，$HBrO_4$ 的氧化性最强，而高氯酸是最强的无机含氧酸。(　　)

5. 因为 I^- 的极化率大于 Cl^-，所以 $K_{sp}^{\ominus}(AgI) < K_{sp}^{\ominus}(AgCl)$。(　　)

6. NaClO 是强氧化剂，它可以在碱性介质中将 $[Cr(OH)_4]^-$ 氧化为 $Cr_2O_7^{2-}$。(　　)

7. 实验室中用 MnO_2 和任何浓度 HCl 作用都可以制取氯气。(　　)

8. 卤素单质的聚集状态、熔点、沸点都随原子序数增加而呈有规律的变化，这是因为各卤素单质的分子间力有规律地增加。(　　)

9. 卤素中 F_2 的氧化能力最强，故它的电子亲和能最大。(　　)

10. 氢卤酸盐大多是离子晶体，氢卤酸为分子晶体，所以氢卤酸盐的熔点总比氢卤酸高。(　　)

11. AgCl 不溶于硝酸，但在浓盐酸中有一定的溶解度。(　　)

12. 铁、钴、镍的氢氧化物还原性大小顺序为 $Fe(OH)_2 < Co(OH)_2 < Ni(OH)_2$。(　　)

13. 在浓碱溶液中 MnO_4^- 可以被 OH^- 还原为 MnO_4^{2-}。(　　)

14. 向酸性 $K_2Cr_2O_7$ 溶液中通入 SO_2 时，溶液颜色由橙变绿。(　　)

15. ds 区元素的$(n-1)$d 轨道是全充满的稳定状态。因此，与 d 区元素相比，具有相对较高的熔点、沸点。(　　)

三、完成并配平下列反应方程式

1. $Na_2O_2(s) + MnO_4^- + H^+ \longrightarrow$

2. $PbS + HNO_3$(稀)$\longrightarrow$

3. 氢氟酸刻画玻璃的反应。

4. $P_4 + 3NaOH + 3H_2O \longrightarrow$

5. $H_3AsO_4 + HI \longrightarrow$

6. $CuSO_4 + KI$(少量)$\longrightarrow$

7. 海波溶液与氯水反应。

8. 将过量氯气通入溴水中。

9. 单质碘与消石灰溶液反应。

10. $Br_2 + Na_2CO_3 \longrightarrow$

11. $Hg_2^{2+} + 4I^- \longrightarrow$

12. 在含有血红色$[Fe(NCS)_6]^{3-}$(aq)的溶液中加入铁屑,血红色消失。

13. $KMnO_4 + H_2C_2O_4 + H_2SO_4 \longrightarrow$

14. $MnSO_4 + NaBiO_3 + HNO_3 \longrightarrow$

15. $SnCl_2 + Cr_2O_7^{2-} + H^+ \longrightarrow$

16. $S_2O_8^{2-} + Mn^{2+} + H_2O \longrightarrow$

17. $Cr^{3+} + MnO_4^- + H_2O \longrightarrow$

18. $HgCl_2 + NH_3 \longrightarrow$

19. 铜在潮湿的空气中被缓慢氧化。

20. $Al + NaOH + H_2O \longrightarrow$

四、简答题

1. 试分析在ⅣA元素中,为什么锡的价态中的四价比二价稳定?而铅则相反,二价比四价稳定?

2. A、B 两元素的原子仅差一个电子，然而 A 的单质是原子序数最小的活泼金属，B 的单质却是极不活泼的气体。试说明：

(1) A 的元素符号。

(2) B 的元素符号。

(3) A、B 性质差别很大的根本原因。

3. 为什么稀释 $CuCl_2$ 的浓溶液时，体系的颜色由黄色经绿色变为蓝色？

五、推断题

1. 将 1.00 g 白色固体 A 加热，得到白色固体 B(加热至 B 的质量不再发生变化)和无色气体。将气体收集在 450 mL 的烧瓶中，温度为 25 ℃，压力为 27.9 kPa。将该气体通入 $Ca(OH)_2$ 饱和溶液中得到白色固体 C。如果将少量 B 加入水中，所得 B 溶液能使红色石蕊试纸变蓝。B 的水溶液被盐酸中和后，经蒸发干燥得白色固体 D。用 D 做焰色反应试验，火焰为绿色。B 的水溶液与 H_2SO_4 溶液反应得不溶于盐酸的白色沉淀 E。试确定 A、B、C、D、E 各是什么物质，并写出相关的反应方程式。

2. 将 SO_2 通入纯碱溶液中，有无色无味气体 A 逸出，所得溶液经烧碱中和，再加入 Na_2S 溶液除去杂质，过滤后得溶液 B。将某非金属单质 C 加入溶液 B 中加热，反应后再经过滤、除杂等过程后，得溶液 D。取 3 mL 溶液 D 加入 HCl 溶液，其反应产物之一为沉淀 C。另取 3 mL溶液 D，加入少许 AgBr(s)，则其溶解，生成配离子 E。再取 3 mL 溶液 D，在其中加入几滴溴水，溴水颜色消失，再加入 $BaCl_2$ 溶液，得到不溶于稀 HCl 的白色沉淀 F。试确定 A、B、C、D、E、F 的化学式，并写出相关的反应方程式。

3. 有一种白色的钾盐固体 A，取其少量加入试管中，然后，加入一定量的无色油状液体酸 B，有紫色蒸气凝固在试管壁上，得到紫黑色固体 C。C 微溶于水，加入 A 后 C 的溶解度增大，可得到棕黄色溶液 D。取一定量 D 溶液，将其加入一种无色溶液 E(E 是一种钠盐)，D 褪色。在 E 溶液中加入盐酸有淡黄色沉淀和强烈刺激性气味的气体生成。再取一定量 E 溶液，将 Cl_2 通入其中，溶液变为无色溶液 F。若在 F 溶液中，再加入 $BaCl_2$ 溶液，则有不溶于 HNO_3 的白色沉淀 G 生成。试确定各字母所代表物质的化学式，并写出相关的反应方程式。

4. 有一种棕黑色固体 A 不溶于水，但可溶于浓盐酸，生成近乎无色溶液 B 和黄绿色气体 C。在少量 B 中加入硝酸和少量 $NaBiO_3$(s)，生成紫红色溶液 D。在 D 中加入一淡绿色溶液 E，紫红色褪去，在得到的溶液 F 中加入 KNCS 溶液又生成血红色溶液 G。再加入足量的 NaF 则溶液的颜色又褪去。在 E 中加入 $BaCl_2$ 溶液则生成不溶于硝酸的白色沉淀 H。试确定各字母所代表物质的化学式，并写出相关的反应方程式。

5. 某黑色固体 A 不溶于水，但可溶于硫酸生成蓝色溶液 B。在 B 中加入适量氨水生成浅蓝色沉淀 C，C 溶于过量氨水生成深蓝色溶液 D。在 D 中加入 H_2S 饱和溶液生成黑色沉淀 E，E 可溶于浓硝酸。试确定各字母所代表物质的化学式，并写出相关的反应方程式。

6. 根据下列实验现象确定各字母所代表物质的化学式，并写出相关的反应方程式。

无色溶液 A $\xrightarrow{NaOH}$ 棕色沉淀 B $\xrightarrow{HCl}$ 白色沉淀 C $\xrightarrow{氨水}$ 无色溶液 D $\xrightarrow{KBr}$ 淡黄色沉淀 E $\xrightarrow{Na_2S_2O_3}$ 无色溶液 F $\xrightarrow{KI}$ 黄色沉淀 G $\xrightarrow{KCN}$ 无色溶液 H $\xrightarrow{Na_2S}$ 黑色沉淀 I

无机及分析化学习题参考答案

习题 17　物质的聚集状态

一、单项选择题(请将正确选项填在下表中相应位置上)

题号	1	2	3	4	5	6	7	8	9	10
答案	C	B	B	C	B	C	B	A	C	A
题号	11	12	13	14	15	16	17	18	19	20
答案	D	B	C	A	B	A	C	D	D	D

二、是非题(请将“√”和“×”填在下表中相应的位置上)

题号	1	2	3	4	5	6	7	8	9	10
答案	×	×	√	×	√	√	√	×	×	√

三、简答题

$Ag_2Cr_2O_7$的胶团结构式为:$[(Ag_2Cr_2O_7)_m \cdot nAg^+ \cdot (n-x)NO_3^-]^{x+} \cdot xNO_3^-$。

聚沉能力:$K_3[Fe(CN)_6] > MgSO_4 > [Co(NH_3)_6]Cl_3$。

聚沉值:$K_3[Fe(CN)_6] < MgSO_4 < [Co(NH_3)_6]Cl_3$。

四、计算题

1. $M_B = 59.8\ g \cdot mol^{-1}$。

2. $M_B = 3.06 \times 10^4\ g \cdot mol^{-1}$。

3. 在乙醇中,$M_B = 128.48\ g \cdot mol^{-1}$;在苯中,$M_B = 257.22\ g \cdot mol^{-1}$。

结果表明:苯甲酸在乙醇中以单分子形式存在,而在苯中以双分子缔合形式存在。

习题 18　化学反应的一般原理

一、单项选择题(请将正确选项填在下表中相应位置上)

题号	1	2	3	4	5	6	7	8	9	10
答案	C	C	C	C	C	B	C	D	A	C
题号	11	12	13	14	15	16	17	18	19	20
答案	D	D	C	C	D	B	B	A	B	C

二、是非题(请将"√"和"×"填在下表中相应的位置上)

题号	1	2	3	4	5	6	7	8	9	10
答案	×	√	√	×	√	×	√	×	×	×

三、计算题

1. $\Delta_r U_{m5}^{\ominus}=\Delta_r H_{m5}^{\ominus}=50.5\ \text{kJ}\cdot\text{mol}^{-1}$。

2. (1) $K^{\ominus}=81$。

(2) $\Delta_r H_m^{\ominus}(T)=-197.78\ \text{kJ}\cdot\text{mol}^{-1}$;$\Delta_r S_m^{\ominus}(T)=-188.06\ \text{J}\cdot\text{mol}^{-1}\cdot\text{K}^{-1}$。

(3) $T=3870\ \text{K}$。

3. (1) 该反应的速率方程式为:$v=kc^2(\text{AB})\cdot c(\text{B}_2)$;该反应的反应级数为3。

(2) $K=2.5\times10^3\ \text{mol}^{-2}\cdot\text{L}^2\cdot\text{s}^{-1}$。

(3) $v=1.4\times10^{-2}\text{mol}\cdot\text{L}^{-1}\cdot\text{s}^{-1}$。

4. (1) $K^{\ominus}=28$;$\alpha=71.00\%$。

(2) $p(\text{PCl}_3)=p(\text{Cl}_2)=1.2\times10^6\ \text{Pa}$;$p(\text{PCl}_5)=5.2\times10^5\ \text{Pa}$。

习题19　定量分析基础

一、单项选择题(请将正确选项填在下表中相应位置上)

题号	1	2	3	4	5	6	7	8	9	10
答案	C	D	A	D	D	B	C	D	B	A
题号	11	12	13	14	15					
答案	D	D	D	B	A					

二、是非题(请将"√"和"×"填在下表中相应的位置上)

题号	1	2	3	4	5	6	7	8	9	10
答案	√	×	√	√	√	×	√	×	×	√

三、计算题

1. $d_i=-0.15$;$d_r=-0.95\%$;$\overline{d}=0.14$;$\overline{d_r}=0.89\%$;$S=0.17$;$\text{RSD}=1.1\%$。

2. $T_{\text{KMnO}_4/\text{Fe}}=5.613\times10^{-3}\ \text{g}\cdot\text{mL}^{-1}$;$T_{\text{KMnO}_4/\text{Fe}_2\text{O}_3}=8.025\times10^{-3}\ \text{g}\cdot\text{mL}^{-1}$;
$\omega_{\text{Fe}}=0.5431$;$\omega_{\text{Fe}_2\text{O}_3}=0.7766$。

3. $\omega_{\text{CaCO}_3}=0.8467$。

习题20　酸碱平衡与酸碱滴定

一、单项选择题(请将正确选项填在下表中相应位置上)

题号	1	2	3	4	5	6	7	8	9	10
答案	D	A	D	B	D	C	C	C	D	C
题号	11	12	13	14	15	16	17	18	19	20
答案	A	B	A	B	B	B	B	B	D	C

二、是非题(请将"√"和"×"填在下表中相应的位置上)

题号	1	2	3	4	5	6	7	8	9	10
答案	√	×	×	√	×	×	×	×	×	×

三、计算题

1. $V=14.04\ cm^3$。
2. (1) $c(H^+)=7.45\times10^{-12}\ mol\cdot L^{-1}$。(2) $c(H^+)=1.11\times10^{-9}\ mol\cdot L^{-1}$。
   (3) $\alpha_1/\alpha_2=149$。
3. 需加入固体 NaAc 1.23 g。
4. $\omega_{Na_2CO_3}=0.5406$;$\omega_{NaHCO_3}=0.1693$。

习题 21　沉淀溶解平衡与沉淀滴定法

一、单项选择题(请将正确选项填在下表中相应位置上)

题号	1	2	3	4	5	6	7	8	9	10
答案	A	B	D	B	C	A	C	A	B	D
题号	11	12	13	14	15	16	17	18	19	20
答案	A	C	D	B	B	B	A	C	C	D

二、是非题(请将"√"和"×"填在下表中相应的位置上)

题号	1	2	3	4	5	6	7	8	9	10
答案	×	×	×	×	×	√	×	×	√	√

三、计算题

1. (1) $s_{AgCl}<s_{Ag_2CrO_4}$。
   (2) Ag_2CrO_4 在 $0.01\ mol\cdot L^{-1}$ $AgNO_3$ 溶液和 $0.01\ mol\cdot L^{-1}$ K_2CrO_4 溶液中的溶解度分别为 $1.1\times10^{-8}\ mol\cdot L^{-1}$ 和 $5.2\times10^{-6}\ mol\cdot L^{-1}$。
2. $m(Cu^{2+})=2.69\times10^{-15}$ g。

习题 22　氧化还原平衡与氧化还原滴定法

一、单项选择题(请将正确选项填在下表中相应位置上)

题号	1	2	3	4	5	6	7	8	9	10
答案	A	B	B	C	C	B	A	A	D	D
题号	11	12	13	14	15	16	17	18	19	20
答案	D	D	A	B	D	B	B	C	B	D

二、是非题(请将"√"和"×"填在下表中相应的位置上)

题号	1	2	3	4	5	6	7	8	9	10
答案	×	√	√	×	√	×	×	√	√	√

三、完成下列氧化还原反应方程式

(答案略)

四、计算题

1. (1) 电池反应方程式：$Co(s)+Cl_2(g) \rightleftharpoons Co^{2+}(aq)+2Cl^-(aq)$；

   (2) $E^{\ominus}(Co^{2+}/Co)=-0.282$ V；

   (3) $p(Cl_2)$增大，电池的电动势将增大；

   (4) $E_{MF}=1.701$ V。

2. $\omega_{MnO_2}=0.7736$。

3. $\omega_{C_2H_5OH}=0.4044$。

4. $\omega_{C_6H_5OH}=0.8760$。

习题 23　物质结构(一)

一、单项选择题(请将正确选项填在下表中相应位置上)

题号	1	2	3	4	5	6	7	8	9	10
答案	C	C	D	B	C	B	C	D	A	B
题号	11	12	13	14	15	16	17	18	19	20
答案	A	C	B	B	A	B	C	D	D	A

二、是非题(请将"√"和"×"填在下表中相应的位置上)

题号	1	2	3	4	5	6	7	8	9	10
答案	×	×	×	×	×	√	√	√	×	×

三、不翻看元素周期表，试完成下表

(答案略)

四、简答题

1. 答案略。
2. A 为 Mn；B 为 Br(其他答案略)。
3. A 为 Na；B 为 Mg；C 为 Al；D 为 Br；E 为 I；F 为 Cr(其他答案略)。
4. A 为 K；B 为 Ni；C 为 Br(其他答案略)。

习题 24　物质结构(二)

一、单项选择题(请将正确选项填在下表中相应位置上)

题号	1	2	3	4	5	6	7	8	9	10
答案	B	D	A	C	A	C	D	D	D	D
题号	11	12	13	14	15	16	17	18	19	20
答案	B	D	A	C	C	B	D	D	B	B

二、是非题(请将"√"和"×"填在下表中相应的位置上)

题号	1	2	3	4	5	6	7	8	9	10
答案	×	×	×	√	√	×	√	×	×	×

三、问答题

(答案略)

习题 25　配位化合物与配位滴定

一、单项选择题(请将正确选项填在下表中相应位置上)

题号	1	2	3	4	5	6	7	8	9	10
答案	D	C	C	D	B	C	D	C	D	C
题号	11	12	13	14	15	16	17	18	19	20
答案	B	C	A	B	B	C	D	C	C	D

二、是非题(请将"√"和"×"填在下表中相应的位置上)

题号	1	2	3	4	5	6	7	8	9	10
答案	√	×	×	×	√	√	×	√	×	×

三、问答题

(答案略)

四、计算题

$\omega_S = 0.0321$。

习题 26　仪器分析法选介

一、单项选择题(请将正确选项填在下表中相应位置上)

题号	1	2	3	4	5	6	7	8	9	10
答案	D	D	B	D	D	C	A	C	D	A

二、是非题(请将“√”和“×”填在下表中相应的位置上)

题号	1	2	3	4	5	6	7	8	9	10
答案	×	×	√	√	×	×	×	×	√	×

三、计算题

1. $\kappa=1.06\times10^4\ \mathrm{L\cdot mol^{-1}\cdot cm^{-1}}$。

2. $A=0.220$；$\kappa=8.8\times10^4\ \mathrm{L\cdot mol^{-1}\cdot cm^{-1}}$。

习题 27　元素化学

一、单项选择题(请将正确选项填在下表中相应位置上)

题号	1	2	3	4	5	6	7	8	9	10
答案	C	C	A	A	B	D	A	C	D	D
题号	11	12	13	14	15	16	17	18	19	20
答案	C	A	B	A	B	B	C	C	A	D
题号	21	22	23	24	25					
答案	D	A	B	D	C					

二、是非题(请将“√”和“×”填在下表中相应的位置上)

题号	1	2	3	4	5	6	7	8	9	10
答案	×	×	×	×	√	√	×	√	×	√
题号	11	12	13	14	15					
答案	√	×	√	√	×					

三、完成并配平下列反应方程式

(答案略)

四、简答题

1. 答案略。

2. (1) A 为 Li 元素；(2) B 的元素符号为 He；(3) 答案略。

3. 答案略。

五、推断题

1. A 为 $BaCO_3$；B 为 BaO；C 为 $CaCO_3$；D 为 $BaCl_2$；E 为 $BaSO_4$。

(反应方程式略)

2. A 为 CO_2；B 为 Na_2SO_3；C 为 S；D 为 $Na_2S_2O_3$；E 为 $[Ag(S_2O_3)_2]^{3-}$；F 为 $BaSO_4$。

(反应方程式略)

3. A 为 KI；B 为浓 H_2SO_4；C 为 I_2；D 为 KI_3；E 为 $Na_2S_2O_3$；F 为 Na_2SO_4；G 为 $BaSO_4$。

(反应方程式略)

4. A. MnO_2;B 为 $MnCl_2$;C 为 Cl_2;D 为 MnO_4^-;E 为 $FeSO_4$;F 为 Fe^{3+};
G 为$[Fe(NCS)_n]^{3-n}$;H 为 $BaSO_4$。
(反应方程式略)
5. A 为 CuO;B 为 $CuSO_4$;C 为 $Cu_2(OH)_2SO_4$;D 为$[Cu(NH_3)_4]^{2+}$;E 为 CuS。
(反应方程式略)
6. A 为 Ag^+;B 为 Ag_2O;C 为 AgCl;D 为$[Ag(NH_3)_2]^+$;
E 为 AgBr;F 为$[Ag(S_2O_3)_2]^{3-}$;G 为 AgI;H 为$[Ag(CN)_2]^-$;I 为 Ag_2S。
(反应方程式略)

附　　录

附录A　定性分析试液的配制方法

表 A-1　阳离子试液($10\ g\cdot L^{-1}$)的配制方法

阳离子	试　剂	配制方法
Na^+	$NaNO_3$	37 g 溶于水，稀释至 1 L
K^+	KNO_3	26 g 溶于水，稀释至 1 L
NH_4^+	NH_4NO_3	44 g 溶于水，稀释至 1 L
Mg^{2+}	$Mg(NO_3)_2\cdot 6H_2O$	106 g 溶于水，稀释至 1 L
Ca^{2+}	$Ca(NO_3)_2\cdot 4H_2O$	60 g 溶于水，稀释至 1 L
Sr^{2+}	$Sr(NO_3)_2\cdot 4H_2O$	32 g 溶于水，稀释至 1 L
Ba^{2+}	$Ba(NO_3)_2$	19 g 溶于水，稀释至 1 L
Al^{3+}	$Al(NO_3)_3.9H_2O$	139 g 加 1∶1 HNO_3 10 mL，用水稀释至 1 L
Pb^{2+}	$Pb(NO_3)_2$	16 g 加 1∶1 HNO_3 10 mL，用水稀释至 1 L
Cr^{3+}	$Cr(NO_3)_3\cdot 9H_2O$	77 g 溶于水，稀释至 1 L
Mn^{2+}	$Mn(NO_3)_2\cdot 6H_2O$	53 g 加 1∶1 HNO_3 5 mL，用水稀释至 1 L
Fe^{2+}	$(NH_4)_2SO_4\cdot FeSO_4\cdot 6H_2O$	70 g 加 1∶1 H_2SO_4 20 mL，用水稀释至 1 L
Fe^{3+}	$Fe(NO_3)_3\cdot 9H_2O$	72 g 加 1∶1 HNO_3 20 mL，用水稀释至 1 L
Co^{2+}	$Co(NO_3)_2\cdot 6H_2O$	50 g 溶于水，稀释至 1 L
Ni^{2+}	$Ni(NO_3)_2\cdot 6H_2O$	50 g 溶于水，稀释至 1 L
Cu^{2+}	$Cu(NO_3)_2\cdot 3H_2O$	38 g 加 1∶1 HNO_3 5 mL，用水稀释至 1 L
Ag^+	$AgNO_3$	16 g 溶于水，稀释至 1 L
Zn^{2+}	$Zn(NO_3)_2\cdot 6H_2O$	46 g 加 1∶1 HNO_3 5 mL，用水稀释至 1 L
Hg^{2+}	$Hg(NO_3)_2\cdot H_2O$	17 g 加 1∶1 HNO_3 20 mL，用水稀释至 1 L
Sn^{4+}	$SnCl_4$	22 g 加 1∶1 HCl 溶解，并用该酸稀释至 1 L

表 A-2　阴离子试液($10\ g \cdot L^{-1}$)的配制方法

阴离子	试　剂	配制方法
CO_3^{2-}	$Na_2CO_3 \cdot 10H_2O$	48 g 溶于水,稀释至 1 L
NO_3^-	$NaNO_3$	14 g 溶于水,稀释至 1 L
PO_4^{3-}	$Na_2HPO_4 \cdot 12H_2O$	38 g 溶于水,稀释至 1 L
SO_4^{2-}	$Na_2SO_4 \cdot 10H_2O$	34 g 溶于水,稀释至 1 L
SO_3^{2-}	Na_2SO_3	16 g 溶于水,稀释至 1L①
$S_2O_3^{2-}$	$Na_2S_2O_3 \cdot 5H_2O$	22 g 溶于水,稀释至 1L①
S^{2-}	$Na_2S \cdot 9H_2O$	75 g 溶于水,稀释至 1 L
Cl^-	NaCl	17g 溶于水,稀释至 1 L
I^-	KI	13 g 溶于水,稀释至 1 L
CrO_4^{2-}	K_2CrO_4	17g 溶于水,稀释至 1L

注:① 该溶液不稳定,需要临时配制。

附录 B　常用洗涤剂的配制

名称	配制方法	备　注
皂角水①	将皂角捣碎,用水熬成溶液	用于一般洗涤
合成洗涤剂	将合成洗涤剂粉用热水搅拌配成浓溶液	用于一般洗涤
铬酸洗液②	取 $K_2Cr_2O_7$ 20 g 于 500 mL 烧杯中,加水 40 mL,加热溶解,冷却后,缓慢加入 320 mL 粗浓 H_2SO_4 即成(注意边加边搅拌),储于磨口细口瓶中	用于洗涤油污及有机物,使用时防止被水稀释。用后倒回原瓶,可反复使用,直至溶液变为绿色
$KMnO_4$ 碱性洗液	取 $KMnO_4$(实验室用)4 g,溶于少量水中,缓慢加入 100 mL 10% NaOH 溶液	用于洗涤油污及有机物。洗后玻璃壁上附着的 MnO_2 沉淀可用粗亚铁或 Na_2SO_3 溶液洗去
碱性酒精溶液	30%～40%NaOH 酒精溶液	用于洗涤油污
酒精-浓硝酸洗液	用于沾有有机物或油污的结构复杂的仪器。洗涤时先加少量酒精于脏仪器中,再加入少量浓硝酸,即产生大量棕色 NO_2 将有机物氧化而破坏	

注:① 也可用肥皂水。

② 已还原为绿色的铬酸洗液,可加入固体 $KMnO_4$ 使其再生,这样实际消耗的是 $KMnO_4$,可减少铬对环境的污染。

附录C　溶解性表

	Ag^+ ①	Hg_2^{2+} ①	Pb^{2+} ①	Hg^{2+}	Bi^{3+} ②	Cu^{2+}	Cd^{2+}	As^{3+}	Sb^{3+} ②	Sn^{2+}	Sn^{4+}	Al^{3+}	Cr^{3+}
碳酸盐，CO_3^{2-}	HNO_3	HNO_3	HNO_3	HCl	HCl	HCl	HCl	—	—	—	—	—	—
草酸盐，$C_2O_4^{2-}$ ③	HNO_3	HNO_3	HNO_3	HCl	HCl	HCl	HCl	—	HCl	HCl	水	HCl	HCl
氟化物，F^-	水	水	水，略溶 HNO_3	水	HCl	水，略溶 HCl	水，略溶 HCl	—	水，略溶 HCl	水	水	水	水
亚硫酸盐，SO_3^{2-}	HNO_3	HNO_3	HNO_3	HCl	—	HCl	HCl	—	—	HCl	—	HCl	—
亚砷酸盐，AsO_3^{2-}	HNO_3	HNO_3	HNO_3	HCl	HCl	HCl	HCl	—	—	HCl	—	—	—
砷酸盐，AsO_4^{2-}	HNO_3	HNO_3	HNO_3	HCl	HCl	HCl	HCl	—	—	HCl	HCl	HCl	HCl
磷酸盐，PO_4^{3-}	HNO_3	HNO_3	HNO_3	HCl	HCl	HCl	HCl	—	HCl	HCl	HCl	HCl	HCl
硼酸盐，BO_2^-	HNO_3	—	HNO_3	—	HCl	HCl	HCl	—	—	HCl	—	HCl	HCl
硅酸盐，SiO_3^{2-} ④	HNO_3	—	HNO_3	—	HCl	HCl	HCl	—	—	—	—	HCl	HCl
酒石酸盐，$C_4H_4O_6^{2-}$ ③	HNO_3	水，略溶 HNO_3	HNO_3	HCl	HCl	水	HCl	—	HCl	HCl	水	水	水
硫酸盐，SO_4^{2-}	水，略溶	水，略溶	不溶	水，略溶	水，略溶	水	水	—	HCl	水	—	水	水
铬酸盐，CrO_4^{2-}	HNO_3	HNO_3	HNO_3	HCl	HCl	水	HCl	—	—	HCl	—	—	HCl
硫化物，S^{2-}	HNO_3	王水	HNO_3	王水	HNO_3	HNO_3	HNO_3	HNO_3	浓 HCl	浓 HCl	浓 HCl	水解， HCl	水解， HCl
氰化物，CN^-	不溶	—	HNO_3	水	—	HCl	HCl	—	—	—	—	—	HCl
亚铁氰化物，$[Fe(CN)_6]^{4-}$	不溶	—	不溶	—	—	不溶	不溶	—	—	—	不溶	—	—
铁氰化物，$[Fe(CN)_6]^{3-}$	不溶	—	不溶	不溶	—	不溶	不溶	—	—	不溶	—	—	—
硫代硫酸盐，$S_2O_3^{2-}$	HNO_3	—	HNO_3	—	—	—	水	—	—	水	水	水	—
硫氰酸盐，SCN^-	不溶	HNO_3	HNO_3	水	—	HNO_3	HCl	—	—	—	水	水	水
碘化物，I^-	不溶	HNO_3	水，略溶 HNO_3	HCl	HCl	水，略溶	水	水	水解， HCl	水	水解， HCl	水	水
溴化物，Br^-	不溶	HNO_3	不溶	水	水解，HCl	水	水	水解， HCl	水解， HCl	水解， HCl	水解， HCl	水	水
氯化物，Cl^-	不溶	HNO_3	沸水	水	水解， HCl	水	水	水解， HCl	水解， HCl	水解， HCl	水解， HCl	水	水
醋酸盐，$C_2H_3O_2^-$	水，略溶	水	水	水	水	水	水	—	—	水	水	水	水
亚硝酸盐，NO_2^-	热水	水	水	水	—	水	水	—	—	—	—	—	—
硝酸盐，NO_3^-	水	水，略溶 HNO_3	水	水	水，略溶 HNO_3	水	水	—	—	—	—	水	水
氧化物，(O^{2-})	HNO_3	HNO_3	HNO_3	HCl	HNO_3	HCl	HCl	HCl	HCl	HCl	HCl， 略溶	HCl	HCl
氢氧化物，OH^-	HNO_3	—	HNO_3	—	HCl	HCl	HCl	—	HCl	HCl	不溶	HCl	HCl

续表

	Fe^{3+}	Fe^{2+}	Mn^{2+}	Ni^{2+}	Co^{2+}	Zn^{2+}	Ba^{2+}	Sr^{2+}	Ca^{2+}	Mg^{2+}	K^{+}	Na^{+}	NH_4^{+}
碳酸盐，CO_3^{2-}	—	HCl	HCl	HCl	HCl	HCl	HCl	HCl	HCl	水，略溶 HCl	水	水	水
草酸盐，$C_2O_4^{2-}$ ③	HCl	HCl	HCl	HCl	HCl	HCl	HCl	HCl	HCl	水	水	水	水
氟化物，F^-	水，略溶 HCl	水，略溶 HCl	HCl	HCl	HCl	HCl	水，略溶 HCl	HCl	不溶	HCl	水	水	水
亚硫酸盐，SO_3^{2-}	—	HCl	HCl	HCl	HCl	HCl	HCl	HCl	HCl	水	水	水	水
亚砷酸盐，AsO_3^{2-}	HCl	HCl	HCl	HCl	HCl	HCl	HCl	HCl	HCl	HCl	水	水	水
砷酸盐，AsO_4^{2-}	HCl	HCl	HCl	HCl	HCl	HCl	HCl	HCl	HCl	HCl	水	水	水
磷酸盐，PO_4^{3-}	HCl	HCl	HCl	HCl	HCl	HCl	HCl	HCl	HCl	HCl	水	水	水
硼酸盐，BO_2^-	HCl	HCl	HCl	HCl	HCl	HCl	HCl	水，略溶 HCl	水，略溶 HCl	HCl	水	水	水
硅酸盐，SiO_3^{2-} ④	HCl	HCl	HCl	HCl	HCl	HCl	HCl	HCl	HCl	HCl	水	水	水
酒石酸盐，$C_4H_4O_6^{2-}$ ③	水	HCl	水，略溶 HCl	HCl	水	HCl	HCl	HCl	HCl	水	水	水	水
硫酸盐，SO_4^{2-}	水	水	水	水	水	水	不溶	不溶	水，微溶	水	水	水	水
铬酸盐，CrO_4^{2-}	水	—	水，略溶 HCl	HCl	HCl	水	HCl	水，略溶	水	水	水	水	水
硫化物，S^{2-}	HCl	HCl	HCl	HNO_3	HNO_3	HCl	水	水	水	水	水	水	水
氰化物，CN^-	—	不溶	HCl	HNO_3	HNO_3	HCl	水，略溶 HCl	水	水	水	水	水	水
亚铁氰化物，$[Fe(CN)_6]^{4-}$	不溶	不溶	HCl	不溶	不溶	不溶	水	水	水	水	水	水	水
铁氰化物，$[Fe(CN)_6]^{3-}$	水	不溶	不溶	不溶	不溶	HCl	水	水	水	水	水	水	水
硫代硫酸盐，$S_2O_3^{2-}$	—	水	水	水	水	水	HCl	水	水	水	水	水	水
硫氰酸盐，SCN^-	水	水	水	水	水	水	水	水	水	水	水	水	水
碘化物，I^-	水	水	水	水	水	水	水	水	水	水	水	水	水
溴化物，Br^-	水	水	水	水	水	水	水	水	水	水	水	水	水
氯化物，Cl^-	水	水	水	水	水	水	水	水	水	水	水	水	水
醋酸盐，$C_2H_3O_2^-$	水	水	水	水	水	水	水	水	水	水	水	水	水
亚硝酸盐，NO_2^-	水	—	水	水	水	水	水	水	水	水	水	水	水
硝酸盐，NO_3^-	水	水	水	水	水	水	水	水	水	水	水	水	水
氧化物，(O^{2-})	HCl	HCl	HCl	HCl	HCl	HCl	HCl	HCl	水，略溶 HCl	HCl	水	水	—
氢氧化物，OH^-	HCl	HCl	HCl	HCl	HCl	HCl	水	水，略溶 HCl	水，略溶 HCl	HCl	水	水	水

水：表示易溶于水；HCl：表示易溶于盐酸；王水：表示易溶于王水；水，略溶：表示略溶于水；HNO_3：表示易溶于硝酸；不溶：表示不溶于酸的化合物；水解：表示水解而析出不溶于水的产物；—：表示并无此化合物存在，或尚未确定适当的溶剂。

注：① 加入盐酸时，能使银、亚汞及铅的多数盐类，变成不溶性氯化物。

② 多种铋及锑的盐类，能水解而析出沉淀。

③ 多种草酸盐及酒石酸盐，能与过量的草酸根离子或酒石酸根离子生成配离子而溶解。

④ 此处系指新沉淀的硅酸盐，并非矿物，加酸使其分解后，即析出胶状硅酸。

附录D　常用酸碱的质量分数和相对密度(d_{20}^{20})

质量分数	相对密度						
	HCl	HNO_3	H_2SO_4	CH_3COOH	NaOH	KOH	NH_3
4	1.0179	1.0220	1.0269	1.0056	1.0446	1.0348	0.9828
8	1.0395	1.0446	1.0541	1.0111	1.0888	1.0709	0.9668
12	1.0576	1.0679	1.0821	1.0165	1.1329	1.1079	0.9519
16	1.0777	1.0921	1.1114	1.0218	1.1771	1.1456	0.9378
20	1.0980	1.1170	1.1418	1.0269	1.2214	1.1839	0.9245
24	1.1185	1.1426	1.1735	1.0318	1.2653	1.2231	0.9118
28	1.1391	1.1668	1.2052	1.0365	1.3087	1.2632	0.8996
32	1.1594	1.1955	1.2375	1.0410	1.3512	1.3043	
36	1.1791	1.2224	1.2707	1.0452	1.3926	1.3468	
40	1.1977	1.2489	1.3051	1.0492	1.4324	1.3906	
44			1.3410	1.0529		1.4356	
48			1.3783	1.0564		1.4817	
52			1.4174	1.0596			
56			1.4584	1.0624			
60			1.5013	1.0648			
64			1.5448	1.0668			
68			1.5902	1.0687			
72			1.6367	1.0695			
76			1.6840	1.0699			
80			1.7303	1.0699			
84			1.7724	1.0692			
88			1.8054	1.0677			
92			1.8272	1.0648			
96			1.8388	1.0597			
100			1.8337	1.0496			

* 摘自 R. C. Weast, Handbook of Chemistry and Physics, 70th. Edition, D-222, 1989-1990.

附录 E　常用酸碱的浓度

酸或碱	化学式	密度/$(g\cdot mL^{-1})$	质量分数/(%)	浓度/$(mol\cdot L^{-1})$
冰醋酸 稀醋酸	CH_3COOH	1.05 1.04	99～99.8 34	1.74 6
浓盐酸 稀盐酸	HCl	1.18～1.19 1.10	36～38 20	11.6～12.4 6
浓硝酸 稀硝酸	HNO_3	1.39～1.40 1.19	65～68 32	14.4～15.2 6
浓硫酸 稀硫酸	H_2SO_4	1.83～1.84 1.18	95～98 25	17.8～18.4 3
磷酸	H_3PO_4	1.69	85	14.6
高氯酸	$HClO_4$	1.68	70～72	11.7～12
氢氟酸	HF	1.13	40	22.5
氢溴酸	HBr	1.49	47	8.6
浓氨水 稀氨水	$NH_3\cdot H_2O$	0.88～0.90 0.96	25～28(NH_3) 10	13.3～14.8 6
稀氢氧化钠	NaOH	1.22	20	6

附录 F　常用指示剂

表 F-1　酸碱指示剂

序号	指示剂名称	变色 pH 范围	颜色变化	溶液配制方法
1	甲基紫(第一变色范围)	0.13～0.5	黄～绿	1 $g\cdot L^{-1}$或 0.5 $g\cdot L^{-1}$的水溶液
2	苦味酸	0.0～1.3	无色～黄	1 $g\cdot L^{-1}$的水溶液
3	甲基绿	0.1～2.0	黄～绿～浅蓝	0.5 $g\cdot L^{-1}$的水溶液
4	孔雀绿(第一变色范围)	0.13～2.0	黄～浅蓝～绿	1 $g\cdot L^{-1}$的水溶液
5	甲酚红(第一变色范围)	0.2～1.8	红～黄	0.04 g 指示剂溶于 100 mL 50%乙醇
6	甲基紫(第二变色范围)	1.0～1.5	绿～蓝	1 $g\cdot L^{-1}$的水溶液
7	百里酚蓝(第一变色范围)	1.2～2.8	红～黄	0.1 g 指示剂溶于 100 mL 20%乙醇
8	甲基紫(第三变色范围)	2.0～3.0	蓝～紫	1 $g\cdot L^{-1}$的水溶液
9	茜素黄 R(第一变色范围)	1.9～3.3	红～黄	1 $g\cdot L^{-1}$的水溶液
10	二甲基黄	2.9～4.0	红～黄	0.1%指示剂溶于 100 mL 90%乙醇
11	甲基橙	3.1～4.4	红～橙黄	1 $g\cdot L^{-1}$的水溶液
12	溴酚蓝	3.0～4.6	黄～蓝	0.1 g 指示剂溶于 100 mL 20%乙醇
13	刚果红	3.0～5.2	蓝紫～红	1 $g\cdot L^{-1}$的水溶液
14	茜素红 S(第一变色范围)	3.7～5.2	黄～紫	1 $g\cdot L^{-1}$的水溶液

续表

序号	指示剂名称	变色 pH 范围	颜色变化	溶液配制方法
15	溴甲酚绿	3.8～5.4	黄～蓝	0.1 g 指示剂溶于 100 mL 20%乙醇
16	甲基红	4.4～6.2	红～黄	0.1 g 或 0.2 g 指示剂溶于 100 mL 60%乙醇
17	溴酚红	5.0～6.8	黄～红	0.1 g 或 0.04 g 指示剂溶于 100 mL 20%乙醇
18	溴甲酚紫	5.2～6.8	黄～紫红	0.1 g 指示剂溶于 100 mL 20%乙醇
19	溴百里酚蓝	6.0～7.6	黄～蓝	0.05 g 指示剂溶于 100 mL 20%乙醇
20	中性红	6.8～8.0	红～亮黄	0.1 g 指示剂溶于 100 mL 60%乙醇
21	酚 红	6.8～8.0	黄～红	0.1 g 指示剂溶于 100 mL 20%乙醇
22	甲酚红	7.2～8.8	亮黄～紫红	0.1 g 指示剂溶于 100 mL 50%乙醇
23	百里酚蓝(第二变色范围)	8.0～9.0	黄～蓝	0.1 g 指示剂溶于 100 mL 20%乙醇
24	酚 酞	8.2～10.0	无色～紫红	0.1 g 指示剂溶于 100 mL 60%乙醇 1 g 指示剂溶于 100 mL 90%乙醇
25	百里酚酞	9.4～10.6	无色～蓝	0.1 g 指示剂溶于 100 mL 90%乙醇
26	茜素红 S(第二变色范围)	10.0～12.0	紫～淡黄	1 g · L^{-1}的水溶液
27	茜素黄 R (第二变色范围)	10.1～12.1	黄～淡紫	1 g · L^{-1}的水溶液
28	孔雀绿(第二变色范围)	11.5～13.2	蓝绿～无色	1 g · L^{-1}的水溶液
29	达旦黄	12.0～13.0	黄～红	1 g · L^{-1}的水溶液

表 F-2 混合酸碱指示剂

指示剂溶液的组成	变色点 pH	颜色		备注
		酸色	碱色	
一份 0.1% 甲基黄乙醇溶液 一份 0.1%次甲基蓝乙醇溶液	3.25	蓝紫	绿	pH3.2 蓝紫色 pH3.4 绿色
四份 0.2% 溴甲酚绿乙醇溶液 一份 0.2%二甲基黄乙醇溶液	3.9	橙	绿	变色点黄色
一份 0.2%甲基橙溶液 一份 0.28%靛蓝(二磺酸)乙醇溶液	4.1	紫	黄绿	调节两者的比例，直至重点敏锐
一份 0.1%溴百里酚绿钠盐水溶液 一份 0.2%甲基橙水溶液	4.3	黄	蓝绿	pH3.5 黄色 pH4.0 黄绿色 pH4.3 绿色
三份 0.1%溴甲酚绿乙醇溶液 一份 0.2%甲基红乙醇溶液	5.1	酒红	绿	
一份 0.2%甲基红乙醇溶液 一份 0.1%次甲基蓝乙醇溶液	5.4	红紫	绿	pH5.2 红紫 pH5.4 暗蓝 pH5.6 绿
一份 0.1%溴甲酚绿钠盐水溶液 一份 0.1%氯酚红钠盐水溶液	6.1	黄绿	蓝紫	pH5.4 蓝绿 pH5.8 蓝 pH6.2 蓝紫

续表

指示剂溶液的组成	变色点 pH	颜色		备注
		酸色	碱色	
一份 0.1%溴甲酚紫钠盐水溶液 一份 0.1%溴百里酚蓝钠盐水溶液	6.7	黄	蓝紫	pH6.2 黄紫 pH6.6 紫 pH6.8 蓝紫
一份 0.1%中性红乙醇溶液 一份 0.1%次甲基蓝乙醇溶液	7.0	蓝紫	绿	pH7.0 蓝紫
一份 0.1%溴百里酚蓝钠盐水溶液 一份 0.1%酚红钠盐水溶液	7.5	黄	紫	pH7.2 暗绿 pH7.4 淡绿 pH7.6 深紫
一份 0.1%甲酚红 50%乙醇溶液 六份 0.1%百里酚蓝 50%乙醇溶液	8.3	黄	紫	pH8.2 玫瑰色 pH8.4 紫色 变色点微红色

表 F-3　金属离子指示剂

指示剂名称	离解平衡和颜色变化	溶液配制方法
络黑 T(EBT)	$\underset{\text{紫红}}{H_2In^-} \xrightleftharpoons{pK_{a_2}=6.3} \underset{\text{蓝}}{HIn^{2-}} \xrightleftharpoons{pK_{a_3}=11.5} \underset{\text{橙}}{In^{3-}}$	① 0.5%水溶液 ② 与 NaCl 按 1∶100(质量比)混合
二甲酚橙(XO)	$\underset{\text{黄}}{H_3In^{4-}} \xrightleftharpoons{pK_a=6.3} \underset{\text{红}}{H_2In^{5-}}$	0.2%水溶液
K-B 指示剂	$\underset{\text{红}}{H_2In} \xrightleftharpoons{pK_{a_1}=8} \underset{\text{蓝（酸性络蓝K）}}{HIn^-} \xrightleftharpoons{pK_{a_2}=13} \underset{\text{紫红}}{In^{2-1}}$	0.2 g 酸性络蓝 K 与 0.34 g 萘酚绿 B 溶于 100 mL 水中。配置后需调节 K-B 的比例，使终点变化明显
钙指示剂	$\underset{\text{酒红}}{H_2In^-} \xrightleftharpoons{pK_{a_2}=7.4} \underset{\text{蓝}}{HIn^{2-}} \xrightleftharpoons{pK_{a_3}=13.5} \underset{\text{酒红}}{In^{3-}}$	0.5%的乙醇溶液
吡啶偶氮萘酚(PAN)	$\underset{\text{黄绿}}{H_2In^+} \xrightleftharpoons{pK_{a_1}=1.9} \underset{\text{黄}}{HIn} \xrightleftharpoons{pK_{a_2}=12.2} \underset{\text{淡红}}{In^-}$	0.1%或 0.3%的乙醇溶液
Cu-PAN (Cu-PAN 溶液)	$\underbrace{CuY+PAN}_{\text{浅绿}}+\underbrace{M^{n+} \rightleftharpoons MY}_{\text{无色}} \rightleftharpoons \underset{\text{红色}}{Cu\text{-}PAN}$	取 0.05 mol·L^{-1} Cu^{2+} 液 10 mL，加 pH 为 5～6 的 HAc 缓冲液 5 mL，1 滴 PAN 指示剂，加热至 60 ℃左右，用 EDTA 滴至绿色，得到约 0.025 mol·L^{-1} 的 CuY 溶液。使用时取 2～3 mL 于试液中，再加数滴 PAN 溶液
磺基水杨酸	$H_2In \xrightleftharpoons{pK_{a_2}=2.7} \underset{\text{（无色）}}{HIn^-} \xrightleftharpoons{pK_{a_3}=13.1} In^{2-}$	1%或 10%的水溶液
钙镁指示剂 (Calmagite)	$\underset{\text{红}}{H_2In^-} \xrightleftharpoons{pK_{a_2}=8.1} \underset{\text{蓝}}{HIn^{2-}} \xrightleftharpoons{pK_{a_3}=12.4} \underset{\text{红橙}}{In^{3-}}$	0.5%水溶液
紫脲酸铵	$\underset{\text{红紫}}{H_4In^-} \xrightleftharpoons{pK_{a_2}=9.2} \underset{\text{紫}}{H_3In^{2-}} \xrightleftharpoons{pK_{a_3}=10.9} \underset{\text{蓝}}{H_2In^{3-}}$	与 NaCl 按 1∶100 质量比混合

注：EBT、钙指示剂、K-B 指示剂在水溶液中稳定性较差，可以配成指示剂与 NaCl 之比为 1∶100 或 1∶200 的固体粉末。

表 F-4　氧化还原指示剂

指示剂名称	$E^{\ominus}$/V, $c(H^+)$ =1 mol·L^{-1}	颜色变化		溶液配制方法
		氧化态	还原态	
中性红	0.24	红	无色	0.05%的60%乙醇溶液
亚甲基蓝	0.36	蓝	无色	0.05%水溶液
变胺蓝	0.59(pH=2)	无色	蓝色	0.05%水溶液
二苯胺	0.76	紫	无色	1%的浓 H_2SO_4 溶液
二苯胺磺酸钠	0.85	紫红	无色	0.5%的水溶液，如溶液混浊，可滴加少量盐酸
N-邻苯氨基苯甲酸	1.08	紫红	无色	0.1 g 指示剂加 20 mL 5%的 Na_2CO_3 溶液，用水稀释至 100 mL
邻二氮菲-Fe(Ⅱ)	1.06	浅蓝	红	1.485 g 邻二氮菲加 0.965 g $FeSO_4$，溶于100 mL 水(0.025 mol·L^{-1}水溶液)中
5-硝基邻二氮菲-Fe(Ⅱ)	1.25	浅蓝	紫红	1.608 g 5-硝基邻二氮菲加 0.695 g $FeSO_4$，溶于100 mL 水(0.025 mol·L^{-1}水溶液)中

表 F-5　沉淀滴定吸附指示剂

指示剂名称	被测离子	滴定剂	滴定条件	溶液配制方法
荧光黄	Cl^-	Ag^+	pH7～10(一般 7～8)	0.2%乙醇溶液
二氯荧光黄	Cl^-	Ag^+	pH4～10(一般 5～8)	0.1%水溶液
曙红	Br^-, I^-, SCN^-	Ag^+	pH2～10(一般 3～8)	0.5%水溶液
溴甲酚绿	SCN^-	Ag^+	pH4～5	0.1%水溶液
甲基紫	Ag^+	Cl^-	酸性溶液	0.1%水溶液
罗丹明 6 G	Ag^+	Br^-	酸性溶液	0.1%水溶液
钍试剂	SO_4^{2-}	Ba^{2+}	pH1.5～3.5	0.5%水溶液
溴酚蓝	Hg_2^{2+}	Cl^-, Br^-	酸性溶液	0.1%水溶液

附录 G　常用工作基准试剂

国家标准编号	名称	主要用途	使用前的干燥方法
GB1253-89	氯化钠	标定 $AgNO_3$溶液	773～873 K 灼烧至恒重
GB1254-90	草酸钠	标定 $KMnO_4$ 溶液	378±2 K 干燥至恒重
GB1255-90	无水碳酸钠	标定 HCl、H_2SO_4 溶液	543～573 灼烧至恒重
GB1256-90	三氧化二砷	标定 I_2溶液	H_2SO_4 干燥器中干燥至恒重
GB1257-89	邻苯二甲酸氢钾	标定 NaOH、$HClO_4$ 溶液	378～383 K 干燥至恒重
GB1258-90	碘酸钾	标定 $Na_2S_2O_3$ 溶液	453±2 K 干燥至恒重
GB1259-89	重铬酸钾	标定 $Na_2S_2O_3$、$FeSO_4$ 溶液	392±2 K 干燥至恒重

续表

国家标准编号	名称	主要用途	使用前的干燥方法
GB1260-90	氧化锌	标定 EDTA 溶液	1073 K 灼烧至恒重
GB12593-90	乙二胺四乙酸二钠	标定金属离子溶液	硝酸镁饱和溶液恒湿器中放置 7 天
GB12594-90	溴酸钾	标定 $Na_2S_2O_3$ 溶液，配置标准溶液	453±2 K 干燥至恒重
GB12595-90	硝酸银	标定氯化物及硫氰酸盐溶液	H_2SO_4 干燥器中干燥至恒重
GB12596-90	碳酸钙	标定 EDTA 溶液	383±2 K 干燥至恒重

附录 H　常用缓冲溶液的配制

缓冲溶液组成	pK_a	缓冲溶液 pH	缓冲溶液配制方法
氨基乙酸-HCl	2.35(pK_{a1})	2.3	取 150 g 氨基乙酸溶于 500 mL 水中后，加 80 mL 浓 HCl，水稀释至 1 L
H_3PO_4-柠檬酸盐		2.5	取 113 g $Na_2HPO_4 \cdot 12H_2O$ 溶 200 mL 水后，加 387g 柠檬酸，溶解，过滤，稀释至 1 L
一氯乙酸-NaOH	2.86	2.8	取 200 g 一氯乙酸溶于 200 mL 水中，加 40 g NaOH 溶解后，稀至 1 L
邻苯二甲酸氢钾-HCl	2.95(pK_{a1})	2.9	取 500 g 邻苯二甲酸氢钾溶于 500 mL 水中，加 80 mL 浓 HCl，稀至 1 L
甲酸-NaOH	3.76	3.7	取 95 g 甲酸和 40 gNaOH 溶于 500 mL 水中，稀至 1 L
NaAc-HAc	4.74	4.2	取 3.2 g 无水 NaAc 溶于水中，加 50 mL 冰 HAc，用水稀至 1 L
NH_4Ac-HAc		4.5	取 77 g NH_4Ac 溶于 200 mL 水中，加 59 mL 冰 HAc，稀至 1 L
NaAc-HAc	4.74	4.7	取 83 g 无水 NaAc 溶于水中，加 60 mL 冰 HAc，稀至 1 L
NaAc-HAc	4.74	5.0	取 160 g 无水 NaAc 溶于水中，加 60 mL 冰 HAc，稀至 1 L
NH_4Ac-HAc		5.0	取 250 gNH_4Ac 溶于水中，加 25 mL 冰 HAc，稀至 1 L
六亚甲基四胺-HCl	5.15	5.4	取 40 g 六亚甲基四胺溶于 200 mL 水中，加 100 mL 浓 HCl，稀至 1 L
NH_4Ac-HAc		6.0	取 600 g NH_4Ac 溶于水中，加 20 mL 冰 HAc，稀至 1 L
NaAc-H_3PO_4 盐		8.0	取 50 g 无水 NaAc 和 50 g $Na_2HPO_4 \cdot 12H_2O$ 溶于水中，稀至 1 L
Tris-HCl（三羟甲基氨甲烷 $CNH_2(HOCH_3)_3$）	8.21	8.2	取 25 g Tris 试剂溶于水中，加 18 mL 浓 HCl，稀至 1 L

续表

缓冲溶液组成	pK_a	缓冲溶液 pH	缓冲溶液配制方法
NH_3-NH_4Cl	9.26	9.2	取 54 g NH_4Cl 溶于水，加 63 mL 浓氨水，稀至 1 L
NH_3-NH_4Cl	9.26	9.5	取 54 g NH_4Cl 溶于水，加 126 mL 浓氨水，稀至 1 L
NH_3-NH_4Cl	9.26	10.0	① 取 54 g NH_4Cl 溶于水，加 350 mL 浓氨水，稀至 1 L ② 取 67.5 g NH_4Cl 溶于 200 mL 水中，加 570 mL 浓氨水，稀至 1 L

注：① 缓冲溶液配制后可用 pH 试纸检验，如 pH 值不符，可用共轭酸或碱调节，欲精确调节 pH 值，可用 pH 计检验。
② 若需增加或减少缓冲溶液的缓冲容量，可相应增加或减少共轭酸碱对物质的量，再调节之。

附录 I　特种试剂的配制

试　　剂	配制方法
10% $SnCl_2$ 溶液	称取 10 g $SnCl_2 \cdot 2H_2O$ 溶于 10 mL 热浓盐酸中，煮沸使溶液澄清后，加水到 100 mL，加少许锡粒，保存在棕色瓶中
0.5%淀粉溶液	称取 0.5 g 可溶性淀粉，用少量水搅成糊状后，倾入 100 mL 沸水中，摇匀，加热片刻后冷却。加少量硼酸为防腐剂
溴甲酚绿溶液（0.0220 g · L^{-1}）	取 0.220 g 溴甲酚绿，加 100 mL 乙醇溶解后，用水稀至 10 L
1%丁二酮肟乙醇溶液	溶剂 1 g 于 100 mL 95%乙醇中（镍试剂）
0.2%铝试剂	溶剂 0.2 g 铝试剂于 100 mL 水中
5%硫代乙酰胺	溶解 5 g 硫代乙酰胺于 100 mL 水中，如混浊需过滤
六硝基合钴酸钠试剂	含有 0.1 mol · L^{-1} $Na_3[Co(NO_2)_6]$、8 mol · L^{-1} $NaNO_2$ 及 1 mol · L^{-1} HAc：溶解 23 g $NaNO_2$ 于 50 mL 水中，加 16.5 mL 6 mol · L^{-1} HAc 及 $Co(NO_3)_2 \cdot 6H_2O$ 3 g，静置一夜，过滤其溶液，稀释至 100 mL。每隔四星期需重新配置，或直接加六硝基合钴酸钠至溶液为深红色
亚硝酰铁氰化钠	溶解 1 g 亚硝酰铁氰化钠于 100 mL 水中，如溶液变成蓝色，即需重新配置（只能保存数天）
醋酸铀酸锌	溶解 10 g 醋酸铀酰 $UO_2(Ac)_2 \cdot 2H_2O$ 于 6 mL 30% HAc 中，略微加热促其溶解，稀释至 50 mL（溶液 A）。另置 30 g 醋酸锌 $Zn(Ac)_2 \cdot 3H_2O$ 于 6 mL 30% HAc 中，搅拌后，稀释至 50 mL（溶液 B）。将此二中溶液加热至 343 K 后混合，静置 24 h，过滤。在两液混合之前，晶体不能完全溶解。或直接配置成 10%醋酸铀酰锌溶液
镁铵试剂	溶解 100 g $MgCl_2 \cdot 6H_2O$ 和 100 g NH_4Cl 于水中，再加 50 mL 浓氨水，并用水稀释至 1 L
钼酸铵试剂	溶解 150 g 钼酸铵于 1 L 蒸馏水中，再把所得溶液倾入 1 L 6 mol · L^{-1} HNO_3 中。不得相反。此时析出钼酸白色沉淀后又溶解。把溶液静置 48 h，取其清液或过滤后使用

续表

试　剂	配制方法
对硝基苯-偶氮间苯二酚(俗称镁试剂 I)	溶解 0.01 g 对硝基苯偶氨-间苯二酚于 1 L 1 mol·L^{-1} NaOH 溶液中
碘化钾-亚硫酸钠溶液	将 50 g KI 和 200 g $Na_2SO_3·7H_2O$ 溶于 1000 mL 水中
硫化铵$(NH_4)_2S$溶液	在 200 mL 浓氨水溶液中通入 H_2S,直至不再吸收,然后加入 200 mL 浓氨水溶液,稀释至 1 L
溴水	溴的饱和水溶液:3.5 g 溴(约 1 mL)溶于 100 mL 水
醋酸联苯胺	50 mL 联苯胺溶于 10 mL 冰醋酸,100 mL 水中
0.25%邻菲罗啉	溶 0.25 g 邻菲罗啉于 100 mL 水中
硫氰酸汞铵(0.3 mol·L^{-1})	溶 8 g $HgCl_2$ 和 9 g NH_4SCN 于 100 mL 水中
四苯硼酸钠(0.1 mol·L^{-1})	3.4 g $Na[B(C_6H_5)_4]$溶于 100 mL 水中。用时新配
三氯化铋(0.1 mol·L^{-1})	溶解 31.6 g $BiCl_3$ 于 330 mL 6 mol·L^{-1} HCl 中,加水稀释至 1 L
硝酸汞(0.1 mol·L^{-1})	33.4 g $Hg(NO_3)_2·1/2H_2O$ 于 1 L 0.6 mol·L^{-1} HNO_3 中
硝酸亚汞(0.1 mol·L^{-1})	56.1 g $Hg_2(NO_3)_2·1/2H_2O$ 于 1 L 0.6 mol·L^{-1} HNO_3 中,并加入少许金属汞
钼酸铵(0.1 mol·L^{-1})	溶解 124 g $(NH_4)_6Mo_7O_{24}·4H_2O$ 于 1 L 水中,将所得溶液倒入 6 mol·L^{-1} HNO_3 中,放置 24h,取其澄清液
三氯化锑(0.1 mol·L^{-1})	溶解 22.8 g$SbCl_3$ 于 330 mL6 mol·L^{-1} HCl 中,加水稀释至 1 L
氯水	在水中通入氯气直至饱和
碘水(0.01 mol·L^{-1})	溶解 2.5 g I_2 和 3 g KI 于尽可能少量的水中,加水稀释至 1 L
二苯硫腙	溶解 0.1 g 二苯硫腙于 1000 mLCCl_4 或 $CHCl_3$ 中

附录 J　常见离子和化合物的颜色

表 J-1　常见离子颜色

颜色	常见离子
无色阳离子	Ag^+、Cd^{2+}、K^+、Ca^{2+}、As^{3+}(在溶液中主要以 AsO_3^{3-} 存在)、Pb^{2+}、Zn^{2+}、Na^+、Sr^{2+}、As^{5+}(在溶液中几乎全部以 AsO_4^{3-} 存在)、Hg_2^{2+}、Bi^{3+}、NH_4^+、Sb^{3+} 或 Sb^{5+}(主要以 $SbCl_6^{3-}$ 或 $SbCl_6^-$ 存在)、Ba^{2+}、Hg^{2+}、Mg^{2+}、Al^{3+}、Sn^{2+}、Sn^{4+}
有色阳离子	Mn^{2+} 浅玫瑰色,稀溶液无色;$Fe(H_2O)_6^{3+}$ 淡紫色,但平时所见 Fe^{3+} 盐溶液黄色或红棕色;Fe^{2+} 浅绿色,稀溶液无色;Cr^{3+} 绿色或紫色;Co^{2+} 玫瑰色;Ni^{2+} 绿色;Cu^{2+} 浅蓝色
无色阴离子	SO_4^{2-}、PO_4^{3-}、F^-、SCN^-、$C_2O_4^{2-}$、MoO_4^{2-}、SO_3^{2-}、BO_2^-、Cl^-、NO_3^-、S^{2-}、WO_4^{2-}、$S_2O_3^{2-}$、$B_4O_7^{2-}$、Br^-、NO_2^-、ClO_3^-、VO_3^-、CO_3^-、SiO_3^{2-}、I^-、Ac^-、BrO_3^-
有色阴离子	$Cr_2O_7^{2-}$ 橙色;CrO_4^{2-} 黄色;MnO_4^- 紫色;MnO_4^{2-} 绿色;$[Fe(CN)_6]^{4-}$ 黄绿色;$[Fe(CN)_6]^{3-}$ 黄棕色

表 J-2　有特征颜色的常见无机化合物

颜色	常见无机化合物
黑色	CuO、NiO、FeO、Fe_3O_4、MnO_2、FeS、CuS、Ag_2S、NiS、CoS、PbS
蓝色	$CuSO_4 \cdot 5H_2O$、$Cu(NO_3)_2 \cdot 6H_2O$、许多水合铜盐、无水 $CoCl_2$
绿色	镍盐、亚铁盐、铬盐、某些铜盐如 $CuCl_2 \cdot 2H_2O$
黄色	CdS、PbO、碘化物（如 AgI）、铬酸盐（$BaCrO_4$ 或 K_2CrO_4）
红色	Fe_2O_3、Cu_2O、HgO、HgS*、Pb_3O_4
粉红色	$MnSO_4 \cdot 7H_2O$ 等锰盐、$CoCl_2 \cdot 6H_2O$
紫色	亚铬盐（如$[Cr(Ac)_2]_2 \cdot 2H_2O$ 或高锰酸盐）

* 某些人工制备的和天然产的物质常有不同的颜色，如沉淀生成的 HgS 是黑色的，天然产的 HgS 是朱红色。

附录 K　化学分析实验常用仪器清单

名　称	规　格	数　量	名　称	规　格	数　量
试管架		1 个	小试管	10 mL(刻度)	2 支
离心试管	3～5 mL	10 支		3～5 mL	10 支
	10 mL	2 支	锥形瓶	250 mL	3 个
点滴板	白瓷	1 块	碘量瓶	250 mL	3 个
	黑瓷	1 块	称量瓶	25×25 mm	2 个
显微玻片		2 片	玻璃棒		3 支
水浴锅		1 个	烧杯	500 mL	1 个
毛细吸管		2 支		400 mL	1 个
滴管	带橡胶头	3 支		250 mL	2 个
滴管架		1 个		50 或 100 mL	2 个
量筒	10 或 20 mL	1 个	试剂瓶	500 mL 或 1000 mL	2 个(其中一个为棕色)
	100 mL	1 个		500 mL	1 个
酸式滴定管	50 mL	1 支	洗瓶	500 mL	1 个
碱式滴定管	50 mL	1 支	漏斗	长颈	2 个
容量瓶	250 mL	1 个	坩埚钳		1 把
	100 mL	1 个	瓷坩埚	18～25 mL	2 个
	50 mL	7 个	泥三角		2 个
移液管	25 mL	1 个	酒精灯		1 个
	10 mL	1 个	石棉网		1 块
吸量管	2,5 或 10 mL	1 支	洗耳球		1 个
滴定台		1 个	干燥器		1 个
移液管架		1 个	牛角匙		1 个
表面皿	7～8 cm	4 块	火柴		1 盒

参考文献

[1] 蔡炳新，陈贻文.基础化学实验[M].北京：科学出版社，2002.

[2] 殷学锋.新编大学化学实验[M].北京：高等教育出版社，2002.

[3] 周井炎.基础化学实验（上）[M].2版.武汉：华中科技大学出版社，2008.

[4] 刘秀英，刘华丽，李明.大学化学实验[M].武汉：武汉出版社，2011.

[5] 李巧玲.无机化学与分析化学实验[M].北京：化学工业出版社，2012.

[6] 俞斌，吴文源.无机与分析化学实验[M].2版.北京：化学工业出版社，2013.

[7] 张开诚.化学实验教程[M].武汉：华中科技大学出版社，2014.

[8] 叶向群，单岩.化工原理实验及虚拟仿真（双语）[M].北京：高等教育出版社，2015.

[9] 宋天佑，程鹏，王杏乔，等.无机化学[M].2版.北京：化学工业出版社，2017.

[10] 大连理工大学无机化学教研室.无机化学[M].5版.北京：高等教育出版社，2015.

[11] 徐家宁，王莉，宋晓伟，等.无机化学考研复习指导[M].2版.北京：科学出版社，2014.

[12] 徐家宁，史苏华，宋天佑.无机化学例题与习题[M].2版.北京：高等教育出版社，2007.

[13] 大连理工大学无机化学教研室.无机化学学习指导[M].6版.大连：大连理工大学出版社，2008.

[14] 张丽荣，于杰辉，宋天佑.无机化学习题解答[M].2版.北京：高等教育出版社，2010.

[15] 宋天佑.无机化学习题解析[M].2版.北京：高等教育出版社，2014.

[16] 潘祖亭，曾百肇.定量分析习题精解[M].北京：科学出版社，1999.

[17] 武汉大学化学系分析化学教研室.分析化学例题与习题[M].北京：高等教育出版社，1999.

[18] 徐文嘉.分析化学题解精粹[M].合肥：中国科学技术大学出版社，2005.

[19] 樊行雪.分析化学学习与考研指津[M].2版.上海：华东理工大学出版社，2006.

[20] 贾之慎.无机及分析化学[M].2版.北京：高等教育出版社，2008.

[21] 黄蔷蕾，冯贵颖.无机及分析化学习题精解与学习指南[M].北京：高等教育出版社，2002.

[22] 宣贵达.无机及分析化学学习指导[M].2版.北京：高等教育出版社，2009.

[23] 俞斌.无机与分析化学习题详解[M].北京：化学工业出版社，2014.